土木与建筑类专业新工科系列教材

总主编　晏致涛

建筑节能与新技术应用

JIANZHU JIENENG YU XIN JISHU YINGYONG

主　编　余晓平
副主编　吴蔚兰　居发礼

重庆大学出版社

内容提要

本书以服务建筑可持续发展为着眼点,突出了知识体系的系统性和技术体系的开放性,融入了建筑整体节能与低碳发展的理念。本书既可以作为高校"建筑节能概论"课程的教材,又可供从事建筑节能工程设计、施工、管理、咨询和运行岗位的工程技术人员及管理人员阅读和使用。

图书在版编目(CIP)数据

建筑节能与新技术应用／余晓平主编. —重庆：
重庆大学出版社,2023.6
土木与建筑类专业新工科系列教材
ISBN 978-7-5689-3709-2

Ⅰ.建… Ⅱ.①余… Ⅲ.①建筑—节能—高等学校
—教材 Ⅳ.①TU111.4

中国版本图书馆 CIP 数据核字(2022)第 255038 号

建筑节能与新技术应用

主 编 余晓平
策划编辑:林青山 王 婷
责任编辑:张红梅 版式设计:王 婷
责任校对:王 倩 责任印制:赵 晟

＊

重庆大学出版社出版发行
出版人:饶帮华
社址:重庆市沙坪坝区大学城西路 21 号
邮编:401331
电话:(023) 88617190 88617185(中小学)
传真:(023) 88617186 88617166
网址:http://www.cqup.com.cn
邮箱:fxk@ cqup.com.cn(营销中心)
全国新华书店经销
重庆亘鑫印务有限公司印刷

＊

开本:787mm×1092mm 1/16 印张:15.5 字数:388千
2023 年 6 月第 1 版 2023 年 6 月第 1 次印刷
印数:1—3 000
ISBN 978-7-5689-3709-2 定价:45.00元

编委会名单

前 言

习近平总书记在党的二十大报告中强调:"必须牢固树立和践行绿水青山就是金山银山的理念,站在人与自然和谐共生的高度谋划发展。"生态文明建设是中华民族永续发展的根本大计,应扎实推动绿色发展,共同建设美丽中国。根据"3060"目标,要在建筑领域实现低碳绿色发展,建筑节能与减碳是重中之重。建筑节能涉及土木建筑工程、能源动力工程等学科的基础理论——建筑物理学、建筑环境学、热工学、能源计量与测量学等;从建筑工程学科的角度看,建筑节能与城市规划、建筑学、土木工程、建筑设备与能源工程等应用领域密切相关,涉及建筑的规划设计、施工、建筑设备安装调试及建筑节能改造等不同阶段的节能与减碳问题。

本书共分为9章,第1章建筑节能导论,涵盖了建筑节能和全过程管理等基本概念。根据建筑全过程管理理念,第2章至第8章从规划设计新技术、节能施工技术、节能运行与减碳技术等方面介绍了建筑节能的基本原理、新方法和技术策略,建筑节能新技术的应用途径和原则要求,结合技术经济分析介绍建筑碳排放计算方法。第9章结合节能建筑与低碳建筑示范工程案例进行分析。

本书是校企合作、产教融合的成果,书中融入了建筑行业绿色低碳发展新动态、新技术和新案例,旨在培养大学生以问题为导向的探索性学习能力。本书知识结构体系设计体现了"以学生为中心、产出为导向"的教育教学理念,每一章都有明确的教学目标和教学要求,力求通俗易懂、图文并茂。本书内容基于项目全过程理念,体现了建筑项目全过程知识的系统性,总结了当前低碳节能建筑典型案例及建筑碳排放计算等方面的内容,增强了实现"3060"目标的社会责任感,符合新时代社会经济高质量发展对高等工程人才培养的新要求。

本书由重庆科技学院余晓平担任主编,中机中联工程有限公司吴蔚兰和重庆科技学院居发礼担任副主编。第1、3、4和5章由余晓平编写,第7、8和9章由吴蔚兰组织编写,第2和6章由居发礼编写,李文杰、刘丽莹、孙钦荣和彭宣伟等老师为本书的编写收集了大量素材,参编了部分思考题,全书由余晓平统稿。

本书内容丰富,系统性和时效性强,主要供大学通识教育和土木建筑类专业本科生教学使用,也可以作为土木建筑领域的研究生,继续教育的本、专科生参考使用,亦可为从事建筑节能与减碳技术研究及施工人员参考。本书在编写过程中参考了大量文献和部分网络资源,主要参考文献列于书后,但仍有部分参考资料难免疏漏,无法一一列出,在此一并感谢。由于编者水平所限,本书还有许多不尽如人意之处,恳请读者将相关意见和建议发至邮箱:yuxiaoping2001@126.com。

编　者　余晓平

2022 年 10 月

目 录

1

建筑节能导论

教学目标

本章主要讲述建筑节能与建筑能耗的基本概念、国内外建筑节能的发展及其比较、建筑节能的系统认识及其全生命周期的分析方法等。通过学习,学生应达到以下目标:

(1)掌握建筑节能及建筑能耗的基本概念。

(2)了解国内外建筑节能发展史和中国建筑节能发展现状及未来趋势。

(3)理解建筑节能系统分析方法和建筑节能与建筑室内环境营造的关系。

教学要求

知识要点	能力要求	相关知识
建筑节能与 建筑能耗	(1)掌握建筑节能的概念 (2)掌握建筑能耗的概念	(1)建筑节能与建筑能耗 (2)建筑节能工程与建筑节能技术 (3)建筑节能产业与建筑节能市场
国内外建筑 节能发展史	(1)了解国外建筑节能发展史 (2)熟悉国内建筑节能发展现状及特点	(1)国外建筑节能发展史 (2)中国建筑节能发展现状 (3)中国建筑能耗特征
建筑节能与 室内环境质量	(1)熟悉建筑室内环境控制与建筑能耗的 关系 (2)了解建筑节能对室内环境品质的影响	(1)室内空气品质与热舒适 (2)绿色建筑、健康建筑、可持续建筑
建筑节能的 系统观与地域观	(1)了解建筑节能系统的划分 (2)熟悉建筑节能系统分析方法 (3)了解建筑节能技术的地域性	(1)建筑节能技术系统 (2)建筑节能全生命周期 (3)建筑节能全过程管理 (4)建筑节能技术的地域性

 基本概念

建筑节能;建筑能耗;建筑节能工程与技术;建筑节能产业与建筑节能市场;建筑节能发展

史;中国建筑能耗特征;室内空气品质与热舒适;绿色建筑;建筑节能系统;建筑节能全生命周期;建筑节能全过程管理

 引 言

  在全球能源总消耗量中,商业和住宅建筑大约占1/3,工业和运输业也各占大约1/3。建筑领域的节能问题已经成为全世界范围内共同关注的问题之一。在建筑领域的能源消耗,不同类型国家所占的比例不同:工业化国家占52%、发展中国家占23%。但发展中国家建筑能耗增长最快:发展中国家6.1%/年、工业化国家0.6%/年。能源的利用或消费即形成能耗,消耗能源的目的是提供一种服务,即"能源服务"。建筑能源消耗的环境影响体现在新建和改建的建筑要消耗掉大量的林木、砖石和矿物材料,资源消耗速度超过资源自我补充速度,破坏了生态平衡,导致生态危机;建筑的采暖、空调、照明和家用电器等设施运行消耗了全球约1/3的能源,主要是化石能源,而这些化石燃料是地球经历了亿万年才形成的,它将在我们这几代人中间消耗殆尽;建筑物在使用能源的过程中排放出大量的SO_2、NO_x、悬浮颗粒物和其他污染物,影响人体的健康和动植物的生存;世界各国建筑能源使用中所排放的CO_2,大约占全球CO_2排放总量的1/3,其中,住宅约占2/3,公共建筑约占1/3。在中国的城市中,由于我们的能源统计分项方法与国外不同,相应的碳排放量还没有统一的数据。所以,建筑节能已成为建筑领域能源消耗的环境责任,既要重视建筑使用过程中能源消耗的环境影响,也要重视建筑建造过程中的环境影响,温室气体减排已成为建筑节能发展的基本动力。

  本章主要介绍建筑节能相关的基本概念,比较国内外建筑能耗的发展及其特点,介绍建筑节能与绿色建筑、建筑节能与室内环境质量营造的关系,并从全生命周期角度建立建筑节能全过程系统模型,为本书后续章节的内容奠定基础。

1.1 基本概念

1.1.1 建筑节能与建筑能耗

  节能是节约能源的简称,在不同时期有不同的内涵。我国新修订通过的《中华人民共和国节约能源法》中,节约能源是指"加强用能管理,采取技术上可行、经济上合理以及环境和社会可以承受的措施,从能源生产到消费的各个环节,降低消耗、减少损失和污染物排放、制止浪费,有效、合理地利用能源"。这表明,要达到节能的目的,需要从能源资源的开发到终端利用的全过程,通过能源管理和能源技术创新与应用,与社会经济发展水平相适应,与环境发展相协调,实现能源的合理利用、节约利用,以达到提高能源的利用效率、降低单位产品的能源消费和减少能源从生产到消费过程中对环境的不利影响。可见,节能既涉及生产领域的节能,又包括消费领域的节能,并总与一定历史时期的社会、经济、环境和技术条件密切联系。

  从建筑节能理念发展的历程来看,最初的建筑节能(energy saving in building)是指降低能耗,减少能量的输入;后来是指在建筑中保持能源(energy conservation in building),意思是保持建筑中的能量,减少建筑的热工散失;现在是指提高建筑中的能源利用效率(energy efficiency in building),即不是消极被动地节省能源,而是从积极意义上提高能源利用效率,高效地满足舒适要求。能源效率,按照物理学的观点,是指在能源利用中,发挥作用的与实际消耗的能源量之比,即为终端用户提供的服务与所消耗的总能源量之比。1995年,世界能源委员会出版《应用高技术提高能效》,把能源效率定义为"减少提供同等能源服务的能源投入"。我国《民用建筑节能条例》将民用建筑节能定义为"在保证民用建筑使用功能和室内热环境质量的前提下,降低其使用过程中能源消耗的活动",表明民用建筑节能的基本任务是降低建筑使用过程中的能源消耗,节能的前提条件是确保建筑的使用功能和营造适宜的人工环境。

按照能源服务对象的不同,能源消耗通常分为生产、建筑和交通三大领域。在这三大领域中,能源消耗的技术设备、使用环境、操作方式及运行主体不同,其能耗形成规律也就不一样。国际上的建筑能耗有狭义和广义之分,狭义的建筑能耗是指建筑物在使用过程中消耗的能源,即建筑运行能耗;广义的建筑能耗则是指在狭义建筑能耗上加上建筑材料生产和建筑施工过程中的建造能耗。与生产、交通相比,建筑能耗具有不同的特征,具体如表1.1所示。

表 1.1 不同能源服务领域能耗的特征

领域能耗	能源服务类型	能耗载体	实施主体	主要属性	计量方式	影响能耗的主要因素
建筑能耗 (狭义)	热力、电力	民用建筑设施及设备系统	全社会的人	自然、经济、社会	单位建筑面积能耗或人均能耗	地域气候、建筑类型及本体节能性、设计施工水平、使用者行为模式、运行管理水平、能耗计量方式
生产能耗	热力、电力	生产工艺及设备	培训上岗的生产人员	经济	单位产值能耗	产品生产工艺先进性及设备效率水平
交通能耗	移动力	交通工具	持证上岗的驾驶员	经济、社会	单位里程能耗	交通工具及运输路况

由表1.1可知,与生产能耗和交通能耗相比,建筑能耗具有一定的特殊性。建筑的使用者和建筑能源系统的服务对象是全社会的人,所有生活在建筑中的人都可以参与建筑设备的操控和建筑环境参数的调节,但大多数人都不理解建筑设备的性能和正确的操作方法,更不理解建筑节能的原理,没有强制的节能使用规程进行指导,对建筑设备的操作方法和环境的控制方式是主观的、随意的,建筑使用者的行为方式和生活习惯对建筑能耗的影响很大,体现了建筑节能主体的特殊性和广泛性。

建筑能耗需求的层次性和能源服务水平的多样性源于建筑自身的特性;建筑的基本属性决定了建筑环境营造必须以适宜居住为本。人的需求存在个体差异,要求建筑能源服务水平因人而异。此外,建筑的地域特征决定了建筑能耗受地域气候条件影响很大,不同地区、不同功能的建筑,提供不同服务水平的建筑能耗水平也不同。中国幅员辽阔,各地区的气候差异显著,各气候地区的建筑节能必须与当地气候条件相适应,不同地区采取的节能技术措施、产品和途径不一样,没有统一的标准或规范能概括所有气候地区的建筑,表明建筑能耗具有显著的地域性。这些特性表明,建筑能耗不能用简单的指标进行描述,建筑能耗高低受诸多非技术因素制约,其形成与发展比生产能耗和交通能耗复杂得多。

1.1.2　建筑节能知识体系

　　建筑节能包含建筑节能科学、建筑节能技术、建筑节能工程与建筑节能产业等不同层次的理论知识与实践活动,它们相互影响,共同构成建筑节能的知识体系,如图 1.1 所示。

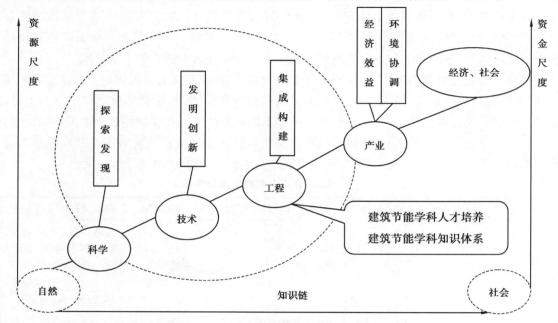

图 1.1　建筑节能知识体系的结构层次

　　从知识链角度来看,建筑节能既包含科学技术的内涵,又包含工程科学、工程技术和工程管理的理念,这些知识在实践活动中可以转化为现实生产力;从工程活动的社会属性来看,建筑节能是一项有计划、有组织、有目的的人工活动,通过建筑节能技术、产品或服务,向社会提供节能建筑,创造相应的经济、社会或环境效益。从社会活动角度认识建筑节能,需要系统研究其作为一门科学的理论体系和结构,作为一门学科的知识体系和人才培养要求,作为工程和技术层次应遵循的原则和发展规律,作为一个新兴产业应遵循的发展机制。建筑节能工程既有与建筑节能科学、建筑节能技术的关联性,又有与建筑节能产业、经济与社会的关联性。建筑节能科学是对建筑节能活动的构成、本质及运行规律的探索与发现,并不一定要有直接的、明确的经济目标,但建筑节能技术、工程和产业则有明显的经济目标或社会公益目标,必然与市场、资源、能源、资金、环境、生态等基本要素相联系,与经济和社会的关联程度比建筑节能科学高。

1.1.3　建筑节能工程与技术

　　建筑节能工程是为了实现节能工程在建筑系统中的目标而组织、集成的活动。建筑节能工程活动的核心标志是建筑节能实践的物化成果——构建具体的建筑节能项目所提供的建筑节能服务,是通过建筑节能技术要素与诸多非技术要素的系统集成为基础的工程活动。

　　建筑节能技术是建筑节能工程中的一个子项或个别部分,不同的建筑节能技术在建筑节能工程中有着不同的地位,起着不同的作用,彼此之间存在不同的功能。不同的建筑节能技术在一定环境条件下,通过有序、有效的合理集成,以不可分割的集成形态构成建筑节能工程整体。不同建筑节能技术方案的对比取舍、优化组合以及实施后的效果评价都是工程决策中应该考虑的重要内容。虽然建筑节能工程与建筑节能技术之间具有集成与层次的关系,但建筑节能工程不仅集成"建筑节能技术"要素,还集成许多非技术要素,是建筑节能技术与当前社会、经济、文化、政治及环境等因素综合集成的产物。

1.1.4　建筑节能产业与市场

　　按照产业经济学的定义,产业是指具有某种同类属性、具有相互作用的经济活动的集合或系统。这里的"具有某种同类属性"是将企业划分为不同产业的基准,同一产业的经济活动均具有这样或那样相同或相似的性质。"具有相互作用的经济活动"表明,产业内各企业之间不是孤立的,而是相互制约、相互联系的。这种"相互作用的经济活动"不仅表现为竞争关系,也包括产业内因进一步分工而形成的协作关系。产业内部企业间的相互竞争与协作,促进了产业的不断发展。

　　建筑节能产业是指因建筑节能的兴起、发展而引起的各种产业的总和。构成建筑节能产业的各部分产业以建筑节能领域为主要服务对象,以节约能源使用、提高能源利用效率为目的,从事于各种咨询服务、技术开发、产品开发、商业流通、信息服务、工程承包等行业。建筑节能产业涉及范围广,图1.2为整个建筑节能产业的构成关系。

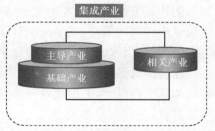

图1.2　整个建筑节能产业的构成关系

　　主导产业在建筑节能全局中起着主导作用,引领着节能行业的发展方向,这部分产业的发展可带动整个建筑节能行业的发展;反之,建筑节能的开展情况也决定着这部分产业的市场发展、企业生存等状况,产业与建筑节能存在相互依存的作用。基础产业是开展建筑节能工作的基础,其企业的生存和发展与建筑节能的开展状况密切相关,对建筑节能有很大的依赖性。相关产业与建筑节能有相关性,其服务含有建筑节能的内容;其企业的发展对建筑节能开展状况也有影响,同时又相对独立于建筑节能;企业中有关建筑节能的服务质量,对建筑节能的影响显著,因而,会受到建筑节能的制约。以上3部分产业相互影响,共同作用,形成了涉及设计、咨询、施工、监理、运行、维护、检测、评估等多个领域的建筑节能集成产业。同时,上述产业的有效联结,使得我国建筑节能产业成长为一个新兴的行业。

　　建筑节能市场又可以分为新建建筑节能市场和既有建筑节能改造市场两类。由于一些既有建筑的节能改造是通过能源服务公司,以合同能源管理的方式实现的,因此能源服务公司成为节能服务市场的一部分。在节能服务市场上,市场交易的商品是专门的节能服务,市场的供方为节能服务企业,需方为建筑使用者,即业主。节能服务企业通过"合同能源管理"等方式,为业主提供能源节约服务,包括为帮助业主降低建筑能耗而提供的咨询、检测、设计、融资、改造、管理等节能服务。节能部品市场是指以符合节能标准的各类建筑部品为交易对象的市场。市场的供方是节能部品生产商,需方有两类,一类是房屋的最终使用者,即业主,他们可以在市场上直接购买节能部品,并在建筑的日常运行中使用;另一类是房屋的建造者、提供者,即开发商,他们购买节能部品,并将其作为建筑的一部分提供给业主。

1.1.5　节能建筑与绿色建筑

一般认为,节能建筑是指在保证建筑使用功能和满足室内物理环境质量的条件下,通过提高建筑围护结构隔热保温性能、采暖空调系统运行效率和自然能源利用等技术措施,使建筑物的能耗降低到规定水平;同时,当不采用采暖与空调措施时,室内物理环境达到一定标准的建筑物。人们对节能建筑概念的理解,经过一段时间的发展,从最初的一味节省能源,到后来的集中关注减少热量散失,再到现在的强调提高建筑中的能源利用效率。也就是说,节能建筑并不意味着牺牲舒适度,它要求用现实的手段更方便地实现高舒适度。

节能建筑最大的好处在于降低建筑能耗,从而降低维护费用。按照北欧的经验,节能建筑在初始投资上比一般建筑高出3%,但运行维护费用可降低60%。发达国家建筑用能一般占一国能耗的30%~40%,我国占能源消费总量的28%。目前,我国能源形势相当严峻,但我国的建筑节能水平较低,在能源利用效率方面有很大的提高空间。例如,瑞典、丹麦的建筑能耗大约为11 kW·h/(m²·a),而我国北京为31.7 kW·h/(m²·a)、哈尔滨为33.7 kW·h/(m²·a),如果能达到上述先进国家的水平,则可节约60%~70%的建筑能耗。其次,建筑节能可以提高建筑室内环境的质量,满足人们日渐提高的生活水平的需要。再次,建筑节能可以有效减轻建筑采暖、空调引起的大气污染。如果采用新型材料的墙体,还能节约有限的黏土资源。

绿色建筑是在建筑的全生命周期内,最大限度地节约资源(节能、节地、节水、节材)、保护环境和减少污染,为人们提供健康、适用和高效的使用空间与自然和谐共生的建筑。从建筑特征来看,绿色建筑主要有5个要点:少消耗资源,设计、建造、使用要减少资源消耗;高性能品质,结构用材要有足够的强度、耐久度,围护结构要保温、防水等;减少环境污染,采用低污染材料,利用清洁能源;延长建筑运行使用寿命;建筑材料多回收利用。

1.2　国内外建筑节能发展史

1.2.1　建筑节能的国外发展史

国外开展建筑节能研究与实践相对国内较早,居住条件和生活方式与水平没有显著变化,其建筑节能市场框架体系比较完善,形成了相对稳定的建筑节能工程技术实践体系,各国针对自身的气候资源条件、社会经济发展水平和居住文化传统形成建筑节能发展特色,值得我们研究和借鉴。下面以德国、日本、美国、波兰为例介绍建筑节能的发展。

1)德国

自1952年起,德国的建筑标准开始提出了最低保温要求,保护建筑部件不受凝露和水浸破坏,提高建筑的安全使用寿命。在1973年第一次石油危机后,节能目标首次成为人们关注的焦点。1977年,德国首部《保温条例》正式颁布实施,对新建建筑外露部件的热工质量提出具体要求。2002 年,《节能条例》取代了《保温条例》,不再针对单个建筑构件进行计算和评估,首次将包含技术设备在内的建筑物作为一个系统,并且用一次性能源需求取代热需求作为最重要的节能考核参数,实现了从保温证书过渡到能源证书管理,将低能耗房屋变成了普遍适用的标准。2004 年、2007 年和 2009 年版《节能条例》中相关要求进一步提高,而根据综合能源、气候一体化计算,自 2012 年起,能效要求还将进一步提高,最大幅度可达 30%,低能耗房屋标准、被动式房屋标准到零能耗(采暖能耗)房屋标准都从建筑设计、围护结构、技术设备等方面依据建筑物所处的气候区域、地理位置以及具体用途和目的,因地制宜地采取了最佳节能措施。

2)日本

日本在经历了 1973 年、1979 年的两次石油危机后,节能技术开发和相关的节能法规建设都得到了很大发展,其建筑能耗约占全社会能耗的 27%。隶属于《节约能源法》的住宅建筑节约能源基准就经历了多次修订,逐渐强化了日照和热损失基准值,设置了采暖、空调标准,扩大并完善了气密性保温隔热设计的适用范围,并且根据不同区域、地域的自然条件,因地制宜地制定了包括建筑换气、空调采暖、空气污染在内的一系列规定条款。日本作为高效的建筑运行管理典范,2003 年开始实施的《修正节能法》,将建筑运行过程的节能纳入日常管理,确保建筑节能的各项措施效益最大化。日本还建立了健全的住宅节能体系,积极地推动了节能环保的产业化发展,并且重视提高整个社会的节能环保意识。比如,在依据 2000 年开始实施的品确法(住宅品质确保促进法)而产生的住宅性能表示制度中,对住宅的热工环境、节能等项目设定了评价基准。

3)美国

美国人口约 3.1 亿,近 2/3 的家庭拥有自己的房屋,人均住房面积近 60 m^2。其中大部分住宅都是 3 层以下的独立房屋,热水、暖气、空调设备齐全,而且供暖、空调全部是分户设置,电力、煤气、燃油等能源是家庭日常开销的一个主要部分。建筑节能关系到家庭的支出,所以建筑节能是一个市场化的行为,每个家庭根据能源价格、自身收入和生活水平等因素来选择建筑能源的消费方式和水平。能源效率在同类建筑中占前 25%,且室内环境质量达标的建筑授予"能源之星"标识。联邦机构必须采购有"能源之星"标识的用能产品,或能效在同类产品中占前 25%的产品。

美国依靠市场机制,制定建筑行业和节能产品标准、开发和推荐能源新技术等,同时推行强制节能标准。美国以行业协会牵头、政府机构示范推进公共建筑节能。美国绿色建筑协会(USGBC)积极建设并推行以节能为主旨的《绿色建筑评估体系》,劳伦斯伯克利实验室对住宅节能技术进行了重点研究,与一些州政府合作建设"节能样板房",为大型公共建筑节能起到了表率作用。

4)波兰

20 世纪七八十年代,波兰建设了不少以煤炭为能源的大板房,这些房屋能耗非常高。波兰作为 2004 年才加入欧盟的成员国,在住宅节能上需严格按照欧盟标准执行,即房屋的耗能量不超过 30 kW·h/(m^2·a);不管是在房屋租赁还是买卖时,出租方或卖方必须给出该房屋的能耗曲线,使租房者或买房者知道该房屋的能耗量是多少。通过推行"取暖现代化计划",政府将向全国居民提供约 2.4 亿欧元的"取暖现代化贷款",以支持那些身居旧房的居民通过节能改造来实现旧房翻新和居住条件的现代化。节能改造后的住宅,耗能量由以前的 130 kW·h/(m^2·a)普遍降到了 30 kW·h/(m^2·a)以内,有的甚至可控制在 9 kW·h/(m^2·a)之内。波兰通过住宅节能改造实现了旧房"取暖现代化"。

从发达国家建筑发展过程看,美国及日本从 20 世纪五六十年代起,经过了 15~20 年的时间,单位建筑面积能耗增加了 1~1.5 倍。在能耗强度大致稳定的近 20~30 年间,与经济发展同步的全社会总建筑拥有量呈现出缓慢增长,由此使建筑能耗总量持续增长,并逐渐成为生产、交通、建筑三大能源消费领域中的比例最大者。发达国家的建筑节能已从 20 世纪 70 年代初为应对能源危机而被迫实行节约和缩减,逐步演变成以提高能源利用效益、减少环境污染、改善居住生活质量和改善公共关系为目标的绿色建筑发展阶段。

1.2.2 建筑节能的国内发展史

中国建筑节能是以建筑业发展过程为物质基础的。居住建筑问题一直是最重要的民生问题之一。中华人民共和国成立之初,城市住宅数量较少,卫生条件极差,当时针对全国 50 个城市人均居住面积只有 3.6 m^2 的现状,制定每人居住面积 4 m^2 的设计标准,实行了 30 年。1978 年 10 月,国务院批转国家建设委员会《关于加快城市住宅建设的报告》,要求迅速解决职工住房紧张问题,到 1985 年,城市人均居住面积才达到 5 m^2。1984 年 11 月,国家科学技术委员会提出到 2000 年争取实现城镇居民每户有一套经济实惠的住宅,全国居民人均居住面积达到 8 m^2 的目标。1994 年,国务院提出实施国家"安居工程"计划,平均每套建筑面积 60 m^2 左右,1995—1997 年,共有近 245 个城市批准实施,建筑面积近 5 000 万 m^2。1994—2000 年,全国各地有 7 批共 70 多个小康住宅示范小区设计通过审查进入实施,2000 年后,示范小区并入康居工程。2004 年 11 月 22 日,原建设部政策研究中心颁布了我国居民住房的小康标准。

截至 2006 年年底,城镇居民住房自有率达到 83%。按户籍人口计算,2008 年,城镇人均住宅建筑面积达到了 28 m^2 左右,全国城镇住宅投资总额已达到 6.7 万亿元,年均竣工住宅超过 6 亿 m^2。城镇住宅建设面积从数量上已与发达国家居住水平接近,居住环境得到改善,但住宅建设过程中土地、能源、材料浪费和环境污染严重,城镇居住建筑能耗总量逐年增长,住宅建筑节能问题日益突出。

同样,公共建筑建设规模和能耗总量也逐年上升。城镇公共建筑总面积,2005 年达到 57 亿 m^2,其中,大型公共建筑 6.6 亿 m^2,一般公共建筑 50 亿 m^2。公共建筑能耗占建筑总能耗近 20%。其中,一般公共建筑总耗电量从 1995 年的全国平均 24 kW·h/(m^2·a)提高到 2005 年的 28 kW·h/(m^2·a),大型公共建筑则从平均 148 kW·h/(m^2·a)提高到 168 kW·h/(m^2·a),单位面积年耗电量大型公共建筑是一般公共建筑的 6 倍左右。2010—2020 年,中国建筑能耗总量及其电力消耗量均大幅增长。2020 年,建筑运行的总商品能耗为 10.6 亿吨标准煤(tce),约占全国能源消费总量的 21%,建筑商品能耗和生物质能共计 11.1 亿 tce,其中,生物质能耗约 0.9 亿 tce。

总之,中国建筑节能大致经历了以下 5 个阶段。

①1986 年之前为理论探索阶段,主要是在理论方面进行了一些研究,了解、借鉴国际上建筑节能的情况和经验,对我国建筑节能进行初步探索,1986 年出台了《民用建筑节能设计标准》,提出建筑节能率目标是 30%。

②1987—2000 年为第二阶段,即试点示范与推广阶段。原建设部加强了对建筑节能的领导,并从 1994 年开始有组织地出台了一系列的政策法规、技术标准与规范,制定建筑节能政策并组织实施。如《建筑节能"九五"计划和 2010 年规划》,修订节能 50% 的新标准。

③2001—2005 年是第三个阶段,一个承上启下的转型阶段。这一时期,地方建筑节能工作广泛开展,建筑节能趋向深化,地方性的节能目标、节能规划纷纷出台,28 个省、市制定了"十一五"建筑节能专项规划;各地建设项目在设计阶段执行设计标准的比例提高到 57.7%,部分省、市提前实施了 65% 的设计标准。2005 年修订的《民用建筑节能管理规定》,总结既往经验和教训,针对建筑节能工作面临的新情况进行管理规定,对全面指导建筑节能工作具有重要意义。

④2006—2020 年是建筑节能的全面发展阶段,其重要标志是新修订的《中华人民共和国节约能源法》成为建筑节能上位法,以及《民用建筑节能条例》《公共机构节能条例》的实施。

⑤2021 年至今,建筑节能进入低碳发展新阶段。2020 年,中央明确提出"3060"目标,国务院印发《2030 年前碳达峰行动方案》。建筑领域低碳目标是寻求在建筑全生命周期中通过采取有效措施降低其碳排放,包括建造过程的碳排放、建材生产运输的碳排放及建筑运行过程的碳排放,通过低碳或零碳电力系统,协调能源供给侧与需求侧的关系,实现低碳与节能的协同目标。

中国建筑发展及能耗现状研究表明,随着社会经济的发展,城市化进程加快,人们对人居环境质量水平要求的提升,建筑能耗规模还将持续增加,必将给能源供应安全带来极大的压力,表明推动建筑节能事业健康的紧迫性。

1.2.3 国内外建筑节能发展比较

根据能耗数据分析,国内外建筑能耗存在差别的主要原因包括:用能设备的运行模式差异、建筑内居住者或使用者的行为差异,以及室内环境的设定参数差异。表 1.2 给出了中美两国建筑空调能耗差别的原因,其中最根本的原因是居民控制的室内参数不同。

表 1.2 中美两国建筑空调能耗差别的原因

国家	特 征	空调运行时间	运行模式	居住者行为	室内温度	新风量
中国	自然和谐	短	部分时间、部分空间	用户根据需要调节设备、开窗、调节室内温度等	根据外界气候有较大波动	自行开窗解决
美国	全面掌控	长	全时间、全空间	不需要调节,实现自动化	恒温	机械送风,有固定送风量

对比美国、日本等国家的建筑能耗水平,我国城市的单位面积建筑能耗水平、经济发展水平还有较大的提升空间。但是,我国人口总量大、国土面积和资源量有限,并且不能像美国、日

本那样大规模借助国外的自然资源,无论从能源供应、能源运输还是能源转换后的碳排放,都不能承担这样大的能源消耗量。从人均资源、能源和综合资源禀赋来看,我国的建筑气候条件、能源资源状况和社会经济发展水平与美国、日本不同,这就决定了我国不能照搬其建筑节能管理制度和技术体系,而需要研究、开发适合我国国情的建筑节能技术体系和管理制度,使建筑能耗规模和能源服务水平控制在合理水平,保持建筑能耗总量的适度增长。

1.3 我国建筑能耗分类、特点及计算方法

与建筑相关的能源消耗包括建筑材料生产用能、建筑材料运输用能、房屋建造和维修过程中的用能以及建筑使用过程中的建筑运行能耗。我国目前处于城市建设高峰期,城市建设的飞速发展促使建材业、建造业飞速发展,由此造成的能源消耗已占到我国总的商品能耗的20%~30%。然而,这部分能耗完全取决于建造业的发展,与建筑运行能耗属于完全不同的两个范畴。建筑运行的能耗,即建筑物照明、采暖、空调和各类建筑内使用电器的能耗,将一直伴随建筑物的使用而发生。在建筑的全生命周期中,建筑材料和建造过程所消耗的能源一般只占其总能源消耗的20%左右,大部分能源消耗发生在建筑物运行过程中。因此,建筑运行能耗是建筑节能任务中重要的关注点。本书提及的建筑能耗均为民用建筑运行能耗。

1.3.1 民用建筑分类

1)北方城镇建筑采暖能耗

北方城镇建筑采暖能耗与建筑物的保温水平、供热系统状况和采暖方式有关。

2)农村建筑能耗

农村建筑能耗包括炊事、照明、家电等。目前农村秸秆、薪柴等非商品能源消耗量很大,而且,此类建筑能耗因地域和经济发展水平不同而差异很大。目前尚无统计渠道对这些非商品能源消耗进行统计,本书的农村建筑能耗数据大多根据大规模的个体调查获得。

3)城镇住宅除采暖外能耗

城镇住宅除采暖外能耗还包括照明、家电、空调、炊事等城镇居民生活能耗。除空调能耗因气候差异而随地区变化外,其他能耗主要与经济水平有关。

4)一般公共建筑除采暖外能耗

一般公共建筑是指单体建筑面积在 2 万 m^2 以下的公共建筑或单体建筑面积超过 2 万 m^2,但没有配备中央空调的公共建筑,包括普通办公楼、教学楼、商店等。其能耗包括照明、办公用电设备、饮水设备、空调等。

5）大型公共建筑除采暖外能耗

大型公共建筑是指单体面积在 2 万 m² 以上且全面配备中央空调系统的高档办公楼、宾馆、大型购物中心、综合商厦、交通枢纽等建筑。其能耗主要包括空调系统、照明、电梯、办公用电设备、其他辅助设备等。

1.3.2 我国建筑能耗的总体特点

本书建筑能耗是指民用建筑的运行能耗，即在住宅、办公建筑、学校、商场、宾馆、交通枢纽、文体娱乐设施等非工业建筑内，居民或使用者用于采暖、通风、空调、照明、炊事、生活热水，以及其他为实现建筑的各项服务功能所消耗的能源。考虑到我国南北地区冬季采暖方式的差异、城乡建筑形式和生活方式的差异，以及居住建筑与公共建筑人员活动与用能设备的差异，我国建筑能耗具有以下特点。

①南方和北方地区气候差异大，仅北方地区采用全面的冬季采暖。我国处于北半球的中低纬度，地域辽阔，南北跨越严寒、寒冷、夏热冬冷、温和及夏热冬暖等多个气候带。夏季最热月大部分地区室外平均温度超过 26 ℃，需要空调；冬季气候地区差异很大，夏热冬暖地区的冬季平均气温高于 10 ℃，而严寒地区冬季室内外温差可高达 50 ℃，全年 5 个月需要采暖；目前我国北方地区的城镇约 70% 的建筑面积冬季采用了集中采暖方式，而南方大部分地区冬季无采暖措施，或只是使用了空调器、小型锅炉等分散在楼内的采暖方式。因此，在统计我国建筑能耗时，应把北方采暖能耗单独统计。

②城乡住宅能耗用量差异大。一方面，我国城乡住宅使用的能源种类不同，城市以煤、电、燃气为主，而农村除部分煤、电等商品能源外，在许多地区秸秆、薪柴等生物质能资源仍为农民的主要能源；另一方面，目前我国城乡居民平均每年消费性支出差异大于 3 倍，城乡居民各类电器保有量和使用时间差异也较大。因此，在统计我国建筑能耗时，应将农村建筑用能单独统计。

③不同规模的公共建筑除采暖外的单位建筑面积能耗差别很大。当单栋面积超过 2 万 m² 并且采用中央空调时，其单位建筑面积能耗是小规模不采用中央空调的公共建筑能耗的 3~8 倍，并且其用能特点和主要问题也与小规模公共建筑不同。因此，公共建筑可分为大型公共建筑与一般公共建筑两类。我国对大型公共建筑单独统计能耗，并分析其用能特点和节能对策。表 1.3 是中国 2021 年的建筑运行能耗数据。

表 1.3 2021 年中国建筑运行能耗

用能分类	宏观参数（面积或户数）	用电量/亿 kW·h	燃料用量/亿 tce	商品能耗/亿 tce	一次能耗强度
北方城镇供暖	162 亿 m²	770	1.89	2.12	13.1 kgce/m²
城镇住宅（不含北方地区供暖）	305 亿 m²	6 051	0.96	2.78	769 kgce/户
公共建筑（不含北方地区供暖）	147 亿 m²	11 717	0.33	3.86	26.3 kgce/m²

续表

用能分类	宏观参数 （面积或户数）	用电量 /亿 kW·h	燃料用量 /亿 tce	商品能耗 /亿 tce	一次能耗强度
农村住宅	226 亿 m²	3 754	1.19	2.32	1 220 kgce/户
合计	14.1 亿人 677 亿 m²	22 292	4.37	11.1	—

注：表中商品能耗是把电力、热力和燃料统一折合为标准煤的能源消耗，而用电量专指该项建筑用能中的用电量。

数据来源《中国建筑节能年度发展研究报告（2023）》

1.3.3 建筑能耗与温室气体排放

2020 年，习近平总书记在第七十五届联合国大会一般性辩论上明确提出我国 CO_2 排放力争 2030 年前达到峰值，力争 2060 年前实现碳中和；2021 年，国务院印发《2030 年前碳达峰行动方案》，明确开展城乡建设领域碳达峰行动。根据清华大学建筑节能研究中心建立的中国建筑能源排放分析模型 CBEEM，中国建筑领域的碳排放主要分为 3 类。

（1）建筑运行过程中的碳排放

建筑运行过程中的碳排放包括直接碳排放和间接碳排放。直接碳排放是指通过燃烧方式使用燃煤、燃油和燃气这些化石能源，在建筑中直接排放的 CO_2。间接碳排放又分为电力间接碳排放和热力间接碳排放。电力间接碳排放是指从外界输入建筑内的电力在生产过程中所产生的碳排放。热力间接碳排放是指北方城镇地区集中供热导致的间接碳排放，集中供暖系统采用燃煤燃气锅炉提供热源时排放的 CO_2 全部计入建筑热力间接碳排放，采用热电联产的碳排放按照其产出的电力和热力的㶲来分摊，只将热力相关的碳排放计入建筑热力间接碳排放。

（2）建筑建造和维修导致的间接碳排放

建筑建造和维修导致的间接碳排放是指民用建筑在建造及维修、拆除过程中由于建材的生产、运输、施工而产生的间接碳排放。这部分碳排放由建筑业的建造活动引起，属于建筑领域的碳排放责任，但一般在统计中纳入工业的碳排放。

（3）建筑运行中的非二氧化碳温室气体排放

建筑运行中的非二氧化碳温室气体排放是指除 CO_2 以外，建筑领域由于制冷热泵设备的制冷剂泄漏所造成的温室气体效应，折合为 CO_2 当量进行表示。

根据中国建筑能源排放分析模型 CBEEM 的分析结果，2020 年，我国建筑运行过程的碳排放总量为 21.8 亿 tCO_2，折合人均建筑运行碳排放指标为 1.5 t，折合单位面积平均建筑运行碳排放指标为 33 kg CO_2。总碳排放中，直接碳排放占 27%，电力相关间接碳排放占 52%，热力相关间接碳排放占 21%。

1.3.4 建筑能耗计算方法

在分析和对比建筑能耗时，需要将建筑使用的各类能源进行加和得到总建筑能耗。不同类型的能源转换计算时有以下 4 种方法。

（1）按电热当量法折算

将各国建筑中使用的电力统一按热功当量折算,以标准煤为单位的折算系数为 0.122 9 kgce/（kW·h）。这种方法忽略了不同能源品位的高低,不能科学地评价能源的转换过程。

（2）按各国火力发电的一次能耗系数折算

火力发电的一次能耗系数是指用于火力发电的煤、油、气等一次能源消费量与火力供电量的比值。各国火力供电煤耗主要取决于发电能源结构和机组容量。某国的火力供电煤耗较小,说明该国的火力发电能源结构使得发电效率较高,提供等量电力所需能耗的一次能源少,但并不代表该国在建筑终端的能源消耗少。例如,2020 年我国火力供电煤耗 306 gce/（kW·h）,意大利火力供电煤耗为 275 gce/（kW·h）。可见,采用各国不同的火力供电煤耗进行国与国之间终端能耗横向对比会受到各国火力供电效率干扰,以此得到的各国能耗结果不具有可比性。

（3）按各国平均供电的一次能耗系数折算

平均供电的一次能耗系数是指用于发电的所有能源品种的一次能源消费量与全社会总发电量的比值。随着发电结构中可再生电力比例的不断增加,水电、核电等可再生电源比例增大,使得平均供电的一次能耗系数大幅下降。如果核算建筑终端用能,对于核电和可再生电力占比较大的国家,其平均度电煤耗很小,计算出的一次能耗也会很小,表明该国化石能源消费量小,不能说明该国终端能源实际消费量小。

（4）采用统一的供电一次能耗系数折算

各国火力供电煤耗差异主要与各国发电能源结构、机组容量和发电效率有关,为避免各国能源系统和供电效率的差异干扰建筑终端能耗的横向对比,可以采用一个相同的折算系统来统计。例如,采用中国的火力供电煤耗系数,将电力折算为标准煤,采用一次能耗进行分析,能更好地反映建筑实际用能情况。

1.4 建筑节能与室内环境质量

1.4.1 室内空气污染与室内空气品质

室内空气污染包括物理污染、化学污染和生物污染,来源于室内和室外两部分。如将污染源头进行汇总,应从室内和室外两方面考虑。调查表明,现代人平均 90%的时间生活和工作在室内,65%的时间在家里。因此,人们受到的空气污染主要来源于室内空气污染。

美国专家研究表明,室内空气的污染程度要比室外空气严重 2~5 倍,在特殊情况下可达百倍。室内空气中可检出 500 多种挥发性有机物,其中 20 多种是致癌物,某些有害气体浓度可高出户外十倍乃至几十倍。所以,美国已将室内空气污染归为危害公共健康的五大环境因素之一。专家认为,继"煤烟型""光化学烟雾型"污染后,现代人正进入以"室内空气污染"为标志的第三污染时期。据统计,全球近一半的人处于室内空气污染中,室内环境污染已引起 35.7%的呼吸道疾病,22%的慢性肺病和 15%的气管炎、支气管炎和肺癌。目前,中国每年由室内空气污染引起的超额死亡数已经达到 11.1 万人,超额急诊数达 430 万人次,直接和间接经济损失高达 107 亿美元。

室内污染的来源主要包括日用消费品和化学品的作用、建筑材料和个人活动,主要为以下 6 个方面。

①各种燃料燃烧、烹调油烟及吸烟产生的 CO、NO_2、SO_2、悬浮颗粒物、甲醛、多环芳烃等。

②室内淋浴、加湿空气等产生的卤代烃等化学污染物。

③建筑、装饰材料,家具和家用化学品释放的甲醛、挥发性有机化合物(VOCs),以及放射性氡等。

④家用电器和某些办公设备导致的电磁辐射等物理污染和臭氧等。

⑤通过人体呼吸、排汗、大小便等排出的 CO_2、氨类化合物、硫化氢等内源性化学污染物,呼出气中排出的苯、甲苯、苯乙烯、甲醇、二硫化碳、氯仿等外源性污染物;通过咳嗽、打喷嚏等喷出的流感病毒、结核杆菌、链球菌等生物污染物。

⑥室内用具产生的生物性污染,如在床褥、地毯中滋生的尘螨等。

由于病态建筑综合征或建筑相关疾病的暴发,人们开始反思建筑节能与建筑室内环境质量的关系,认识到建筑节能不能以牺牲室内空气品质为代价。

1.4.2　建筑节能与建筑光环境

节能建筑的关注焦点包括室内热环境方面,尤其在建筑光环境设计方面,建筑节能同样大有可为。

首先是天然采光方面,应仔细考虑窗的面积及方位,并可设置反射阳光板或光导管等天然光导入设备;建筑内装修可采用浅色调,增加二次反射光线,通过这些手段保证获得足够的室内光线,并达到一定的均匀度,由此减少白天的人工照明,节省照明能耗,以及随之产生的、由于照明设备散热而增加的空调负荷。

对于太阳的热辐射问题,可视经济条件,合理设置遮阳设备,从最简单的遮阳板,到智能控制,还可采用热反射镀膜玻璃等材料,在夏季尽可能减少太阳辐射热进入室内,冬季又要有利于太阳光进入室内。门窗设置还要有利于自然通风、带走热量等。

在人工光环境设计方面同样有许多节能手段,首先是确定合理的照明标准和节能标准。我国于 2004 年 12 月 1 日起开始实施最新的《建筑照明设计标准》(GB 50034—2004),该标准不仅规定了各类房间与场所应达到的照明水平,而且还提出了与照度值对应的照明功率密度(单位面积上的照明安装功率,含光源、镇流器或变压器)值,除住宅外,公共建筑照明功率密度值的相关规定均为强制性条文,这将使我们在设计阶段就能有效控制照明能耗的总量;其次,在设备选择上,应采用高光效的光源,选用发光效率高、配光合理的灯具;对大面积的办公空间来说,将灯具与空调设备结合,直接将照明设施产生的热量带走,减少空调负荷也是有效的节能手段;再次,可采用光控、时控、红外监控等自动控制手段,在天然采光已达到人工照明的照度标准的地方与时段,关闭一部分人工照明,避免简单处理造成能源浪费。

1.4.3　建筑节能与室内热环境

随着节能技术的日臻完善,建筑节能目标已由昔日的通过牺牲舒适性标准或降低空气质量要求来实现节能,转变为在保证舒适性要求的前提下通过提高能源利用率来实现节能。针对我国能源利用率低、暖通空调能耗大的特点,这种以有效利用能源为节能目标的观念转变无疑是我国暖通空调行业在建筑节能市场的一大机遇。我国建筑总能耗占据社会终端能耗的20.7%,建筑能耗对国家、社会造成了能源负担,也在一定程度上制约了我国经济的可持续发展。根据能源界的研究和实践,普遍认为建筑节能是各种节能途径中潜力最大、最直接、最有效的方式之一。

现代建筑中广泛采用了空调、给(排)水、照明、电梯等耗能设备。空调一直是建筑能耗中的大户,约占整个建筑能耗的35%以上。空调系统的能耗主要有两个方面:一是为了供给空气处理设备冷量和热量的冷热源能耗,如压缩式制冷机耗电,吸收式制冷机耗蒸汽或燃气,锅炉耗煤、燃油、燃气或电等;二是为了给房间送风和输送空调循环水,风机和水泵所消耗的电能。所以,建筑空调系统的节能主要包括降低设备能耗及运行控制能耗两大方面。

1)减少冷热源的能耗

减少冷热源的能耗是关键。冷热源的能耗由建筑物所需要的供冷量和供热量决定,建筑物空调制冷量和需热量的影响因素主要为冷热负荷大小,包括室外气象参数(如室外空气温度、空气湿度、太阳辐射强度等),室内空调设计标准,外墙门窗的传热特性,室内人员、照明、设备的散热、散湿状况以及新风量等方面。冷热源能耗的减少可以通过以下 3 种形式实现。

(1)降低冷热负荷

冷热负荷是空调系统最基础的数据,制冷机、供热锅炉、冷热水循环泵以及给房间送冷、送热的空调箱、风机盘管等产品规格型号的选择都是以冷热负荷为依据的。如果能减少建筑的冷热负荷,不仅可以减小制冷机、供热锅炉、冷热水循环泵、空调箱、风机盘管等产品的规格,降低空调系统的初投资,而且这些设备规格减小后,所需的配电功率也会减少,有利于减少变配电设备初投资以及空调设备日常运行耗电量,降低运行费用。减少冷热负荷是商业建筑节能最根本的措施。房间内冷热量的损失主要通过房间的墙体、门窗等传递出去,减少建筑物的冷热负荷就是要改善建筑的保温隔热性能。

(2)合理降低系统设计负荷

目前,我国多数设计人员在设计空调系统时往往采用负荷指标进行估算,并且出于安全的考虑往往取值过大,造成了系统的冷热源、能量输配、设备末端换热设备的容量都大大超过实际的需求,形成了"大马拉小车"的现象,既增加了投资也不节能。

(3)控制新风量与降低室内温湿度设计标准

在有些建筑的空调系统中,需要大量引入新风以满足室内空气品质的要求。根据新风的引入方式,可以通过在过渡季节和冬季直接引入室外的温湿度相对较低的新风来带走房间内所产生的各项热湿负荷,无须使用集中制冷系统,从而达到"免费"供冷的节能效果。

在夏季时,利用夜间相对低温的新风,可以在非营运时间预先冷却室内空气。带走部分室内热量,减少白天工作时间的室内冷负荷,实现间歇性的免费预冷。从空调系统空气处理过程中可以看出,夏季室内温度和相对湿度越高,冬季室内温度及相对湿度越低,系统耗能就越大。为了节约能耗,空调房间的室内温湿度基数在满足生产要求和人体舒适的条件下,可降低室内温湿度设计标准,例如,温度在 17 ~ 28 ℃、相对湿度为 40% ~ 70%,夏季取高值,冬季取低值。控制和正确使用新风量是空调系统的有效节能措施,在满足卫生、补偿排风、稀释有害气体浓度、保持正压等要求的前提下,不要盲目增大新风量,也可以采用 CO_2 浓度控制器控制新风进风量。

2)空调及输配系统的优化

空调系统节能关注两大方面,除努力减少建筑物的冷热源能耗之外,最重要的就是暖通空调系统在建筑节能中的优化。目前,可以通过采用变流量技术和增大送风温差和供回水温差的办法来提高系统能效。

(1)采用变流量技术

变风量(VAV)空调系统可以通过改变送风量的办法来控制不同房间的温湿度。同时,当各房间的负荷小于设计负荷时,变风量系统可以调节输送的风量,从而减小系统的总输送风量。这样,空调设备的容量也可以减小,既可以节省设备费的投资,也可以进一步降低系统的运行能耗。而风量的减小又节约了处理空气所需的能量。有资料显示,采用变风量系统可节约能源达30%,并可同时提高环境的舒适性。该系统适用于楼层空间大而且房间多的建筑,尤其是办公楼,更能发挥其操作简单、舒适、节能的效果。据统计,采用变风量空调系统,全年空气输送能耗可节约1/3,设备容量可减小20%~30%。

(2)增大送风温差和供回水温差

若系统中输送冷(热)量的载冷(热)介质的供回水温差采用较大值,则当它与原温差的比值为 N 时,从流量计算式可知,采用大温差时的流量为原来流量的 $1/N$,而管路损耗即水泵或风机的功耗则减小为原来的 $1/N^2$,节能效果显著。故应在满足空调精度、人体舒适度和工艺要求的前提下,尽可能加大温差,但供回水温差一般不宜大于8℃。

随着自动控制技术和变频技术的逐渐广泛,空调系统运行管理的自动控制,不仅可以保证空调房间温湿度精度要求和节约人力,而且可防止系统多余能量损失及节约能量。空调自动控制系统包括冷热源的能量控制、焓值控制、新风量控制、设备的启停时间和运行方式控制、温湿度设定控制、自动显示、记录等内容,可通过预测室内外空气状态参数(温度、湿度、焓值等)以维持室内舒适环境为约束条件,把最小耗能量作为评价函数,来判断和确定需要提供的冷热量、冷热源和空调机、风机、水泵的运行台数以及工作顺序、运行时间和空调系统各环节的操作运行方式,以达到最佳节能运行效果。不同类型的机组都有较完善的自动控制调节装置,能随负荷变化自动调节运行状况,保持高效率运行。空调机组、末端设备和水泵等设备采用变频控制,可以使该部分设备的能耗减少30%以上。

1.5 建筑节能系统与建筑节能全过程管理

1.5.1 建筑节能系统及其层次结构

建筑节能系统就是在建筑节能活动中,以整体的观念来看待建筑节能活动,将建筑节能作为整个生物圈物质与能量循环交换的一部分,不仅要处理好建筑自身这一人工环境营造系统,还要处理好建筑用能与整体生态环境和社会环境的关系。在建筑节能系统分析中,要充分运用数学科学、系统科学、控制科学、人工智能和以计算机为主的信息技术所提供的各种有效方法和手段,就建筑节能系统中的众多变量按"定性—定量—更高层次定性"的螺旋式上升思路,把理论性与经验、规范性和创新性结合起来,把宏观、中观与微观研究结合起来,将自然气候环境、人工环境和社会环境结合起来,将专家群体、数据和各种信息与计算机技术有机结合起来,全面、深入地分析和解决建筑节能活动中的具体问题。

建筑节能在功能层面上,涉及建筑管理、经济、工程、人文和生态等不同环境方面;在工程经济方面上涉及初投资、运行费、维修费、改造费等眼前利益与长远利益的权衡取舍;在社会活动主体上涉及政府(代表社会整体和长远利益)、建筑师、设备工程师、业主、物业管理人员和建筑实际使用者等利益主体间的博弈和平衡。所以,建筑节能需要采用系统的方法,综合考虑各种因素——自然的、生态的、社会和经济环境,分析和解决建筑节能领域的各种复杂问题,以满足不同主体的各种需要。

建筑节能技术系统的层次结构如图 1.3 所示。

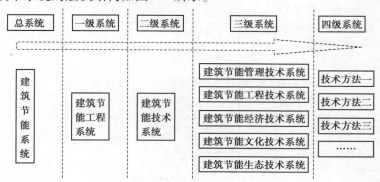

图 1.3　建筑节能技术系统的层次结构

建筑节能技术系统的层次分析表明,它既是建筑节能工程系统的次级系统,本身还可以划分为不同功能属性的子系统,表现为不同的技术方法。建筑节能系统子系统组成及结构的复杂性和多层次性,要求我们既要分析建筑节能系统整体的性能,同时也要分析各不同层次子系统的性能及相互关系,是工程系统分析方法的有机组成部分。用层次分析方法分析建筑节能,是在建筑节能系统层次分级认识的基础上,从整体到部分,再由部分集成到整体的分析过程。

建筑节能工程的技术系统是指与建筑节能工程联系的技术和特定的、具体的工程中所使用相关技术的集合体。建筑节能技术系统的内容可以分为两个层次,第一个层次是技术系统本身各要素及其相互关系,主要解决技术与技术之间通过兼容方式相互匹配耦合的有效性问题;第二层次是技术系统作为一个整体与建筑节能工程环境的关系,表现为技术系统与工程之间的影响关系。建筑节能工程的技术系统构成如图 1.4 所示。

建筑节能技术在空间构成上通常划分为建筑本体单元节能、建筑设备系统节能和建筑能源系统节能,建筑能源系统又分为常规能源系统的优化利用以及可再生能源利用两个方面,如图 1.5 所示。

本书将从建筑全生命周期角度分别介绍建筑节能规划设计、建筑节能材料及围护结构体系、建筑节能施工与调试、建筑节能设备及系统运行,以及建筑节能改造和能源管理等技术方法与措施。

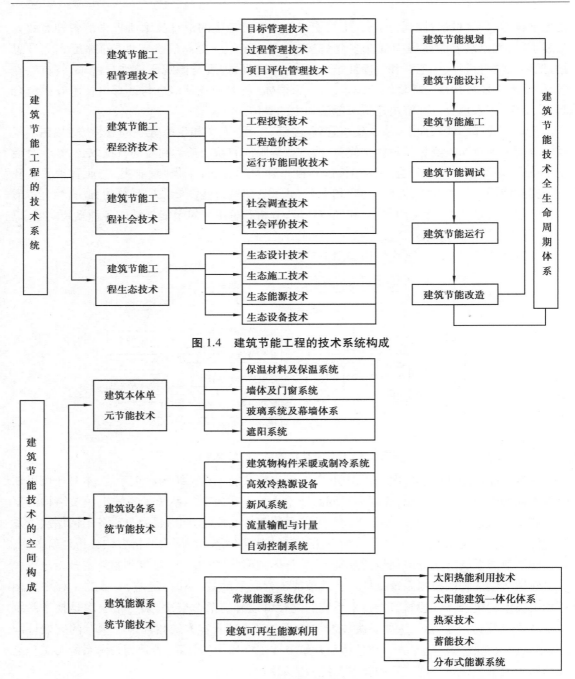

图 1.4　建筑节能工程的技术系统构成

图 1.5　建筑节能技术的空间构成

1.5.2　建筑节能全过程管理

对新建建筑,节能全过程管理主要体现在 6 个阶段。

①在规划许可阶段,要求城乡规划主管部门在进行规划审查时,应当就设计方案是否符合民用建筑节能强制性标准征求同级建设主管部门的意见;对不符合民用建筑节能强制性标准

的,不予颁发建设工程规划许可证。

②在设计阶段,要求新建建筑的施工图设计文件必须符合民用建筑节能强制性标准。施工图设计文件审查机构应当按照民用建筑节能强制性标准对施工图设计文件进行审查;经审查不符合民用建筑节能强制性标准的,建设主管部门不得颁发施工许可证。

③在建设阶段,建设单位不得要求设计单位、施工单位违反民用建筑节能强制性标准进行设计、施工;设计单位、施工单位、工程监理单位及其注册执业人员必须严格执行民用建筑节能强制性标准。

④在竣工验收阶段,建设单位应当将民用建筑是否符合民用建筑节能强制性标准作为查验的重要内容;对不符合民用建筑节能强制性标准的,不得出具竣工验收合格报告。对新建的国家机关办公建筑和大型公共建筑的所有权人应当对建筑的能源利用效率进行测评和标识,并按照国家有关规定将测评结果予以公示,接受社会监督。

⑤在商品房销售阶段,要求房地产开发企业向购买人明示所售商品房的能源消耗指标、节能措施和保护要求、保温工程保修期等信息。

⑥在使用保修阶段,明确规定施工单位在保修范围和保修期内,对发生质量问题的保温工程具有保修义务,并对造成的损失依法承担赔偿责任。

1.6　建筑节能技术的地域性

从建筑地域性和建筑能耗关系来看,建筑能耗的形成及其变化规律主要涉及 4 个方面的地域性因素,即:

①该地域的建筑居住文化及居住水平;

②该地域的建筑气候条件;

③适应该地域的建筑能源资源;

④适应该地域的建筑管理技术水平。

这 4 个方面中,气候是建筑自然地域性的主要因素和基本条件;建筑居住文化和居住水平是地域性建筑的显著特色;营造建筑环境的建筑材料、围护结构形式、设备系统要求采用适应地区气候、资源能源条件的技术路线和能源方式,使建筑能耗构成具有显著的地域特点。后面两个因素,与各地经济社会发展水平、人们居住文化和生活模式息息相关,是影响建筑能耗变化、导致建筑单体能耗差异的主要原因。

1.6.1　地域性社会差异对建筑能耗的影响

1)居住文化的地域性

居住文化是指人类在建筑建造和居住过程中所采用的方式以及创造的物质和精神成果的总和,包括居住环境建构的方式(动态的)和居住建筑建构的成果(静态的)两个方面,这两个方面都具有显著的地域性特征。地域建筑环境是居住文化的体现,它不仅满足了社会的物质功能要求,更体现了人们的精神需求,反映了隐含其中的深层次的地域文化内涵,造就了建筑的地域特色。

居住文化的地域性强调的是对历史传统的尊重,强调建筑节能应因地制宜、建筑节俭、崇尚自然等节能理念,不同的建筑节能技术措施与环境文化和居住传统相关。中国建筑历史上无数的传统民居,以及宫殿庙堂、亭台楼阁都体现出了我国居住文化中的生态文明理念,是地域建筑随着气候、资源和当地历史文化差异而采取不同的建造技术策略而实现居住舒适、贴近自然、人与自然和谐共处的价值追求。我国黄土高原的窑洞背靠黄土高坡,依山凿出宽敞空间,向南开窗,最大限度利用太阳光,做到保温蓄热、冬暖夏凉。这种典型的居住文化体现了人与自然和谐共生的生态文明思想,是人们在漫长历史发展过程中形成的居住文化传统和智慧,对建筑节能技术策略具有重要的导向作用。

2)居住水平的地域性

从建筑发展过程来看,人类居住水平的发展经历了3个阶段:第一个阶段是工业化阶段,主要解决住房的有无问题;第二个阶段是关注住宅性能和质量的阶段,关注住宅的品质优劣问题;第三个阶段是追求节能、生态、环保的阶段,关注建筑与环境之间的关系问题。随着居住环境的改善,住房建设过程的一些问题也暴露了出来,比如,住宅供需之间矛盾突出;住宅建设过程中,土地、能源、材料浪费和环境污染严重;居住状况显著分化,高收入阶层购买一套或多套豪宅,中等收入家庭购买环境较好的普通商品住宅,而低收入家庭居住环境状况较差,加上进入城市就业的农村劳动力的居住贫困化,已经影响到城市的社会稳定和经济的持续发展;城镇居住建筑能耗总量逐年增长;不同地区及城市居住水平的差异加大,建筑能耗规模及其增长速度差异显著等。

由于居住水平不同,人们对居住条件和环境品质的要求不一样,导致建筑能耗需求不同。目前,发达国家已经进入第三个阶段,而中国刚跨过第一个阶段,正进入第二个阶段。中国要大力发展建筑节能,希望把3个阶段并成一步,就需要充分考虑由于居住水平地域性决定的建筑节能地域性特征,探索适合中国国情的建筑节能发展之路。

1.6.2 地域性气候差异对建筑能耗的影响

气候的地域性决定了建筑能源需求的地域性。以中国气候特点为例,与世界上同纬度地区的平均温度相比,大体上,1月东北地区气温偏低14~18 ℃,黄河中下游偏低10~14 ℃,长江南岸偏低8~10 ℃,东南沿海偏低5 ℃左右;而7月各地平均温度却大体要高出1.3~2.5 ℃,呈现出很强的大陆性气候特征。与此同时,我国东南地区常年保持高湿度,整个东部地区夏季湿度很高,相对湿度维持在70%以上,即夏季闷热、冬天湿冷,气温日差较小。这样的气候条件使中国的建筑节能工作不能照搬国外的做法,中国南方的建筑节能也不能照搬北方建筑节能的做法,因此迫切需要发展适合中国气候特征的建筑节能技术体系。

我国《民用建筑热工设计规范》(GB/T 50176—2016)按下列条件,将全国划分成5个建筑热工设计分区。严寒区:最冷月平均温度≤-10 ℃,日平均气温≤5 ℃的天数在145天以上的地区;寒冷区:最冷月平均温度0~-10 ℃,日平均气温≤5 ℃的天数在90~145天的地区;夏热冬冷区:最冷月平均温度0~10 ℃,最热月平均温度25~30 ℃的地区;夏热冬暖区:最冷月平均温度>10 ℃,最热月平均温度25~29 ℃,日平均气温≥25 ℃的天数在100~200天,夏季防热、冬季可不保温的地区;温和地区:最冷月平均温度0~13 ℃,最热月平均温度18~25 ℃,日平均气温≤5 ℃的天数在0~90 天的地区。

　　建筑气候决定了建筑能源需求的地域性,表现在建筑节能设计方案选择、建筑节能材料获取、暖通空调节能技术路线筛选等方面。中国不同地区、不同类型建筑的能耗特征是:北方城镇供暖能耗强度较大,近年来持续下降,表明节能减碳工作初见成效;公共建筑单位面积能耗强度持续增长,主要是终端用能需求增长;城镇住宅户均能耗强度增长,主要是生活热水、空调和家电等用能需求增加;在农村人口和户数缓慢减少的情况下,农村住宅的户均商品能耗缓慢增加。所以,中国建筑能耗由于地区气候差异,表现出很强的地域特征,不同气候地区的建筑节能技术政策和技术策略都要与地域环境相适应。

1.6.3　基于建筑地域性的适宜技术特征

　　20 世纪 60 年代,西方学者舒马赫在其著作《小的是美好的》一书中最早提出了"适宜技术"的理论和观点。我国吴良镛提出发展"适宜技术"的科技政策,指出"所谓适宜技术"就是能够适应本国、本地条件,发挥最大效益的多种技术,既包括先进技术,也包括中间技术,以及稍加改进的传统技术。

　　建筑节能适宜技术是建筑节能技术适应环境发展的结果,其适应性内容包含了节能技术对地域自然环境的适应、对人需求的适应和对社会经济发展的适应 3 个方面。建筑节能适宜技术具有以下几个特征:

　　①与地区气候等自然条件相适应;

　　②充分利用当地的材料、能源和建造技术;

　　③符合地区社会经济发展水平和人们居住行为习惯要求;

　　④具有其他地域没有的特异性及明显的经济性。

　　上述基本特征表明,建筑节能适宜技术的中心意义就是通过采用适宜的节能技术、使用适宜节能材料、采用基于气候的建筑节能设计思路并考虑环境保护来降低建筑人工舒适气候的环境支持成本,营造最佳舒适气候的同时,使自然环境付出最小的代价。中国发展建筑节能适宜技术,必须符合国情,通过引进发达国家的成熟技术而不一定是最先进的技术,以更加低廉的成本来实现本国技术升级,并在本地化利用过程中实现技术创新。

本章小结

　　本章主要讲述了建筑节能的相关概念,国内外建筑节能的发展过程及当前我国建筑能耗特征,建筑节能与建筑室内环境控制,建筑节能系统分析与建筑全过程管理等。

　　本章的重点是认识中国建筑能耗特征,熟悉建筑节能系统构成,建立建筑全过程节能管理理念和建筑技术的地域性理念。

思考与练习

1.什么是建筑节能？什么是节能建筑？

2.与国外建筑能耗相比,中国的建筑能耗特征是什么？

3.简述建筑节能与建筑室内环境控制的关系。

4.绿色建筑的内涵是什么？绿色建筑与节能建筑的关系是什么？有人说,绿色建筑一定是节能建筑,这种说法对吗？为什么？

5.什么是建筑节能系统？建筑节能技术系统组成及其划分方法是什么？

6.建筑全过程管理的内涵是什么？

7.建筑全生命周期包含哪几个阶段？不同阶段对建筑节能有何影响？

8.请查阅文献,简要说明校园建筑节能的现状和发展趋势。

2

建筑节能规划与设计

教学目标

本章主要讲述建筑节能规划与建筑节能设计的一般方法。通过学习,学生应达到以下目标:
(1)熟悉建筑节能规划设计的主要术语与方法。
(2)了解不同气候地区建筑节能规划设计的特点及要求。
(3)了解居住建筑节能规划设计要素及主要技术途径。
(4)熟悉主要的建筑节能评价指标与节能建筑评价方法。
(5)了解 BIM 技术在建筑节能设计中的应用。

教学要求

知识要点	能力要求	相关知识
建筑节能与建筑气候	(1)了解建筑气候的区划 (2)了解不同气候区域建筑节能设计的特点及要求	(1)建筑节能规划设计 (2)建筑气候区划 (3)建筑节能适宜技术
建筑节能规划设计方法	(1)了解建筑工程全过程设计理念 (2)熟悉新建建筑和既有建筑节能设计流程 (3)了解建筑规划设计中的主要影响因素	(1)全过程设计与被动式节能设计 (2)建筑环境设计 (3)体形系数、遮阳系数、日照、窗墙面积比 (4)建筑物冷热耗量与建筑负荷
建筑节能评价指标与能耗模拟方法	(1)熟悉建筑节能评价的主要方法和指标体系 (2)了解常用的建筑能耗模拟软件及其特点	(1)规定性指标 (2)性能性指标 (3)年能耗评价指标
BIM 技术在建筑节能设计中的应用	(1)了解 BIM 技术的特点及在建筑节能设计中的应用功能 (2)了解我国建筑节能协同设计的发展趋势	(1)协同设计 (2)BIM 技术

基本概念

建筑节能规划设计;建筑气候区划;建筑节能适宜技术;全过程设计与被动式节能设计;建筑环境设计;体形系数、遮阳系数、日照、窗墙面积比;建筑物冷热耗量;规定性指标;性能性指标;年能耗评价指标;协同设计;BIM 技术

 引 言

"十三五"期间,我国建筑节能与绿色建筑发展取得重大进展。绿色建筑实现跨越式发展,法规标准不断完善,标识认定管理逐步规范,建设规模增长迅速。城镇新建建筑节能标准进一步提高,超低能耗建筑建设规模持续增长,近零能耗建筑实现零的突破。公共建筑能效提升持续推进,重点城市建设取得新进展,合同能源管理等市场化机制建设取得初步成效。既有居住建筑节能改造稳步实施,农房节能改造研究不断深入。可再生能源应用规模持续扩大,太阳能光伏装机容量不断提升,可再生能源替代率逐步提高。装配式建筑快速发展,政策不断完善,示范城市和产业基地带动作用明显。绿色建材评价认证和推广应用稳步推进,政府采购支持绿色建筑和绿色建材应用试点持续深化。"十三五"期间,严寒及寒冷地区城镇新建居住建筑节能达到75%,累计建设完成超低、近零能耗建筑面积近 0.1 亿 m²,完成既有居住建筑节能改造面积 5.14 亿 m²、公共建筑节能改造面积 1.85 亿 m²,城镇建筑可再生能源替代率达到6%。截至 2020 年年底,全国城镇新建绿色建筑占当年新建建筑面积比例达到 77%,累计建成绿色建筑面积超过 66 亿 m²,累计建成节能建筑面积超过 238 亿 m²,节能建筑占城镇民用建筑面积比例超过 63%,全国新开工装配式建筑占城镇当年新建建筑面积比例为 20.5%。根据"十四五"建筑节能与绿色建筑发展规划,将继续加强高品质绿色建筑建设,推进绿色建筑标准实施,加强规划、设计、施工和运行管理;倡导建筑绿色低碳设计理念,充分利用自然通风、天然采光等,降低住宅用能强度,提高住宅健康性能。推动有条件地区政府投资公益性建筑、大型公共建筑等新建建筑全部建成星级绿色建筑。引导地方制定支持政策,推动绿色建筑规模化发展,鼓励建设高星级绿色建筑。

2.1 中国建筑气候特征与气候分区

我国常见的气候分区有两种,一种是建筑气候区划,一种是热工设计分区。建筑气候区划是反映建筑与气候关系的区域划分,它主要体现各个气象基本要素的时空分布特点及其对建筑的直接作用。建筑热工设计分区反映建筑热工设计与气候关系的区域性特点,体现气候差异对建筑热工设计的影响。两种分区均显示出建筑与气候的密切联系。

1)北方地区气候特点

北方区域范围主要是指我国的严寒及寒冷地区,包括东北、华北、西北地区,简称"三北"

地区,这些地区累计年日平均温度≤5 ℃的天数一般在90天以上,最长的满洲里达211天。这一地区被称为供暖地区,其面积约占我国国土面积的70%,同时也是我国《建筑气候区划标准》(GB 50178—1993)中规定的第Ⅰ、Ⅱ、Ⅵ、Ⅶ气候区。具体地理区划主要是指黑龙江、吉林、内蒙古、新疆、辽宁、甘肃、西藏全境;陕西、河北、山西大部,北京、天津、山东、宁夏、青海全境;河南、安徽、江苏北部的部分地区及四川西部。

该地区气候特征如下:

①我国东北地区冬季漫长、严寒,夏季短促、凉爽;西部偏干燥,东部偏湿润,气温年温差很大,冰冻期长,冻土深,积雪厚,太阳辐射量大,日照丰富,东北地区年太阳总辐射强度为140~200 W/m²,年日照时数为2 100~3 100 h,年日照百分率为50%~70%,12月到第二年2月偏高,达60%~70%;冬季多大风。

②青藏高原地区长冬无夏,气候寒冷干燥,南部气温较高,降水较多,比较湿润,气温年温差小而日温差大,气压偏低,空气稀薄,透明度高,日照丰富,太阳辐射强烈,年太阳总辐射强度为180~260 W/m²,年日照时数为1 600~3 600 h,年日照百分率为40%~80%;冬季多西南大风,冻土深,积雪较厚,气候垂直变化明显。

③西北大部分地区冬季漫长严寒,南疆盆地冬季寒冷,大部分地区夏季干热,吐鲁番盆地酷热,山地较凉,气温年温差和日温差均大,大部分地区雨量稀少,气候干燥,风沙大部分地区冻土较深,山地积雪较厚,日照丰富,太阳辐射强烈,地区年太阳总辐射强度为170~230 W/m²,年日照时数为2 600~3 400 h,年日照百分率为60%~70%。

④中北部地区冬季较长且寒冷干燥,平原地区夏季较炎热湿润,高原地区夏季较凉爽,降水量相对集中,气温年温差较大,日照较丰富,春、秋季短促,气温变化剧烈;春季雨雪稀少,多大风、风沙天气,夏秋多冰雹和雷暴。

2)南方地区气候特点

南方地区主要是指我国炎热地区,即累年最热月平均气温≥25 ℃的地区,主要包括长江流域的江苏、浙江、安徽、江西、湖南、湖北各省和四川盆地,东南沿海的福建、广东、海南和台湾四省以及广西、云南和贵州的部分地区。

该地区气候特征如下:

①气温高且持续时间长。七月份月平均气温为26~30 ℃,七月份平均最高气温为38 ℃,日平均气温≥25 ℃的天数每年有100~200天;气温日差不大,内陆比沿海稍大一些。

②太阳辐射强度大,水平辐射强度最高为1 045 W/m²。

③相对湿度大,年降水量大;最热月的相对湿度在80%~90%;沿海湿度比内陆大。

④季风旺盛,风向多为东南向和南向。风速不是很大,平均在1.5~3.7 m/s,通常白天大于夜间。

温度高、湿度大的热气候称为湿热气候,温度高而湿度低的热气候称为干热气候。我国南方炎热气候,大多属于湿热气候,且以珠江流域为湿热中心。四川盆地和湖北、湖南一带,夏季气温高,湿度大,加之丘陵环绕,导致风速较小,形成著名的闷热气候。

建筑热工设计分区是根据建筑热工设计的要求进行气候分区,所依据的气候要素是空气温度。以最冷月(即1月)和最热月(即7月)平均温度作为分区主要指标,以累年日平均温度不大于5℃和不小于25℃的天数作为辅助指标,将全国划分为5个区,即严寒、寒冷、夏热冬冷、夏热冬暖和温和地区,如表2.1所示。建筑热工设计分区中的严寒地区,包含建筑气候区划图中的全部Ⅰ区,以及Ⅵ区中的ⅥA、ⅥB,Ⅶ区中的ⅦA、ⅦB和ⅦC;建筑热工设计分区中的寒冷地区,包含建筑气候区划图中的全部Ⅱ区,以及Ⅵ区中的ⅥC,Ⅶ区中的ⅦD;建筑热工设计分区中的夏热冬冷、夏热冬暖、温和地区,与建筑气候区划图中的Ⅲ、Ⅳ、Ⅴ区完全一致。

表2.1 建筑热工设计分区及设计要求

分区名称	分区指标		设计要求
	主要指标	辅助指标	
严寒地区	最冷月平均温度≤-10℃	日平均温度≤5℃的天数在145天以上	必须充分满足冬季保温要求,一般可不考虑夏季防热
寒冷地区	最冷月平均温度0~-10℃	日平均温度≤5℃的天数为90~145天	应满足冬季保温要求,部分地区兼顾夏季防热
夏热冬冷地区	最冷月平均温度0~-10℃,最热月平均温度25~30℃	日平均温度≤5℃的天数为0~90天,日平均温度≥25℃天数为40~110天	必须满足夏季防热要求,兼顾冬季保温
夏热冬暖地区	最冷月平均温度>10℃,最热月平均温度25~29℃	日平均温度≥25℃的天数为100~200天	必须充分满足夏季防热要求,一般可不考虑冬季保温
温和地区	最冷月平均温度0~-13℃,最热月平均温度18~25℃	日平均温度≤5℃的天数为0~90天	部分地区应考虑冬季保温,一般可不考虑夏季防热

地域性建筑与气候的关系为建筑节能设计方案选择、建筑节能材料获取、节能技术路线筛选等提供了重要的理论基础。杨柳等人通过对建筑气候设计研究,建立了"被动式设计气候分区",以冬季被动式太阳能时间利用率为主要指标、夏季热湿不舒适度为次要指标,将全国分为9个建筑被动式气候设计区,如表2.2所示。在被动式气候分区的基础上,确定与地区气候相适应的建筑被动式设计策略和设计原则,为建筑节能设计贯彻"被动优先"理念提供了很好的借鉴,形成了基于气候的建筑节能设计地域特色,如冬季不同地区采用的建筑保温综合设计原则、建筑防风综合处理原则、充分利用太阳能等原则;夏季有效控制太阳辐射、充分利用自然通风、利用建筑蓄热性能减少室外温度波动的影响、建筑防热设计、干热气候地区利用蒸发冷却降温、利用通风除湿和构筑"开放型"建筑等原则。这些原则充分体现了建筑节能设计的气候适应性原理,也是节能建筑节能的气候适应性要求,是建筑节能地域特色最充分的展示和应用。

表2.2 被动式气候设计分区指标

级别	设计区	冬半年被动式太阳能利用时间比	夏季不舒适热指数 f_{of}	夏季不舒适湿指数 f_{df}	代表城市
Ⅰ级	设计1区	利用时间比≤20%	$1 > f_{of} > 0.5$	$0.5 > f_{df} > 0$	哈尔滨、长春

级别	设计区	冬半年被动式 太阳能利用时间比	夏季不舒适热指数 f_{of}	夏季不舒适湿指数 f_{df}	代表城市
Ⅰ级	设计2区	利用时间比≤20%	$1 > f_{of} > 0.5$	$f_{df} = 0$	乌鲁木齐、呼和浩特
Ⅱ级	设计3区	20%<利用时间比≤35%	$f_{of} = 0$	$f_{df} = 0$	西宁、拉萨
	设计4区	20%<利用时间比≤35%	$1 > f_{of} > 0.5$	$1 > f_{df} > 0.5$	沈阳、北京
	设计5区	20%<利用时间比≤35%	$f_{of} = 1$	$f_{df} = 0$	吐鲁番、喀什
Ⅲ级	设计6区	35%<利用时间比≤65%	$0.5 > f_{of} > 0$	$f_{df} = 0$	昆明
	设计7区	35%<利用时间比≤65%	$1 > f_{of} > 0.5$	$1 > f_{df} > 0.5$	西安、上海、南京
Ⅳ级	设计8区	65%<利用时间比≤90%	$f_{of} = 1$	$f_{df} = 1$	成都、武汉、南昌
Ⅴ级	设计9区	90%<利用时间比	$f_{of} = 1$	$f_{df} = 1$	福州、广州、南宁、海口

2.2 建筑规划与节能设计方法

2.2.1 基本术语

（1）围护结构

围护结构是指建筑物及房间各面的围挡物,如墙体、屋顶、门窗、楼板和地面等。按是否同室外空气直接接触以及建筑物中的位置,围护结构又可分为外围护结构和内围护结构。

（2）建筑物体形系数（S）

建筑物体形系数是指建筑物与室外大气接触的外表面面积与其所包围的体积的比值。

（3）围护结构传热系数（K）

围护结构传热系数是指在稳定传热条件下,围护结构两侧空气温度差为 1 K,单位时间内通过单位面积传递的热量,单位为 $W/(m^2 \cdot ℃)$。

（4）外墙平均传热系数（K_m）

外墙平均传热系数是指外墙包括主体部位和周边热桥(构造柱、圈梁以及楼板伸入外墙部分等)部位在内的传热系数平均值。按外墙各部位(不包括门窗)的传热系数对其面积的加权平均计算求得,单位为 $W/(m^2 \cdot K)$。

（5）窗墙面积比

窗墙面积比是指窗户洞口面积与房间立面单元面积的比值。

（6）窗玻璃遮阳系数

窗玻璃遮阳系数是表征窗玻璃在无其他遮阳措施情况下对太阳辐射透射得热的减弱程度。其数值为透过窗玻璃的太阳辐射得热与透过 3 mm 厚普通透明窗玻璃的太阳辐射得热之比值。

（7）外窗的综合遮阳系数（S_w）

外窗的综合遮阳系数是考虑窗本身和窗口的建筑外遮阳装置综合遮阳效果的一个系数，其值为窗本身的遮阳系数（S_c）与窗口的建筑外遮阳系数（S_D）的乘积。

（8）建筑物耗冷量指标

建筑物耗冷量指标是指按照夏季室内热环境设计标准和设定的计算条件，计算出的单位建筑面积在单位时间内消耗的需要由空调设备提供的冷量，单位为 W/m^2。

（9）建筑物耗热量指标

建筑物耗热量指标是指在采暖期间平均温度条件下，为保持室内计算温度，单位建筑面积在单位时间内消耗的、需有室内采暖供给的热量，单位为 W/m^2。

（10）空调年耗电量

空调年耗电量是指按照夏季室内热环境设计标准和设定的计算条件，计算出的单位建筑面积空调设备每年所要消耗的电能，单位为 $kW \cdot h/(m^2 \cdot a)$。

（11）采暖年耗电量

采暖年耗电量是指按照冬季室内热环境设计标准和设定的计算条件，计算出的单位建筑面积供暖设备每年所要消耗的电能，单位为 $kW \cdot h/(m^2 \cdot a)$。

（12）空调、供暖设备能效比

空调、供暖设备能效比是指在额定工况下，空调、供暖设备提供的冷量或热量与设备本身所消耗的能量之比。

2.2.2　建筑规划与节能设计方法

建筑节能设计就是一种从分析地区的气候条件出发，将建筑设计与建筑微气候、建筑技术和能源的有效利用相结合的建筑设计方法，也就是说在冬季最大限度地利用自然能来取暖，多获得热量和减少热损失；夏季最大限度地减少获得热量和利用自然能来降温冷却。从时间维度上，建筑节能工程设计基本过程从拟订目标、预测分析、方案综合、评价反馈到实施管理阶段，设计者对分析、综合和评价体现出较强的主观性和系统性。因此，建筑节能工程的设计方法属于整体设计方法，其一般流程如图 2.1 所示。

图 2.1　建筑节能工程设计的一般流程

进入 20 世纪 90 年代后，随着能源、资源问题的日趋严重，建筑师与设备工程师必须在能源利用的层面上考虑建筑节能设计的含义，强调以较低的能耗通过被动式与主动式技术满足居住者舒适感的要求，形成一种多专业配合的集成建筑设计方法，通过合理调整建筑物、建筑围护结构设计及暖通空调等设备之间的关系提高环境品质并降低成本，进而提高能源利用率。

集成设计体现了资源能效、动态发展和环境共生 3 个原则。集成设计的内涵，包括 3 个方面：一是从空间维度上，既要使建筑系统与外部环境系统的协调发展，又要使建筑系统内部各子系统或各要素之间性能优化；二是从时间维度上，从规划设计、施工调试到运行管理的不同阶段形成闭合过程，是全生命周期的节能设计；三是把传统观念认为与建筑设计不相关的主动式技术和被动式技术等集合到一起考虑，以较低的成本获得高性能和多方面的效益。这种设计方法通常在形式、功能、性能和成本上紧密结合绿色建筑设计策略与常规建筑设计标准，其基本特点就是集成性，要体现整体设计的系统思想。

1）新建建筑节能设计的一般方法

建筑设计是保证新建建筑达到节能设计标准、实现建筑节能的重要环节。新建建筑的节能设计主要体现在两个方面：一是力求实现建筑物本身对能耗需求的降低；二是加大可再生能源在建筑上的应用。前者有强制性节能设计标准要求，而后者一般由业主自由选择。建筑节能作为一种能源开发理念和政策取向，是以保障并逐步提高建筑物舒适度与综合性能为前提的，因此，既要减少建筑物能源需求，又要保证合理、高效用能，同时满足不同消费群体对建筑多元化的需求。这就要求新建建筑的节能设计采用性能化、精细化的设计方法，将建筑节能的新技术、新材料和新手段融入建筑创作，成为建筑设计人员的创作理念。新建建筑节能设计的一般流程如图 2.2 所示。

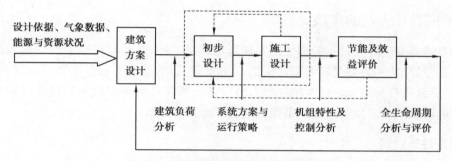

图 2.2　新建建筑节能设计的一般流程

徐峰等人建立了"以建筑节能为目标的集成化设计方法与流程"，将建筑模拟计算与建筑设计过程结合起来，实现建筑节能设计。根据不同的设计阶段有不同的设计任务、不同的已知和未知条件，不同阶段的设计应有各自的循环设计、评价与反馈过程。这种设计方法和流程体现了设计的综合性和闭合性，每一个设计阶段的设计都是在前阶段设计工作的基础上的进一步创作与细化，每个阶段建筑师、结构师、暖通空调工程师和能源师进行专业配合；同时每个阶段又都有其相对的独立性，其主要的任务不同，面临的问题也不同。

2）既有建筑改造的节能设计一般方法

由于既有建筑本身的特性，在节能改造设计中其设计方法和流程与新建建筑存在一定区别。既有建筑节能改造是在确保建筑物结构安全、满足使用功能和抗震与防火的前提下，既要提升建筑环境品质，又要提高建筑能源效率。既有建筑节能改造设计的一般程序如图 2.3 所示。

建筑节能改造设计是在节能诊断的基础上，因地制宜地选择投资成本低、节能效果明显的方案，对建筑系统的薄弱环节进行重点改造设计，以提升建筑整体的性能。建筑能效诊断包括查阅竣工图纸、主要用能设备样本和既有能耗统计资料；拟订初步的现场监测计量方案；结合现场实际对上述方案进行修订、完善，使其具有可操作性；用能设备分项计量的实施，对现有系

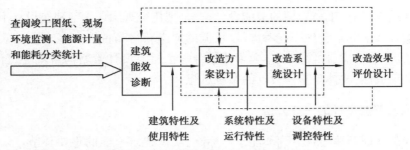

图 2.3　既有建筑节能改造设计的一般程序

统运行能耗进行分项常年监测;对室内环境品质进行定期监测;对既有设备性能进行能力诊断鉴定等。通过能效诊断确定需要进行节能改造的建筑,首先提出节能改造方案并进行效益分析,再对节能改造方案进行系统设计。既有建筑节能改造设计与施工同步进行,系统和设备节能改造效果评估,并根据评估结果反馈到方案设计或系统设计,形成闭合设计系统。节能改造设计难度一般比新建建筑节能设计大,影响因素多,对设计方法的选择更应慎重,更需要科学的理论和方法进行指导。

2.2.3　不同设计方法的实践比较

建筑节能需要进行全过程管理才能实现真正意义上的节能,其中规划设计阶段的节能设计处于龙头位置,特别是在建筑方案阶段的节能处理,如果前期不加以重视,则某些问题积累起来,即使后续进行建筑围护结构的加强以及设备工程师在设备方面进行优化也很难达到真正意义上的建筑节能。以下对建筑节能全过程设计进行分析。

1)传统设计过程

在传统设计过程中,基本上是以建筑师为主导,建筑师基于房屋功能、外观等因素进行规划设计,然后在后期由结构和机电工程师进行配合完成设计,如图 2.4 所示。节能设计在很大程度上变成了补救措施,建筑师在方案设计后期进行的建筑节能分析,主要还是从建筑的围护结构方面来进行补偿性节能设计,同时依靠设备来达到室内舒适度指标。在当前国内的设计环境下,建筑师在进行方案设计时更多地把重心偏向于建筑的平面功能和外形设计,容易轻视节能和设备等问题,能够在规划阶段就考虑节能问题的就更少。尤其在公共建筑中,围护结构的节能并不代表建筑本身节能,不考虑建筑布局、气候环境、朝向等因素所增加的能耗是很大的浪费,所以应对建筑材料、围护结构体系、能源系统设计,从节能角度进行全面的评估、审查和改进。

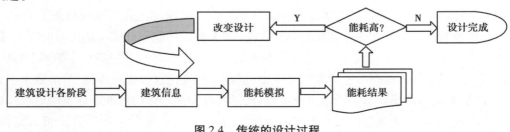

图 2.4　传统的设计过程

2）建筑节能全过程设计

建筑节能全过程设计包含以下两个方面的内容。

①从规划、多专业设计、设计管理进行节能设计的全过程控制，达到资源整合。

②设计内容不能只着眼于一个建筑或者建筑的某一方面，而要从建筑群体、周边环境、能源利用等方面进行综合考虑。

建筑节能的全过程设计，特别是在设计前期就需要节能设计的介入，且每个环节都需要进行节能的评价，整个设计过程更加复杂和具有科学依据。具体来讲，要考虑全过程的节能设计，在建筑规划布局、建筑体型、方位朝向等方面开始进行节能设计。例如，通过良好的布局优化场地内的通风，发挥室内的自然通风效果；通过合理布置建筑的朝向，优化建筑的采光和日照；通过对建筑体型的进行减少体型系数。可见，全过程设计的前期更多的是进行"被动式"节能优化。建筑全过程设计示意图如图2.5所示。

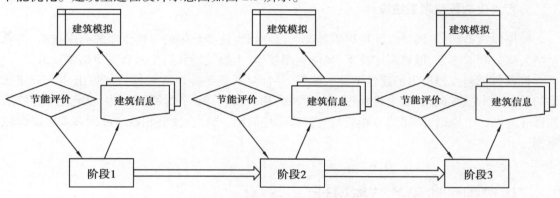

图2.5　建筑全过程设计示意图

实际工程中全面开展全过程设计还面临一些困难。全过程设计要求在方案阶段就进行科学的分析和模拟计算，但在当前的大多数设计中，因为普遍采用二维设计方法，会加重设计师负担和设计复杂性而阻碍其实施。但是，随着三维设计手段的逐渐普及，特别是基于BIM（建筑信息模型）的节能设计，可以让各个专业基于一个建筑信息模型进行设计分析，在实施过程中采用BIM工具可以方便地对建筑进行各类性能分析。比如，基于一个BIM方案模型对建筑进行概念性的能源消耗、遮阳、日照、通风等分析，然后，基于分析结果重新评价建筑方案并加以改进，改进后又动态地进行类似分析，得到结果再修正。方案阶段的节能设计成果给出了建筑设计的大方向，节能从源头得到控制，后续再基于BIM方案模型进行不断的深化设计，同时设备工程师也可以随时介入而对建筑设计进行干预。

2.2.4　建筑节能设计内容

建筑节能设计内容主要包括建筑主体节能设计、常规能源系统的优化设计以及可再生能源利用系统设计等3个方面。

1）建筑主体节能设计

进行建筑主体节能设计就是根据不同地区气候和建筑能耗特点，在兼顾冬夏、整体优化的原则上,通过能耗模拟综合分析,采取各种有效的节能途径,比如,选择适宜的体形系数、合理布置室内空间、提高围护结构保温隔热性能、控制不同朝向窗墙比、设计有效的夏季遮阳装置、改善自然通风等,从整体上降低建筑运行的供暖和空调能耗。

2)常规能源系统的优化设计

常规能源系统的优化设计可以主要从以下 4 个方面入手:
①因地制宜地进行冷热源优化选择,提高供暖、空调系统的能量转换效率;
②采用合理的调控方式,节省输配系统能耗;
③优化照明控制,减少照明能耗;
④选用适宜的能源制备生活热水,如利用工业废热、热泵、空调余热和分户燃气炉等制备热水。

3)可再生能源利用系统设计

根据建筑类别、气候特点和可再生能源的可利用性选择具体的可再生能源利用技术,主要包括太阳能利用技术、地热利用技术、风能利用技术、生物质能利用技术和地源热泵技术等。

根据付祥钊教授提出的建筑节能三原理,并针对夏热冬冷地区气候特征提出建筑节能技术的"调节阳光、控制通风、合理保温、高效设备、用户可调"20 字要领,笔者认为建筑节能技术选择应遵循 3 个原则,即建筑节能应与气候相适应原则、与社会发展相适应原则和系统协调性原则。

2.3　建筑规划阶段的节能设计

建筑规划布局是进行建筑规划节能中的重要环节。影响建筑规划设计布局的主要气候要素包括日照、风向、气温、雨雪等,通过把这些要素与规划设计布局密切结合起来,改善微气候环境,建立气候防护单元,以达到节能的目的。

建筑规划布局的设计要点主要包括建筑的平面和空间分布、建筑的朝向、建筑的间距、外部环境等。这里的每个要点都可以用建筑节能的思维去进行科学支撑,而不是单从功能、艺术等建筑要素进行考虑。

2.3.1　建筑的平面和空间分布

对建筑进行平面和空间分布时应该考虑日照和风环境的因素。通过合理调整建筑平面和空间分布争取良好日照以及改善风环境对建筑的影响。常见的建筑群体平面的布局有行列式、周边式和自由式 3 种。

1)行列式

行列式布局是最为常见的建筑群平面布局形式,是指建筑按照一定朝向和合理间距成排布置的方式。按照排列方式的变化可以形成并列式、错列式、斜列式、周边式和自由式几种,如

图 2.6 所示。这种方式一般选取能够争取最好的日照朝向,比如南向,因为建筑群体朝向一致,在合理调整间距的情况下使大多数建筑内部得到良好的日照,且通风良好。行列式中的错列式还可以利用错位布局在两栋建筑间的空隙中获得更多的日照,如图 2.7 所示。

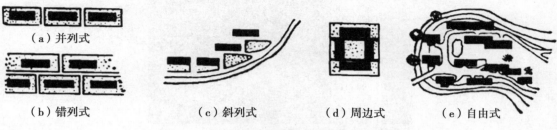

（a）并列式 　　（b）错列式 　　（c）斜列式 　　（d）周边式 　　（e）自由式

图 2.6　建筑群平面布局的行列式典型示意图

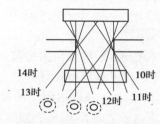

图 2.7　建筑群平面布局的错列式示意图

某些地形情况下,建筑群还可以采用斜列式使建筑用地效率和优化日照有机结合,如图 2.8 所示。

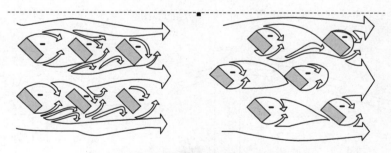

图 2.8　建筑群平面布局的斜列式示意图

2)周边式

周边式布局的建筑群在场地内进行环绕布局,朝向多样。在日照方面,封闭内侧的日照不理想,同时东西朝向的建筑面在南方地区会出现过度日照;在通风方面,因为建筑群内部几乎封闭,对风场的阻挡作用明显,有相当多的区域处于弱风区中,使得整个环境的风速也比较低,但是这种布局方式在我国北方严寒或部分寒冷地区因为起到一定防风效果而成为可以考虑的布局方案,如图 2.9 所示。

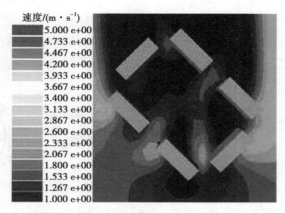

图 2.9　建筑群体平面布局的周边式示意图

3)自由式

自由式布局是根据建筑地形及周边道路、环境自由排布。这种方式没有特定约束,建筑的形制也可以多样,合理运用节能规划原理可以获得良好的日照和通风。在空间规划上,还可以依据地形和建筑本身高低的不同进行合理布局以达到争取良好的日照及通风(夏季)和防风(冬季)效果。比如,把较高建筑的建筑或者地形较高的建筑布置在北部,以争取更大范围的日照,同时可以阻挡北部来风,对于北方寒冷地区的冬季防风这是个有利因素(图 2.10)。同时在一些沿街建筑上,可能会存在体型较长的情况,其后方的建筑容易处在风影区内,这时候为了获得较好的通风效果可以考虑在建筑上设置通风廊,或者架空建筑底部,以利于导风(图2.11),同时如果这种处理方式和建筑场地的消防通道相结合,则可以达到建筑设计和节能设计的有机统一。

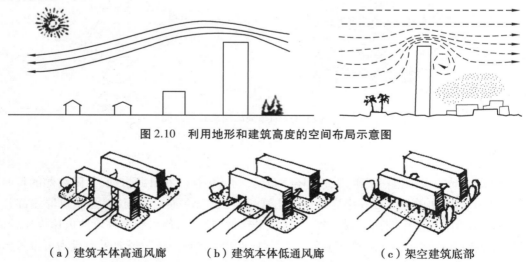

图 2.10　利用地形和建筑高度的空间布局示意图

（a）建筑本体高通风廊　　　（b）建筑本体低通风廊　　　（c）架空建筑底部

图 2.11　建筑物设通风口以促进自然通风的示意图

实际工程中,由于还要考虑地形、道路、水体以及容积率等影响因素,建筑布局实际是各种设计要素的综合平衡,布局因此而变得多样。

2.3.2 建筑的朝向

选择合理的建筑物朝向是一项重要的节能措施。建筑朝向的选择的基本原则是在冬季争取到良好的日照,而在夏季能够尽量利用太阳方位角的变化减少太阳辐射得热,同时考虑在风环境中使主要房间在冬季能够避开主导风向。在规划设计中,建筑的朝向应根据房屋内部空间的特性、地形、当地主导风向、太阳的辐射、建筑周边环境以及各地区的气候等因素,通过调查、研究、分析、评价来确定。我国的建筑朝向主要以南略偏东或偏西较为适宜。

对于气候炎热的南方地区,尤其需要考虑的是应尽量避免建筑的主立面为东西朝向,防止夏季东、西方太阳直射而引起屋内温度过高,同时考虑建筑的主立面方向与夏季主导风向垂直,便于通风。而对于北方寒冷地区,住宅建筑的主立面方向应平行于冬季主导风向,以防止冷空气渗透量增大。

2.3.3 建筑的间距

建筑的间距是规划设计重点考虑的要素之一,主要受到建筑防火、日照、噪声、卫生及地震安全等因素的影响,其中建筑的日照间距是影响建筑利用太阳能的重要因素,同时还会影响建筑的自然采光水平。日照间距是指一年中冬至日,满足北向底层房间获得日照时南北房之间的外墙间距,如图 2.12 所示。

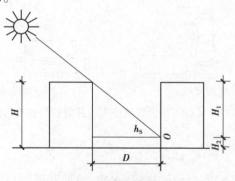

图 2.12 日照间距示意图

D—日照间距; H—建筑高度; H_1—窗台至屋檐口高度; H_2—窗台至地面高度; h_s—太阳高度角

建筑的日照间距是由日照标准,当地的地理纬度、建筑朝向、建筑物的高度、长度以及建筑用地的地形等因素决定的。在建筑设计时,应结合节约用地原则,综合考虑各种因素来确定建筑的日照间距。

根据《城市居住区规划设计标准》(GB 50180—2018),我国各地区对居住建筑的日照间距有明确的规定,如表 2.3 所示。

表 2.3 住宅建筑日照标准

建筑气候区划	Ⅰ、Ⅱ、Ⅲ、Ⅶ气候区		Ⅳ气候区		Ⅴ、Ⅵ气候区
	大城市	中小城市	大城市	中小城市	
日照标准日	大寒日				冬至日
日照时数/h	≥2		≥3		≥1

续表

建筑气候区划	Ⅰ、Ⅱ、Ⅲ、Ⅶ气候区		Ⅳ气候区		Ⅴ、Ⅵ气候区
	大城市	中小城市	大城市	中小城市	
有效日照时间带(当地真太阳时)	8时~16时			9时~15时	
计算起点	底层窗台面				

2.3.4 协调建筑外部环境

建筑整体及外部环境设计是在分析建筑周围气候环境条件的基础上,通过选址、规划、外部环境和体型朝向等设计,使建筑获得一个良好的外部微气候环境,达到节能的目的。规划设计中还可以利用建筑周围的绿化进行导风,如图 2.13 所示,其中图(a)是沿来流风方向在单体建筑两侧的前、后方设置绿化屏障,使得来流风受到阻挡后可以进入室内;图(b)则是利用绿化后方的负压作用,设计合理的建筑开口进行导风。就绿篱而言,负压区的气流可向下移动,同样树冠下的气流则向上移动。但是对于寒冷地区的住宅建筑,需要综合考虑夏季、过渡季通风及冬季通风的矛盾。

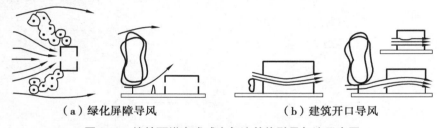

(a)绿化屏障导风　　　　　　　　(b)建筑开口导风

图 2.13　植被可增大或减小气流并能引导气流示意图

1)合理选址

建筑的合理选址主要是根据当地的气候、水质、地形及周围环境条件等因素的综合状况来确定。建筑设计中,既要使建筑在其整个生命周期中保持适宜的微气候环境,为建筑节能创造条件,又要不破坏整体生态环境的平衡。

2)合理的外部环境设计

在建筑位置确定之后,应研究其微气候特征。根据建筑功能的需求,应通过合理的外部环境设计来改善既有的微气候环境,创造建筑节能的有利环境,主要方法为,在建筑周围布置树木、植被,既能有效地遮挡风沙、净化空气,还能遮阳、降噪;创造人工自然环境,比如,在建筑附近设置水面,利用水来平衡环境温度、降风沙及收集雨水等。

3)合理的微环境规划和体型设计

合理的微环境规划和体型设计能有效地适应恶劣的微气候环境。它包括对建筑整体体量、建筑体型及建筑形体组合、建筑日照及朝向等方面的确定。像蒙古包的圆形平面,圆锥形屋顶能有效地适应草原的恶劣气候,起到减少建筑的散热面积、抵抗风沙的效果;对于沿海湿热地区,引入自然通风对节能非常重要。在规划布局上,可以通过建筑的向阳面和背阴面形成不同的气压,即使在无风时也能形成通风,在建筑体型设计上形成风洞,使自然风在其中回旋,获得极好的通风效果,达到节能的目的。日照及朝向选择的原则是冬季能获得足够的日照并避开主导风向,夏季能利用自然通风并防止太阳辐射。然而,建筑的朝向、方位以及建筑总平面的设计应考虑多方面的因素,建筑受到社会历史文化、地形、城市规划、道路、环境等条件的制约,要想使建筑物的朝向均满足夏季防热和冬季保温是困难的。因此,只能权衡各个因素之间的得失,找到一个平衡点,选出这一地区建筑的最佳朝向和较好朝向,尽量避免东西向日晒。

控制体形系数主要还是要控制平面形状。同样的建筑面积,直接临室外空气的外墙长度越长,就意味着外墙面积越大,体形系数就越大,就越不节能、越不经济。一般条式建筑体形系数应小于等于0.35,点式建筑体形系数应小于等于0.40。从几何形状比较来看,同样面积前提下的外墙长度,圆形最短,其次是方形,第三是长方形,而且长方形长短边比例越大,外墙越长。因此,设计大进深的长方形平面比狭长形长方形平面更节能、更经济、更省材。

2.3.5　建筑单体节能设计

单体建筑的节能设计,主要是通过对建筑各部分的节能构造设计、建筑内部空间的合理分隔设计,以及一些新型建筑节能材料和设备的设计与选择等,更好地利用既有的建筑外部气候环境条件,达到节能和改善室内微气候环境的效果。

1)建筑各部位的节能构造设计

建筑各部位的节能构造设计,主要是在满足其作为建筑的基本组成部分的要求之外,通过对各部位(屋顶、楼板、墙体、门窗等)的造型、结构、材料等方面开展进一步设计,充分利用建筑外部气候环境条件,达到节能和改善室内微气候环境的效果。

①屋顶的节能设计。屋顶是建筑物与室外大气接触的一个重要部分,其主要的节能措施是:采用坡屋顶;加强屋面保温;根据需要,设置保温隔热屋面(架空隔热屋面、蓄水屋面、种植屋面等)。

②楼板层的节能设计。主要是利用其结构中空空间,以及对楼板吊顶造型加以设计。例如,将循环水管布置在其中,夏季可以利用冷水循环降低室内温度,冬季利用热水循环取暖。

③建筑外墙的节能设计。墙体的节能设计除了适应气候条件做好保温、防潮、隔热等措施,还应体现在能够改善微气候环境条件的特殊构造上,例如,寒冷地区的夹心墙体设计,被动式太阳房中各种蓄热墙体(如水墙)设计,巴格达地区为了适应当地干热气候条件在墙体中的风口设计等;而在马来西亚,杨经文设计的槟榔屿州 MennamUmno 大厦外墙中,则外加了一种"捕风墙"的特殊构造设计。其在建筑两侧设阳台开口,开口两侧外墙上布置两片挡风墙,使两个通风墙形成喇叭状的口袋,将风捕捉到阳台内,然后通过阳台门的开口大小控制进风量,形成"空气锁",可以有效地控制室内通风。

④门窗的节能设计。门窗的节能设计主要考虑:

a.控制建筑不同朝向的窗墙面积比;

b.设置遮阳措施,我国节能标准中规定,夏热冬暖地区、夏热冬冷地区以及寒冷地区中制冷负荷大的建筑的外窗(包括透明幕墙)宜设置外部遮阳;

c.根据需要合理地组织门窗的通风换气,尽量采用自然通风;

d.严寒、寒冷地区建筑的外门宜设门斗或采取其他减少冷风渗透的措施,其他地区建筑外门也应采取保温隔热节能措施;

e.选择高性能的建筑门窗和幕墙技术,建筑门窗和建筑幕墙要改变消极保温隔热的单一节能观念,把节能和合理利用太阳能、地下热(水)能、风能结合起来,积极选用节能和可再生能源相结合的门窗和幕墙产品。

⑤建筑物围护结构细部的节能设计。细部的节能设计可从以下各部位着手:

a.热桥部位应采取可靠的保温与"断桥"措施;

b.外墙出挑构件及附墙部件,如阳台、雨罩、靠外墙阳台栏板、空调室外机搁板、附壁柱、凸窗、装饰线等均应采取隔断热桥和保温措施;

c.窗口外侧四周墙面,应进行保温处理;

d.门、窗框与墙体之间的缝隙,应采用高效保温材料填堵;

e.门、窗框四周与抹灰层之间的缝隙,宜采用保温材料和嵌缝密封膏密封,避免不同材料界面开裂,影响门、窗的热工性能;

f.采用全玻璃幕墙时,隔墙、楼板或梁与幕墙之间的间隙,应填充保温材料。

2)合理的建筑空间设计

合理的建筑空间设计是指在充分满足建筑使用功能的前提下,对建筑空间进行合理分隔,以改善室内保温、通风、采光等微气候条件,达到节能的目的。例如,在北方寒冷地区的住宅设计中,经常将使用频率较低的房间如厨房、餐厅、次卧室等房间布置在北侧,形成对北侧寒冷空气的"温度阻尼区",从而达到节能及保证使用频率较高房间的舒适度的目的。

3)选用建筑节能材料

建筑材料的选择应遵循健康、高效、经济、节能的原则。一方面,随着科技的发展,大量的新型高效材料被不断研制并应用到建筑设计中,起到了更好的节能效果。例如,新型保温材料、防水材料在墙体屋顶中的应用,达到了更好的保温防潮效果;新型透光隔热玻璃在门窗中的应用,起到了更好的透光隔热效果;采用可调节的铝材遮阳板,达到遮阳的目的。另一方面,要结合当地的实际情况,尽量发掘一些地方节能材料,将其更好地应用到建筑节能中。

以德国低能耗建筑为例,根据建筑能耗大小划分为3个等级:低能耗建筑、三升油建筑、微能耗/零能耗建筑,其每平方米建筑使用面积一次性能源消耗量分别为 30~70,15~30,0~15 kW·h/(m²·a),其低能耗建筑设计与技术体系完整,在朝向、体形系数、窗墙面积比、外墙和屋顶外窗热工性能、冷热桥、遮阳、冷暖方式、高效设备及输配系统、可再生能源利用等方面有具体要求,如图2.14所示。

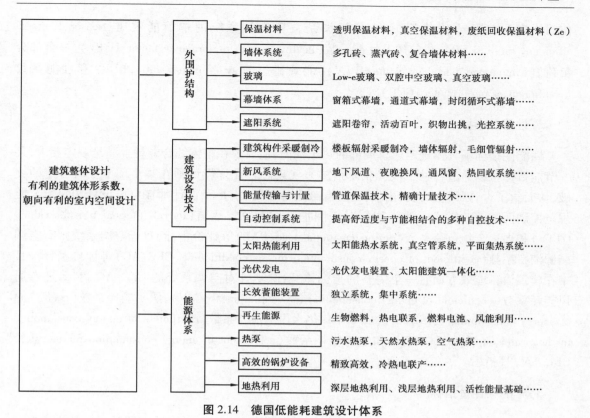

图 2.14 德国低能耗建筑设计体系

2.4 建筑节能评价指标及能耗模拟方法

2.4.1 节能建筑的评价指标

建筑节能评价的方法包括访谈调查法、抽样调查法、观察法、文献法、问卷调查法和实验法。国外建筑节能主要运用较完善的评估程序、评估指标、评估方法和评估规范对建筑节能、建筑节能措施及其在建筑环境中对各种活动的实际作用、影响进行客观、公正、科学的评价。

在各国的建筑节能设计标准或规范中,节能建筑的评价指标或方法主要分为 3 类:规定性指标(compulsory index)、性能性指标(performance index)和建立在建筑能耗模拟基础上的年能耗评价指标。

1)规定性指标

规定性指标主要是对各能耗系统,如围护结构的传热系数、体形系数、窗墙面积比和遮阳系数,以及供暖、空调和照明设备最小能效指标等,所规定的一个限值,凡是符合所有这些指标要求的建筑,运行时能耗比较低,都可以被认定为节能建筑。属于此类的参数有围护结构各部

位的传热系数 K 或传热热阻 R、热损失系数①、空调系统的季节能效比（seasonal energy efficiency ratio，SEER）、供热季节性能系数（heating season performance factor，HSPF）、综合部分负荷值（integrated part load value，IPLV）、能效比（energy efficiency ratio，EER）和性能系数（coefficient of performance，COP）等。

2）性能性指标

性能性指标不具体规定建筑局部的热工性能，但要求在整体综合能耗上满足规定要求，某一节能目标可以通过各种手段和技术措施来实现。它允许设计师在某个环节上有一定的突破，从而给了设计师较大的自由发挥空间，鼓励了创新，满足了设计师在自由设计和建筑节能规范控制两方面的需求。此类指标对于围护结构有总传热值（overall thermal transfer value，OTTV）和周边全年负荷系数（perimeter annual load，PAL）等评价指标，对于空调系统则有空调能源消费系数（coefficient of energy consumption for air conditioning，CEC/AC）等评价指标。日本在建筑设备能效方面有一个完整的指标体系，除了针对空调系统的 CEC/AC 指标，还有通风能耗系数（coefficient of energy consumption for ventilation，CEC/V）、照明能耗系数（coefficient of energy consumption for lighting，CEC/L）、热水供应能耗系数（coefficient of energy consumption for hot water supply，CEC/HW）和电梯能耗系数（coefficient of energy consumption for elevator，CEC/EV）等指标。

3）年能耗评价指标

年能耗评价指标综合了影响建筑能耗的各个因素，包括围护结构、空调系统和其他建筑设备等。其中，最具有代表性的是 ASHARE 90.1 提出的能量费用预算法（能耗准则数）。它根据实际设计的建筑物构造一个标准建筑物（即参考建筑物），然后通过能耗模拟计算软件分别计算设计建筑物的年能耗费用（design energy consumption，DEC）和标准建筑物的年能耗费用（standard energy consumption，SEC），同时引入一个无量纲指标 E，$E = DEC/SEC$。如果计算结果满足 $E \leqslant 1$，则认为达到了要求，否则就需要采取一定的节能措施和节能设计方法，按照设计建筑物的现场条件修改设计建筑物，直到上式成立。

商业建筑一般是指商场、写字楼、宾馆和酒店等，舒适性要求高，持续使用时间长，人员密度相对较高，室内各种发热设备多，单位面积能耗高，节能潜力大。现有的商业建筑总能耗指标主要有空调能量消耗系数、全年空调区单位面积电耗指标、用能强度、能耗指标。

①空调能量消费系数（CEC）是由日本提出的建筑物空调系统的节能评价方法，通过比较空调设备（冷热源、冷却塔、风机、水泵等）全年运行的总能源消耗量和通过计算得到的假想的空调负荷全年累计值相比来判断建筑物的节能性能和设备的能源利用效率。

②全年空调区单位面积电耗指标[the annual electricity consumption for air-conditioning each m^2 of the air-conditioned area，AEC]，是根据实际的电耗调查数据，拟合得到电耗和相关因素的关系式，包括窗户和墙的面积及传热系数、风机水泵的装机容量和运行方式（一次泵或二次泵、是否变频）、室内人员灯光散热量、室内设定温度等在内。以酒店类建筑为例，调查数据表明，

---

① 规定每度室内外温差单位时间每平方米建筑面积的热损失不超过法定的指标，$W/(m^{-2} \cdot ℃)$。

美国为 401 kW·h/m^2,加拿大为 688.7 kW·h/m^2,英国为 715 kW·h/m^2。

③用能强度(energy consumption intensity,EUI),是建筑物单位面积的总能耗指标。以宾馆为例,EUI 受宾馆星级、客房入住率、总建筑面积、建造年代、客房数、餐饮用房等多个因素的影响。EUI 可作为能耗评价的一个指标,但是很难由此数值单一地判断能耗的使用情况和节能潜力。

④能耗指标(energy consumption index,ECI),是实际能源消耗和设计能耗的比值。ECI 比 AEC 和 EUI 区分详细,具体有 4 个相关的指标,涉及总电耗、总热耗、制冷机电耗、制冷机以外设备电耗 4 项。

商业建筑总能耗评价指标,将确定性负荷和不确定性负荷对能耗的影响结合起来考虑计算,模糊了各个因素的影响。因此,可操作的能耗指标体系和评估方法应区别两类负荷,用定量计算和定性分析相结合的手段进行评价。

2.4.2 建筑能耗模拟及方法

建筑环境是由室外气候条件、室内各种热源的发热状况以及室内外通风状况所决定的。建筑环境控制系统的运行状况也必须随着建筑环境状况的变化而不断进行相应的调节,以实现满足舒适性及其他要求的建筑环境。由于建筑环境变化是由众多因素所决定的一个复杂过程,因此,只有通过计算机模拟计算的方法才能有效地预测建筑环境在没有环境控制系统时和存在环境控制系统时可能出现的状况,例如,室内温湿度随时间的变化、供暖空调系统的逐时能耗以及建筑物全年环境控制所需的能耗。建筑模拟主要在如下两方面得到广泛的应用:建筑物能耗分析与优化和空调系统性能分析和优化。

1)建筑能耗模拟

进入 20 世纪 90 年代,模拟技术的研究重点逐渐从模拟建模(simulation modeling)向应用模拟方法(simulation method)转移,即研究如何充分利用现有的各种模型和模拟软件,使模拟技术能够更广泛、更有效地应用于实际工程的方法和步骤,已经在建筑环境等相关领域得到了较广泛的应用,贯穿建筑设计的整个生命周期,包括设计、施工、运行、维护和管理等。主要表现在以下几个方面:①建筑冷/热负荷计算,用于空调设备的选择;②在设计或者改造建筑时,对建筑进行能耗分析;③建筑能耗的管理和控制模式的制订,帮助制订建筑管理控制模式,以挖掘建筑的最大节能潜力;④与各种标准规范结合,帮助设计人员设计出符合当地节能标准的建筑;⑤对建筑进行经济性分析,使设计者对所设计方案在经济上的费用有清楚的了解,有助于设计者从费用和能耗两方面对设计方案进行评估。

详细的建筑能耗模拟软件通常是逐时、逐区模拟建筑能耗,考虑了影响建筑能耗的各个因素,如建筑围护结构、HVAC 系统、照明系统和控制系统等。详细的建筑能耗模拟软件按照系统模拟策略可分为两类:顺序模拟法(图 2.15)和同步模拟法(图 2.16)。在顺序模拟法中,首先计算建筑全年冷热负荷,然后计算二次空调设备的负荷和能耗,接着计算一级空调设备的负荷和能耗,最后进行经济性分析。在顺序模拟方法中,每一步的输出结果是下一步的输入参数。顺序模拟法节约计算机内存和计算时间,但是建筑负荷、空调系统和集中式空调机组 3 者之间缺乏联系;如果空调设备满足不了建筑冷热负荷的要求,就会产生错误。在同步模拟方法中,考虑了建筑负荷、空调系统和集中式空调机组之间的相互联系。同步模拟法与顺序模拟法不同,在每一时间段同时对建筑冷热负荷、空调设备和机组进行模拟、计算。同步模拟法提高了模拟的准确性,但需要更多的计算机内存和计算时间。

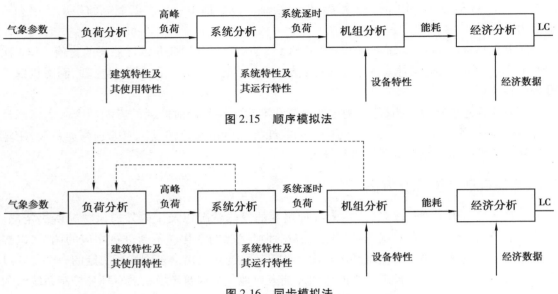

图 2.15　顺序模拟法

图 2.16　同步模拟法

　　建筑能耗模拟软件有许多,但在全世界范围内有影响且可以免费获取的能耗软件只是少数。国外较常用的建筑能耗模拟软件有 DOE-2、BLAST、COMBINE、TRNSYS、ESP、HVACSIM+、Energy Plus、SPARK、TRACE 等;国内较有影响的建筑能耗模拟软件是清华大学开发的 DeST。当然,除了详细的建筑能耗模拟软件,还有相对简单的建筑能耗模拟软件,如美国得克萨斯州大学开发的建筑能耗模拟软件 ENERWIN,ENERWIN 是用 FORTRAN 语言编写的,能够评估建筑全年能耗特性。如果是进行系统或方案比较、研究建筑能耗趋势,简单的能耗模拟软件已经足够。

2)各种能耗模拟软件比较

　　DOE-2.1E 适用范围:逐时能耗分析,HVAC 系统运行的全生命周期成本(LCC)。它适用于各类住宅建筑和商业建筑,有 20 种输入校核报告、50 种月度或年度综合报告、700 种建筑能耗逐时分析参数,用户可根据具体需要选择输出其中一部分。它是当前最强大的模拟软件,其 BDL 内核为类似多种软件使用,有非常详细的建筑能耗逐时分析报告,可处理结构和功能较为复杂的建筑。但在 DOS 下操作界面,输入较为麻烦,需经过专门的培训,对专业知识要求较高。

　　BLAST 适用范围:工业供冷,供热负荷计算,建筑空气处理系统以及电力设备逐时能耗模拟。输入文件可由专门的模块 HBLC 在 Windows 操作环境下输入,也可在记事本中直接编辑。基于 Windows 的友好操作界面、结构化的输入文件,可分析热舒适度、高强度或低强度的辐射换热,以及变传热系数下的能耗分析。对专业知识和工程实际有较深刻的理解才能设计出符合要求的模型。

Energy Plus 适用范围:多区域气流分析,太阳能利用方案设计及建筑热性能研究。简单的 ASCII 输入、输出文件,可供电子数据表做进一步的分析。新版本的 Energy Plus(Release 1.0.2)提供了即时的关键词解释,使操作变得更加简单;但对建筑的描述简单,输出文件不够直观,需经过电子数据表做进一步处理。

ENER-WIN 适用范围:瞬时热流计算,能耗分析,全生命周期成本分析,非空调区的浮动温度,大型商业建筑。提供一个简单的画板输入建筑的基本布局,建筑围护结构的热工性能,室内逐时温度设定,表格和图像形式的月度、年度能耗报告。图形操作界面,可用紧凑模式的气候资料做替代设计方案的快速测试,有较为合理的缺省值。建筑可超过 98 个分区,提供 20 多种墙、窗类型。但算法较为简单,只有 9 种 HVAC 系统可供选择。

Energy-10 适用范围:方案设计阶段建筑能耗评价,逐时空调能耗分析和照明计算;住宅建筑和小型商业建筑;包含 12 种 HVAC 系统形式。基于当前方案与标准方案(当前共有 12 种能量效率策略)之间比较的汇总图表(共有 27 种图形表达方式),也可生成详细的报表。该软件易于操作,快速,准确,但由于建筑描述过于简单,一般用于小型建筑[建筑面积小于 10 000 ft^2(1 ft$^2 \approx 0.09$ m^2)]和小型 HVAC 系统。

TRNSIS 适用范围:HVAC 系统和控制分析,多区域气流分析,太阳能利用方案设计以及建筑热性能研究。基本输出格式为 ASCII,包括全生命周期成本、月度、年度能耗报告。频率曲线,绘出预期参数曲线。它是当前最灵活的模拟软件,用户可自定义标准库中没有的组件,强大的帮助系统,可分时段模拟,可直接导入 CAD 生成的建筑布局作为热工模型的基础。但没有为建筑和 HVAC 系统设定合理的缺省值,用户必须逐项输入两者较为详细的信息。

HOT2 XP 适用范围:能耗模拟,负荷计算,住宅建筑。输入包括建筑特性描述,HVAV 系统的详细说明,所消耗的燃料类型。图形和文本两种格式的输出文件,可供电子数据表作进一步处理。图形界面:考虑了热桥的作用,非常详细的空气渗透模型和热损失模型,提供广泛的 HVAC 系统形式和多种燃料类型。但无法进行多区域 HVAC 系统的模拟。

SPARK 适用范围:复杂布局的住宅建筑和商业建筑的能耗模拟。用符号表示的计算模型(可自定义或者从列表中选取)、系统运行参数和图形输出分析后的结果;能实现复杂的建筑围护结构建模,复杂 HVAC 系统建模,多样的时间间隔可供选择;图形编辑器简化了对建筑物的描述,预置多种 HVAC 系统;但需使用者具有较高的电脑操作技巧,并熟悉 HVAC 系统运行原理。

ESP-r 适用范围:可对影响建筑能源特性和环境特性的因素做深入的评估。内置 CAD 绘图插件,或者直接导入 CAD 文件,HVAC 系统的详细描述。比较接近实际,整体性的评价。可模拟和分析当前比较前沿或创新技术。操作人员需要有较强的专业知识,须对专业知识有较深入的理解。

2.5　BIM 技术在建筑规划与节能设计中的应用

2.5.1　概述

BIM 即建筑信息模型,是 Building Information Modeling 的缩写。BIM 是以三维数字技术为基础,集成了建筑工程项目各种相关信息的工程数据模型,BIM 是对工程项目设施实体与功能特性的数字化表达。

一个完善的信息模型,能够连接建筑项目全生命周期不同阶段的数据、过程和资源,是对工程对象的完整描述,可被建设项目各参与方普遍使用。BIM 具有单一工程数据源,可解决分布式、异构工程数据之间的一致性和全局共享问题,支持建设项目全生命周期中动态的工程信息创建、管理和共享。BIM 同时又是一种应用于设计、建造、管理的数字化方法,这种方法支持建筑工程的集成管理环境,可以使建筑工程在其整个进程中显著提高效率和大量减少风险。BIM 一般具有以下特征:

①模型信息的完备性。除了对工程对象进行 3D 几何信息和拓扑关系的描述,还包括完整的工程信息描述,例如,对象名称、结构类型、建筑材料、工程性能等设计信息;施工工序、进度、成本、质量以及人力、机械、材料资源等施工信息;工程安全性能、材料耐久性能等维护信息;对象之间的工程逻辑关系等。

②模型信息的关联性。信息模型中的对象是可识别且相互关联的,系统能够对模型的信息进行统计和分析,并生成相应的图形和文档。如果模型中的某个对象发生变化,与之关联的所有对象都会随之更新,以保持模型的完整性和健壮性。

③模型信息的一致性。在建筑全生命周期的不同阶段,模型信息是一致的,同一信息无须重复输入,而且信息模型能够自动演化,模型对象在不同阶段可以简单地进行修改和扩展而无须重新创建,避免了信息不一致的错误。

2.5.2　BIM 主要功能分析

BIM 支持建筑师和工程师在实际建造前使用数字设计信息分析和了解项目性能。通过同时制订和评估多个设计方案,建筑师和设计师即可轻松比较并制订更明智的可持续设计决策。Autodesk® Revit® Architecture 设计模型专门用于可持续性分析,甚至在早期的概念设计阶段也可实现分析计算。建筑中墙体、窗体、屋顶、地板和室内隔断的布局确定后,设计师便可对创建 Revit®模型时采用的信息进行分析。在 CAD 工作流程中进行上述分析非常困难,用户必须导出并详细设置 CAD 模型,以供分析程序之用。使用 Autodesk Ecotect Analysis 分析来自 Revit BIM 流程的早期建筑设计,可以有效地简化分析过程。

1)整体建筑能耗、水耗和碳排放分析

Autodesk Ecotect Analysis 用户能够在 subscription 维护及服务合约有效期内使用 Autodesk® Green Building Studio®基于 Web 的服务。该 Web 服务支持建筑师(大多数建筑师没有就这类

分析接受过专门培训)更快、更准确地分析整体建筑能耗、水耗和碳排放,轻松评估 Revit 建筑设计的碳排放。

2)在线能耗分析

Autodesk Green Building Studio Web 服务支持建筑师及其他用户在各自设计环境中直接通过互联网对 Revit 建筑设计进行更加快速的分析。这有助于优化整个分析流程,并且使建筑师更及时地获得与各项设计方案有关的反馈,进而提高绿色设计的能效和成本效率。

根据建筑物的大小、类型和位置(这些因素均会影响水电成本),该 Web 服务使用地区建筑标准和规范作出智能的假设,以此确定适当的材质、结构、系统和设备等默认属性。利用简单的下拉菜单,建筑师能够快速改变所有这些设置,以此定义具体的设计属性;不同的建筑朝向、K 值更低的玻璃窗或四管制风机盘管的 HVAC 系统。该服务采用精确的每小时天气数据以及历史雨水数据,这些数据能够精确到特定建筑周围 9 英里(1 英里 ≈ 1.609 千米)的范围内。

3)分析结果

该服务在几分钟内便可计算出建筑的碳排放,并且支持用户在 Web 浏览器中查看输出结果,其中包括估算能耗和成本概述以及建筑的潜在碳中性。用户可以更新这些服务所用的设置并重新进行分析,或在 Revit 系列软件中修改建筑模型后重新进行分析,以此评估各项设计方案。输出结果还可概述水耗和成本以及电力和燃料成本;计算"能源之星"评分;评估可能的太阳能和风能;计算 LEED 采光评分以及评估可能的自然通风情况。与大多数分析结果不同,Autodesk Green Building Studio 报表更加简洁易懂,建筑师及其他用户可以充分利用其中的信息制定更加绿色的设计决策。

4)使用环境因素设计

Autodesk Ecotect Analysis 中的桌面工具提供了广泛的功能和仿真特性,能够帮助建筑师和其他用户在早期设计阶段了解环境因素对于建筑运营和性能的影响。

作为一款环境分析工具,Autodesk Ecotect Analysis 专门面向建筑师和建筑设计流程,支持设计师在概念设计流程早期对建筑项目的性能进行仿真。Autodesk Ecotect Analysis 具有广泛的分析功能,其中包括阴影、遮蔽、阳光、采光、供暖、通风和声音效果,并且能够以高度可视化的方式,交互地在建筑模型环境中直接显示分析结果。可视化效果使该软件能够更加高效地解读复杂的概念和广泛的数据集,帮助设计师快速处理多方面的性能问题,同时方便用户轻松高效地"塑造"和修改设计,减少建筑对环境的影响。

Revit 设计模型支持以 gbXML 格式导出,而且能够直接导入 Autodesk Ecotect Analysis,用以在整个设计流程中进行仿真和分析。在设计流程初期,设计师可结合使用早期 Autodesk Revit Architecture 实体模型以及 Autodesk Ecotect Analysis 中的地址分析功能,根据基本环境因素(如光照、遮蔽、阳光入射和视觉影响),决定建筑的最佳地点、外形和朝向。随着概念设计工作的持续进行,设计师可通过集成的 Autodesk Green Building Studio 对整个建筑的能耗、水耗和碳排放进行分析,使能耗符合标准并获知推荐的潜在节能区域。当这些基本设计参数确定后,设计师可根据环境因素,再次使用 Autodesk Ecotect Analysis 重新安排房间和区域,调整

单个孔径的尺寸和外形,设计定制的遮蔽装置或选择特定的材质。Autodesk Ecotect Analysis
还可用于详细的设计分析。

5)可视化效果

以可视化和交互的方式显示分析结果是该软件的一项特色功能。传统建筑性能分析软件
最大的缺陷是无法帮助设计师轻松解读分析结果。Autodesk Ecotect Analysis 能够通过基于文
本的报表和可视化视图为设计师提供实用的反馈信息。这类可视化视图并不只是图表和图
形,分析结果将直接在模型视图环境中显示出来——阴影动画由投影分析功能生成;入射阳光
等曲面映射信息;房间内的采光或热适度分配等空间体积渲染信息。

这类可视化反馈信息能够帮助设计师更轻松地实时了解和交互使用分析数据。例如,设
计师可以旋转曲面映射日光照射视图,查找其中各个表面的光照变化,或观看连续的阳光照射
动画,以此了解阳光与专用导光板之间的交互效果;设计师可以旋转曲面映射日光照射视图,
查找其中各个表面的光照变化,或观看连续的阳光照射动画,以此了解阳光与专用导光板在一
年中不同时间的交互效果。

借助 Autodesk Ecotect Analysis,建筑师能够查看建筑模型环境中的分析结果,例如,日光
照射分析的曲面映射结果;Autodesk Ecotect Analysis 软件还能够通过空间体积渲染图显示分
析结果,如图 2.17 所示的即为城市建筑可视度影响分析。

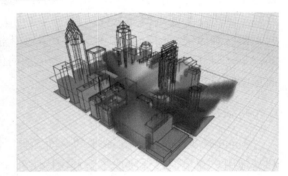

图 2.17　城市建筑可视度影响分析

6)实时建筑性能分析

在早期的概念设计流程中,Autodesk Ecotect Analysis 和 Autodesk Revit Architecture 可用于
进行多种分析。例如,设计师可以进行遮蔽、日光入射和气流分析,以此反复设计外形和朝向,
在不影响邻近建筑采光权的情况下最大化本建筑的性能。随着设计工作的进展以及定义建筑
导热区域所用元素(墙体、窗体、天花板、地板和室内隔断墙的布局)的确定,Revit 模型可用于
房间相关的计算,例如平均采光参数,回响时间以及能够直接看到外部景色的楼层面积。

Revit 模型还能支持设计师在遮蔽、光照和声效等方面进行更细致的分析。例如,设计师
可以结合使用 Autodesk Ecotect Analysis 以及 Autodesk Revit Architecture 创建的遮板设计模型,
对建筑设计在全年不同环境中的性能进行仿真。建筑师还能使用 Autodesk Ecotect Analysis 评
估 Revit 设计的声适度,然后调节声源的位置、室内墙体布局或声音反射器的几何图形,以此
实现最佳的声适度。

2.5.3　基于 BIM 技术的建筑节能设计

利用 BIM 技术,建筑师在设计过程中创建的虚拟建筑模型已经包含了大量设计信息,包括几何信息、材料性能、构件属性等,只要将模型导入相关的能量分析软件,就可以得到相应的能量分析结果。原本需要专业人士花费大量时间输入大量专业数据,如今利用先进的计算机技术就可以自动完成,建筑师不需要额外花费精力。

在建筑设计的方案阶段,能充分利用建筑信息模型和能量分析工具,简化能量分析的操作过程,是建筑师进行绿色建筑设计迫切需要解决的问题。目前,美国的 GBS(Green Building Studio)可以满足建筑师的这一需求。GBS 直接从 BIM 软件中导入建筑模型,利用其中包含的大量建筑信息来建立一个准确的热模型,并将其转换成 XML 格式(gbXML 是一种开放的 XML 格式,已被 HVAC 软件业界迅速接受,成为其数据交换标准),并根据当地建筑标准和法规,对不同的建筑空间类型进行智能化的假定。最后结合当地典型的气候数据,采用 DOE2.2 模拟引擎进行逐时模拟。每年能量消耗、费用以及一系列建筑供暖制冷负荷、系统(如照明、HVAC、空间供暖的主要电力和天然气的能源使用)数据都能立刻展现出来。而整个过程中,建筑师只需在 GBS 中手动地输入建筑类型和地理位置即可。GBS 还能输出 gbXMl、3D-VRML、DOE-2.2 等文件格式,可以利用其他工具如 Trane 的 Trace-700,或 eQuest、Energy Plus 等对建筑能效进行进一步的分析。

在建筑设计基本完成之后,需要对建筑物的能效性能进行准确的计算、分析与模拟。在这方面,美国的 Energy Plus 软件是其中的佼佼者。Energy Plus 是一个建筑全能耗分析软件(whole building energy analysist 001),是一个独立的没有图形界面的模拟软件,包含上百个子程序,可以模拟整个建筑的热性能和能量流、计算暖通空调设备负荷等,并可以对整个建筑的能量消耗进行分析。

在 CAD 的 2D 建筑设计环境下,运行 Energy Plus 进行精确模拟需要专业人士花费大量时间手工输入一系列大量的数据集,包括几何信息、构造、场地、气候、建筑用途以及 HVAC 的描述数据等。然而在 BIM 环境中,建筑师在设计过程中创建的建筑信息模型可以方便地同第三方设备结合,从而将 BIM 中的 IFC 文件格式转化成 Energy Plus 的数据格式。另外,通过 GBS 的 gbXML 也可以获得 Energy Plus 的 IDF 格式。

BIM 与 Energy Plus 结合的一个典型实例是位于纽约"9·11"遗址上的自由塔(Freedom Tower)。在自由塔的能效计算中,美国能源部主管的加州大学"劳伦斯·伯克利国家实验室"(LBNL)充分利用了 Archi-CAD 创建的虚拟建筑模型和 Energy Plus 这个能量分析软件。自由塔设计的一大特点是精致的褶皱状外表皮。LBNL 利用 Archi-CAD 软件将这个高而扭曲的建筑物的中间(办公区)部分建模,将外表几何形状非常复杂的模型导入了 Energy Plus,模拟了选择不同外表皮时的建筑性能,并且运用 Energy Plus 来确定最佳的日照设计和整个建筑物的能量性能,最后建筑师根据模拟结果来选择最优化的设计方案。

除以上软件以外,芬兰的 Riuska 软件等,都可以直接导入 BIM 模型,方便快捷地得到能量分析结果。

BIM 的广泛应用,推动了设计方法的革命,其变化主要体现在以下几个方面:①从二维(以下简称"2D")设计转向三维(以下简称"3D")设计;②从线条绘图转向构件布置;③从单纯几何表现转向全信息模型集成;④从各工种单独完成项目转向各工种协同完成项目;⑤从离散的分步设计转向基于同一模型的全过程整体设计;⑥从单一设计交付转向建筑全生命周期支持。BIM 技术与协同设计技术将成为互相依赖、密不可分的整体。BIM 带来的不仅是技术,也将是新的工作流程及新的行业惯例。

2.6 "暖巢"项目案例

"暖巢行动"系列项目是由爱心人士洪钢、徐真夫妇委托中国扶贫基金会发起,由中建西南院前方工作室联合建筑能源与环境设计研究中心、BIM 中心、建筑工业化设计研究中心、绿色建筑设计研究中心等志愿者团队设计的公益项目,是为贫寒地区学生打造的校舍。

"暖巢一号"位于若尔盖县夏热尔村小学内,设计充分利用太阳能资源,无任何辅助供暖,在冬季最严寒的时期,室内最低温度可达到 10 ℃或以上,是真正的免维护的零碳排放建筑。该项目为高寒高海拔地区零碳排放建筑长期可持续运行提供了可能,为资源匮乏地区摸索出一个既能保护薄弱的生态环境,又能有效节省供暖支出的解决方案。

"暖巢二号"位于四川省阿坝州阿坝县安羌乡中心校内,属青藏高原东北边缘严寒气候区河谷地带,场地海拔约 3 100 m,常年平均气温 4 ℃,最低温度-20 ℃或以下,日照强烈。现有宿舍建造于 20 世纪 90 年代,年久失修,已被评定为危房,每两个孩子挤在一个床位,住宿条件非常局促。由于没有热工措施,极寒时室内的温度基本在-18 ℃左右,严寒的冬季是孩子们最难熬的时光。"暖巢二号"的设计目标是在日照有效时长变短的情况下,把最冷月室内最低温度提高到 16 ℃。如图 2.18 所示,优化建筑平面布局与开口位置,综合数值模拟技术下的设计

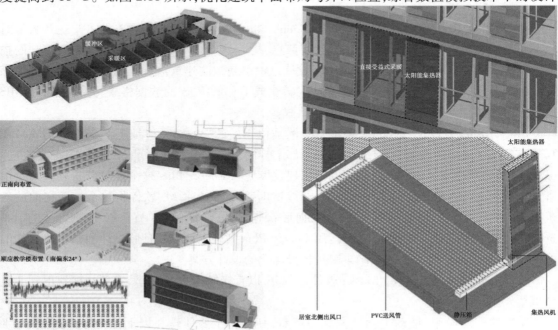

图 2.18 "暖巢二号"规划设计阶段的集成优化

决策,通过性能化模拟,一方面,通过优化建筑朝向和建筑构件设置,尽可能增加太阳能的热量;另一方面,通过将室内空间分为核心功能区和辅助功能区、建筑出入口设置在近零风压位置,尽可能减少维持室内温度所需的热量需求。通过优化建筑太阳能热利用系统性能,采用开创性的可变式直接受益窗与太阳能热风地板蓄热组合系统设计。在窗间墙处设置与建筑完美结合的太阳能集热器,集热器循环风机由太阳能光伏直流驱动,空气循环与光伏直流发电自适应控制(无需额外的电源与控制系统)。

同时,该项目还改善了室内卫生环境,设立立体旱厕——适宜当地条件的给排水系统;结合通风组织将卫生间和储粪池设在次冷区域,水箱放在采暖区,确保冬季最冷月份也可正常使用,解决冬季用水难题,改善学生的生活条件。项目也尊重地域文化,通过丰富的室内活动空间体现朴素的人文关怀,整体建筑色彩在白色中点缀藏族传统的红白蓝绿黄基色,集热器采用"邦典"图案,体现当地的文化与民族特色。"暖巢二号"规划设计阶段的集成优化如图2.18所示。

若尔盖暖巢项目获得2020 Active House Award 总冠军奖。获奖评语(专家冯正功):暖巢项目在技术层面上,选择主被动结合的高新技术路线,但同时兼顾了环境与成本。该项目基于高原高寒的特殊气候环境,运用建筑信息化模型和性能化模拟,理性选择并创造性地使用了零碳供暖技术改善建筑性能,提高了建筑对特殊气候的适应性,低成本、低造价、易维护地营造舒适学习环境。更为重要的是,设计理念尊重地域传统,延续地域文化,主动式建筑设计不失人文温度。在简洁的现代建筑形体上,采用当地的页岩材料,因地制宜地减轻环境负荷;在空间色彩上,提取地域传统色彩,点亮儿童活动空间。

本章小结

本章主要讲述了建筑节能规划设计的基本概念、设计方法与流程,对住宅节能设计的主要因素进行了计算分析,并介绍了建筑节能评价指标与能耗模拟方法,结合BIM技术分析了建筑节能协同设计的发展特点。

本章的重点是建筑全过程节能设计的原则及方法。

思考与练习

1.什么是建筑节能规划设计?在建筑全生命周期中,建筑节能规划设计处于什么地位?

2.建筑气候与建筑节能规划设计有何联系?不同气候地区建筑节能规划设计的重点是什么?

3.居住建筑节能设计主要考虑哪些因素?

4.建筑节能评价方法有哪些?其含义是什么?

5.建筑节能评价指标有哪些?目前国内主要采用的指标体系是什么?

6.国内外主要的建筑能耗模拟软件有哪些？简要叙述其各自优缺点及主要适用范围。

7.什么是 BIM 技术？在建筑节能设计中,BIM 技术如何影响协同设计？

8.请查阅文献,以某建筑节能设计案例,具体说明 BIM 技术手段的应用途径和功能实现方法。

3

建筑围护结构节能技术

教学目标

本章讲述建筑材料及围护结构体系技术的主要种类及节能技术的特征。通过学习,学生应达到以下目标:

(1)熟悉建筑节能材料热物理性能的主要指标。

(2)了解不同气候地区建筑节能墙体、门窗和屋面种类及主要技术措施。

(3)能举例说明建筑绿化和遮阳对建筑围护结构节能的影响。

(4)会描述建筑合理保温隔热的原则与要求。

教学要求

知识要点	能力要求	相关知识
建筑节能材料热物理性能	(1)熟悉建筑材料热物理指标的概念 (2)了解指标计算方法	(1)导热系数、热阻及传热系数 (2)吸收率、反射率及辐射率 (3)表面的热转移系数 (4)热容量
建筑节能墙体	(1)了解墙体保温隔热方法 (2)掌握不同类型墙体保温的特点	(1)墙体外保温 (2)墙体内保温 (3)墙体中间保温与自保温体系
建筑节能门窗	(1)了解建筑节能门窗的种类 (2)熟悉新型节能玻璃的特点	(1)吸热玻璃、热反射玻璃 (2)真空玻璃、普通贴膜玻璃 (3)低辐射玻璃、中空玻璃
建筑节能屋面	(1)了解节能屋面的种类及构造 (2)掌握不同类型屋面的适用性	(1)倒置屋面 (2)通风屋面 (3)蓄水屋面 (4)种植屋面

续表

知识要点	能力要求	相关知识
建筑绿化和遮阳	(1)了解建筑绿化的节能影响 (2)熟悉不同的建筑遮阳方式	(1)建筑绿化 (2)建筑遮阳
合理保温隔热	(1)理解建筑合理保温隔热的原则与要求 (2)了解气候地区围护结构热功性能差异	(1)合理保温隔热 (2)建筑围护结构节能技术适应性

 **基本概念**

导热系数、热阻及传热系数;与辐射有关的表面特性:吸收率、反射率及辐射率;表面的热转移系数;热容量;墙体外保温;墙体内保温;墙体中间保温与自保温体系;吸热玻璃、热发射玻璃;真空玻璃、普通贴膜玻璃;低辐射玻璃、中空玻璃;倒置屋面;通风屋面;蓄水屋面;种植屋面;建筑绿化;建筑遮阳;合理保温隔热;建筑节能技术地域性

 引 言

国家以《建筑节能与可再生能源利用通用规范》(GB 55015—2021)确定的节能指标要求为基线,启动实施我国新建民用建筑能效"小步快跑"提升计划,分阶段、分类型、分气候区提高城镇新建民用建筑节能强制性标准,重点提高建筑门窗等关键部品节能性能要求,推广地区适应性强、防火等级高、保温隔热性能好的建筑保温隔热系统。建筑的围护结构将室内空间与外部环境分隔开,用以缓和或防护诸如室外气温、湿度、风、太阳辐射及雨、雪等气候参数对室内的直接影响。围护结构的防护能力,取决于其厚度与材料的热物理性能。在建筑内部空间中的构件和设备如地板、隔墙甚至家具,对整个房间的热容量的影响,以及对室内本身所产生的或从外透入的热量的吸热作用,也缓和着外界对温度的影响。

当房屋的窗户都打开时,室外的气流即可通过室内的空间;但即使在闭窗的情况下,窗户对热流的阻力也很小,空气还可通过窗户周围的缝隙渗透入室。太阳辐射可通过透明与半透明的材料(玻璃及塑料)以及打开的窗户透入室内,从内部加热房间。当未采用机械方法控制室内的热条件时,围护结构所用建筑材料影响室内气温与内表面温度,从而影响居住者的热舒适感。对采暖或空调建筑,建筑材料的热物理性能决定着各种冷暖设备的热负荷或冷负荷(亦即决定着供热或空调设备能力)以及内表面温度。所以,围护结构体系及建筑材料性能既影响着居住者的热舒适程度,也影响着室内热湿调节系统的能耗。

3.1 建筑材料的热物理性能

在建筑中,热量的转移可通过导热、对流、辐射及蒸发(或凝结)等4种方式发生。热量在建筑传递过程中,不同传热途径同时存在,例如,太阳能以辐射的方式射至墙面,在外表面被吸

收并以导热的方式通过墙体材料,如果墙中有一空气间层,热流即以对流及辐射的方式通过空气间层,继而再以导热的方式通过另一部分墙体,最后又靠对流传至室内空气并通过辐射传至室内其他物体的表面。

影响室内热状况及居住者舒适感的建筑材料热物理性能包括导热系数、热阻及传热系数;与辐射有关的表面特性:吸收率、反射率及辐射率;表面的热转移系数;热容量等。

3.1.1 导热系数、热阻及传热系数

导热系数是材料的一种热物理性能,它决定着当材料的单位厚度内温度梯度为一单位时,在单位时间内以导热的方式通过单位面积材料的热流量。导热系数以 λ 表示,单位为 $W/(m \cdot ℃)$。导热系数的倒数($1/\lambda$)为材料的热阻率,导热系数和热阻率与建筑构件的面积及厚度无关。通过一定的建筑构件(墙或屋面)的实际热流量不但取决于材料的导热系数,而且取决于该构件的厚度(d)。厚度越大,热流量越小。所以,构件的热阻 r 可表示为:

$$r = \frac{d}{\lambda} \tag{3.1}$$

同理,构件的传热系数 k 可表示为:

$$k = \frac{\lambda}{d} \tag{3.2}$$

设墙表面积为 A,厚度为 d,材料的导热系数为 λ,如其温度梯度为 $t_2 - t_1$,则在稳定传热条件下,通过此墙体的热流量可照下式计算:

$$q_{s\text{-}s} = A \frac{\lambda}{d}(t_2 - t_1) \tag{3.3}$$

式中 $q_{s\text{-}s}$——由较热表面传至较冷表面的热流量,W。

在计算由室内空气经过墙体传至室外空气的热流量时,与墙体表面相邻的空气边界层的热阻也必须加以考虑。在任何表面上形成的层流边界层,其厚度随着相邻空气的流速的增加而减弱。由于空气的导热系数很低,因而其热阻率就高,这样,附着于材料表面的空气膜就对通过该表面的热流施加相当的阻力。空气膜热阻的倒数称为表面热转移系数,以 h_i 表示内表面热转移系数,h_e 表示外表面热转移系数。此系数决定当温度梯度为一个单位时,在单位时间内通过单位表面积转移至周围空气中的热流量,其单位为 $W/(m^2 \cdot ℃)$。

当计算室内与室外空气之间的热流量时,必须给墙本身的热阻 r 加上两个表面的热阻(即表面热转移系数的倒数)。这样,单层墙对其两侧空气间的热流的总热阻 R 即为:

$$R = \frac{1}{h_i} + \frac{d}{\lambda} + \frac{1}{h_e} \tag{3.4}$$

此热阻的倒数称为总传热系数,它决定着通过建筑构件的热流量,以 K 代表,即 $K = 1/R$。在稳定传热的条件下,由室内空气通过单位面积传至室外空气的热流强度 q 可由下式求出:

$$q = K(t_i - t_o) \tag{3.5}$$

式中 t_i, t_o——室内及室外的气温,℃。

当墙体由几层不同厚度、不同导热系数的材料所组成时,此组合墙的总热阻即为各分层热阻之和。例如,3 层墙的总热阻为:

$$R = \frac{1}{h_i} + \frac{d_1}{\lambda_1} + \frac{d_2}{\lambda_2} + \frac{d_3}{\lambda_3} + \frac{1}{h_e} \tag{3.6}$$

而总传热系数为：

$$K = \frac{1}{R} = \cfrac{1}{\dfrac{1}{h_i} + \dfrac{d_1}{\lambda_1} + \dfrac{d_2}{\lambda_2} + \dfrac{d_3}{\lambda_3} + \dfrac{1}{h_e}} \tag{3.7}$$

3.1.2　与辐射有关的表面特性

任何不透明材料的外表面均具有决定辐射热交换特性的 3 种性能,即吸收性、反射性与辐射性。射到不透明材料表面上的辐射,可能被吸收,也可能被反射。如果表面为完全黑色,则完全吸收;如果表面为完全反射面,则辐射将完全被反射。但是,多数表面均是吸收一部分入射辐射,其余的则被反射回去。例如,以 a 表示吸收率,r 表示反射率,则:

$$r = 1 - a \tag{3.8}$$

辐射率 ε 是材料放射辐射能的相对能力。对于任意特定波长,吸收率和辐射率在数值上是相等的,即 $a = \varepsilon$,但二者的值对于不同波长则可能是不同的。

完全黑表面的辐射率 ε 为 1.0;对于其他表面,辐射率的范围从高度抛光的金属表面的 0.05 到一般建筑材料的 0.95。

材料对辐射的吸收是有选择的,视投射到表面的辐射波长而定。刚用白灰粉刷的表面对短波太阳辐射(最大强度的波长为 0.4 μm)的吸收率约为 0.12,但对于具有一般温度的另一表面所放射的长波辐射(最大强度的波长为 10 μm),则其吸收率约为 0.95。因此,此表面对长波的辐射率为 0.95,并且是一个良好的散热体,容易向较冷的表面散热;与此同时,它对于太阳辐射又是一个良好的反射体。另外,抛光的金属面对长波和短波辐射的吸收率及辐射率均很低。因此,它作为一个良好的辐射反射体的同时,又是一个不良的散热体,很难通过辐射散热而使其自身降温。

表面的色泽是说明对太阳辐射吸收特性的一个良好标志。颜色浅,吸收率低而反射率高。但对于长波辐射来说,表面的颜色并不表明表面的特性。因此,黑、白色的表面对太阳辐射有着极不相同的吸收率,在日光暴晒下,黑色表面较白色表面要热得多。但这两种颜色的长波辐射率则相同,故在夜间,二者均通过向天空放射辐射而等效降温。

每一表面均同时地吸收和放射辐射。表 3.1 为各种类型及不同颜色的表面的短波吸收率与长波辐射率的典型值。但是,表面蒙上灰尘后,吸收率会显著增加。

表 3.1　各种类型及不同颜色的表面的短波吸收率与长波辐射率

材料或颜色	短波吸收率	长波辐射率
铝箔(光亮)	0.05	0.05
铝箔(已氧化)	0.15	0.12
镀锌铁皮(光亮)	0.25	0.25
铝粉涂料	0.50	0.50
白灰粉刷(新)	0.12	0.90

材料或颜色	短波吸收率	长波辐射率
白漆	0.20	0.90
浅灰色	0.40	0.90
深灰色	0.70	0.90
浅绿色	0.40	0.90
深绿色	0.70	0.90
黑色	0.85	0.90

3.1.3 表面热转移系数

表面热转移系数决定着表面与其周围空气之间的对流热交换,以及表面与其他表面之间或表面与天空之间的辐射热交换。因此,表面热转移系数包括两种因素,即辐射换热系数与对流换热系数。辐射换热系数主要取决于表面的辐射率,在一定程度上也取决于进行辐射换热的两表面的平均温度。对流换热系数主要取决于表面附近的气流速度。

辐射率为 ε 的表面,其表面辐射换热系数 h_r 为:

$$h_r = \varepsilon H_r \tag{3.9}$$

表面的对流热转移又可再分为两部分:自然对流与强迫对流。自然对流起因于表面与周围空气之温差,并决定于温差值的大小及表面的位置。

根据德赖弗斯(Dreyfus)的意见,不同温度下黑色表面的辐射换热系数 H_r 的近似值如表3.2 所示。

表 3.2　不同温度下黑色表面的辐射换热系数近似值

平均温度/℃	20	30	40	50
$H_r/[W \cdot (m^2 \cdot ℃)^{-1}]$	5.8	6.3	3.5	8.2

德赖弗斯按照表面与空气的温度差给出垂直表面的自然对流换热系数值,如表3.3 所示。

表 3.3　不同温差下垂直表面的自然对流换热系数值

温度差值/℃	2	10	30
自然对流换热系数/$[W \cdot (m^2 \cdot ℃)^{-1}]$	2.3	3.5	4.6

对于水平表面(平屋面或顶棚),当热流向上时,上列各值应乘以系数 1.33;当热流向下时,应乘以系数 0.67。

表面受到风吹时,强迫对流是占支配地位的因素。它主要取决于邻近表面处的气流速度以及表面的粗糙程度。为了得到平均值,德赖弗斯建议在有风的情况下,按照下式计算对流换热系数 h_c:

$$h_c = 3.6V \tag{3.10}$$

式中,h_c 的单位为 W/(m² · ℃),V 的单位为 m/s。

实际的表面热转移系数为辐射换热系数与对流换热系数之和,以 h 表示;或以 h_i 为内表面热转移系数,h_e 为外表面热转移系数。

3.1.4 空气间层的传热

在建筑构件内部常包括空气间层。这种空气间层起着阻碍对热流的作用,而其热阻值又取决于空气间层厚度及封闭空间的内表面性质。在空气间层内通过热表面与冷表面间的辐射换热、两表面的空气边界层的导热以及封闭空间内空气的对流而进行热传递。

通过表面空气边界层的导热以及在空气间层中的对流换热,取决于间层的位置(水平或是垂直)、厚度及热流的方向(向上、向下或水平方向),因为这些因素影响着与各个表面相邻的空气层的稳定性。当为水平间层且其下界面较上界面热时(热流向上),则与底表面接触之空气变热,密度变稀并在间层内上升,遂将低处的热量带至上表面。在此情况下,自然对流最强烈。另一方面,如果水平空气间层内的上表面较热(热流向下),则接触上表面的热气密度小,底表面附近冷空气的密度较间层内其他部分的为大。因此这种状态就较为稳定,自然对流即受到抑制而形成一定厚度的静止空气层。此时,自然对流最弱。当空气间层为竖直方向时,自然对流介于中间状况。

按照空气间层的位置、厚度及有效放射率,可给出间层的传热率。表 3.4 是有关垂直及水平的封闭空气间层传热率的平均近似值。

表 3.4　垂直及水平的封闭空气间层传热率的平均近似值

空气层位置及热流的方向	一边有反射材料	两边均为普通材料
垂直,各个方向	2.8	5.8
水平,热流向上	3.2	6.2
水平,热流向下	1.4	4.7

从表中可以看到,只要在一个表面上衬一层反射材料,其热阻即将增大 2~3 倍。将铝箔置于水平空气间层之上表面特别有利,因为这样可以大大减少灰尘积聚;如将铝箔置于下方,则效果最差,其反射能力会因积尘而显著降低。

对于垂直的空气间层,若将反射层固定于其中部,即可得到最大的热阻值。在此情况下,便等于提供了两个反射的附加表面,而与之接触的空气膜又增加了空气间层的总热阻。

3.1.5 热容量

墙(或屋面)的热容量是指单位体积或单位表面积的墙,其温度每提高 1 ℃时所需的热量。第一类称为材料的体积热容量 C_V,第二类称为墙的热容量 C_W。前一指标可说明构件材料的热性能,后者用于说明建筑构件的热性能。同样的热量可使各种材料受到不同的加热程度,由材料的比热与密度之乘积而定。表 3.5 给出了一些不同材料的有关数值。

表 3.5　各种建筑材料的热物理性质

材料 （干燥状态）	导热系数 λ /[W·(m·℃)⁻¹]	密度 ρ /(kg·m⁻³)	质量比热 c /[kJ·(kg·℃)⁻¹]	导温系数$\frac{\lambda}{\rho c}$ /(m²·h⁻¹)
普通混凝土	1.28	2 300	1.01	0.002
灰浆	0.70	1 800	1.01	0.001 3
轻质混凝土	0.32	600	1.05	0.001 8
砖	0.82	1 800	0.92	0.001 8
木材	0.13	500	1.43	0.000 65
木材	0.20	800	1.43	0.000 62
保温木纤维板	0.04	230	1.47	0.000 49
保温木纤维板	0.20	800	1.43	0.000 62
矿棉毡	0.06	450	0.80	0.000 59
膨胀聚苯乙烯	0.04	50	1.68	0.001 5

只有当热条件在波动时,材料的热容量才有意义。在接近为稳定传热的情况下,例如,当室外与室内的温差很大时,则热容量对室内热条件的影响甚微,在此情况下,热流及温度分布主要取决于建筑围护结构的传热系数和供热(或冷)量。但在温度波动的情况下,当建筑结构由于室外温度及太阳辐射的变化,或由于室内间歇性采暖或空调而形成周期性的加热或冷却时,热容量对室内热条件起着决定性的作用。

3.1.6　基本热物理性能的组合

材料的导热系数及热容量,如同建筑构件的厚度以及组合构件中材料层的安排顺序一样,可有各种不同的组合方法,每一种组合均在某种条件下有其重要性。

1)导温系数

导温系数 a 是最先推导出的一种材料热特性指标,它是导热系数 λ 与体积热容量C_V之比,即:

$$a = \frac{\lambda}{C_V} = \frac{\lambda}{\rho c} \tag{3.11}$$

式中　ρ——密度;

　　　c——比热。

导温系数是材料的性能而非构件的性能。它主要应用于周期性作用条件下的热流及温度变化的理论计算。

2)热阻与热容量的乘积——时间常数

热阻与构件热容量的乘积为建筑构件的一种性能,它具有时间的量,故称为构件的时间常

数,用RC_w表示。量纲分析:

$$RC_w = (m^2 \cdot h \cdot \text{℃}/kJ)[kJ/(m^2 \cdot \text{℃})] = h$$

在数学上,时间常数等于材料厚度的平方与导温系数之比:

$$RC_w = (d/\lambda)(d\rho c) = \frac{d^2\rho c}{\lambda} = \frac{d^2}{a} \qquad (3.12)$$

当外部因素(气温及太阳辐射)仅直接作用于外表面上时,墙的时间常数影响着室外与室内条件之间的相互关系。在此情况下,墙的时间常数决定着在给定的外表面平均温度振幅条件下的室内温度的振幅,还影响着室外、室内最高温度之间的时间延迟值。

3)导热系数与热容量的乘积 λ_{pc}

在通过窗户射入室内的太阳辐射,通风时气流的温度与速度以及诸如内部的热源、冷源、间歇性采暖等室内因素的影响下,导热系数与体积热容量的乘积λ_{pc}对室内条件有极大的影响。保温材料的主要性能指标如表 3.6 所示。

表 3.6　保温材料的主要性能指标

项　目	EPS	XPS	硬质聚氨酯	水泥基复合保温砂浆			保温装饰板(适用于保温层材料为EPS、XPS 板)
				外保温		内保温	
表观密度/(kg·m⁻³)	18~22	25~35	≥35	≤400(干)	≤250(干)	≤450(干)	≤20
压缩强度/MPa	≥0.10	≥0.15	≥0.15	≥0.60	≥0.25	≥0.60	—
抗拉强度/MPa	≥0.10	≥0.25	≥0.20	≥0.20	≥0.15	—	—
水蒸气透湿系数/[ng·(pa·m·s)⁻¹]	≤4.50	≤3.50	≤5.00	—	—	—	—
尺寸稳定性/%	≤0.3	≤0.3	80 ℃≤2.0 -30 ℃≤1.0	—	—	—	≤0.3
线性收缩率/%	—	—	—	≤0.20	≤0.20	≤0.30	—
吸水率/%	≤4.0	≤1.5	≤4.0	≤8.0	≤10	—	—
软化系数	—	—	—	≥0.70	≥0.70	—	—
燃烧性能	B2	B2 或 B1	B2	B1	B1	A	B2
导热系数/[W·(m·K)⁻¹]	≤0.041	≤0.030	≤0.023	≤0.080	≤0.060	≤0.085	热阻满足设计要求

围护结构节能设计主要包括围护结构材料和构造的选择,各部分围护结构传热系数的调整和确定,外墙受周边热桥影响的条件,其平均传热系数的计算、围护结构热工性能指标及保温层厚度的计算等。

建筑材料的种类非常多,建筑材料的生产消耗大量能源和资源,同时还伴随着一定的环境污染。因此,使用生产能耗低的建筑材料也可减少建筑全生命周期的能耗。即使同一种材料,由于开采原料的地点不同、生产工艺不同、技术不同、管理水平不同,其单位能耗也存在显著差异。我国主要建筑材料在生产过程中的初始能耗如表3.7所示。

表 3.7 单位质量建筑材料在生产过程中的初始能耗

单位:GJ/t

材料类型	型钢	钢筋	铝材	水泥	建筑玻璃	建筑卫生陶瓷	空心黏土砖	混凝土砌块	木材制品
初始能耗	13.3	20.3	19.3	5.5	16.0	15.4	2.0	1.2	1.8

建筑材料绿色化是未来的发展方向,发展绿色建材产业将有助于环境保护、节约资源、提高人类的居住环境水平,因此应开发、研制高性能材料,包括轻质高强、多功能、高保温性、高耐久性和优异装饰性的材料,充分利用和发挥材料的各种性能,采取先进技术制造具有特殊功能的复合材料;充分利用地方资源,减少使用天然资源;充分利用各种工业生产废弃资源,维护自然环境平衡。

3.2 建筑节能墙体

外墙保温按保温层所在位置分为单一保温外墙、内保温外墙、外保温外墙和夹心保温外墙4个类型。外墙按主体结构所用材料分为加气混凝土外墙、黏土空心砖外墙、黏土实心砖外墙、混凝土空心砌块外墙、钢筋混凝土外墙、其他非黏土砖外墙等。

复合保温墙体由绝热材料与传统墙体材料或某些新型墙体材料复合构成,其结构如图3.1所示。绝热材料包括聚苯乙烯泡沫塑料、岩棉、玻璃棉、矿棉、膨胀珍珠岩、加气混凝土等。根据绝热材料在墙体中的位置,这类墙体又可分为内保温复合墙体、外保温复合墙体和中间保温复合墙体3种形式。与单一材料节能墙体相比,复合节能墙体由于采用了高效绝热材料而具有更好的热工性能,但其造价也要高得多。

1)内保温复合墙体

如图3.2所示,在这类墙体中,绝热材料复合在建筑物外墙内侧,同时以石膏板、建筑人造板或其他饰面材料覆面作为保护层。结构层为外围护结构的承重受力墙体部分,它可以是现浇或预制混凝土外墙、内浇外砌或砖混结构的外砖墙以及其他承重外墙(如承重多孔砖外墙)等。空气间层的主要作用是切断液态水分的毛细渗透,防止保温材料受潮,同时,外侧墙体结构层有吸水能力,其内侧表面由于温度低而出现的冷凝水,被结构材料吸入并不断地向室外转移、散发。另外,设置空气间层还可增加一定的热阻,而且造价比专门设置隔气层要低。空气间层的设置对内部孔隙连通、易吸水的绝热材料是十分必要的。绝热材料层(即保温层、隔热层)是节能墙体的主要功能部分,可采用高效绝热材料(如岩棉、各种泡沫塑料等),也可采用加气混凝土块、膨胀珍珠岩制品等材料。覆面保护层的主要作用是防止保温层受破坏,同时在一定程度上阻止室内水蒸气浸入保温层。

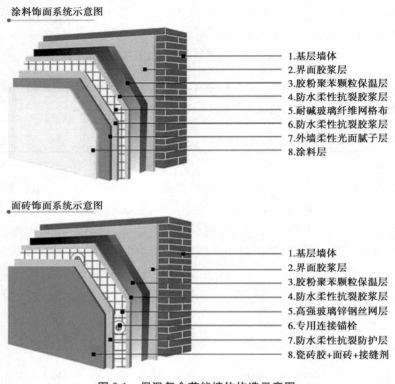

图 3.1 保温复合节能墙体构造示意图

涂料饰面系统示意图

1.基层墙体
2.界面胶浆层
3.胶粉聚苯颗粒保温层
4.防水柔性抗裂胶浆层
5.耐碱玻璃纤维网格布
6.防水柔性抗裂胶浆层
7.外墙柔性光面腻子层
8.涂料层

面砖饰面系统示意图

1.基层墙体
2.界面胶浆层
3.胶粉聚苯颗粒保温层
4.防水柔性抗裂胶浆层
5.高强玻璃锌钢丝网层
6.专用连接锚栓
7.防水柔性抗裂防护层
8.瓷砖胶+面砖+接缝剂

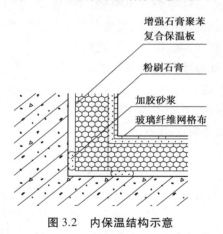

增强石膏聚苯复合保温板
粉刷石膏
加胶砂浆
玻璃纤维网格布

图 3.2 内保温结构示意

2)外保温复合墙体

如图 3.3 所示,在这类墙体中,绝热材料复合在建筑物外墙的外侧,并覆以保护层。建筑物的整个外表面(作外门、窗洞口)都被保温层覆盖,有效地抑制了外墙与室外的热交换。外墙外保温的基本构造:①砌筑墙体;②墙体与聚苯板之间的聚合物改性黏结砂浆;③聚苯板;④聚合物改性罩面砂浆(保护层);⑤嵌入保护层的玻璃纤维网格布;⑥聚合物改性罩面砂浆(保护层);⑦涂料饰面或彩色/浮雕抹灰饰面。

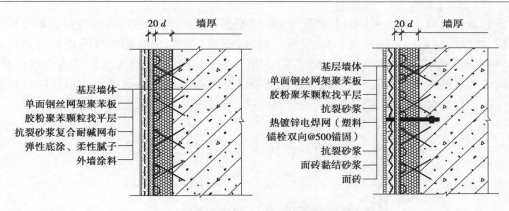

图 3.3 有网聚苯板现浇外墙外保温体系基本构造

外墙外保温的适用范围较广,不仅适用于北方需要冬季保温地区的采暖建筑,也适用于南方需要夏季隔热地区的空调建筑;既适用于新建建筑,也适用于既有建筑的节能改造。保温材料置于建筑物外墙的外侧,基本上可以消除建筑物各个部位的热桥影响,也大大减少了自然界对主体结构的影响。外保温既提高了墙体的保温隔热性能,同时又增加了室内热稳定性,在一定程度上阻止了雨水等对墙体的浸湿,提高了墙体的防潮性能,可避免室内结露、发霉等现象,从而创造了舒适的室内居住环境。采用外墙外保温进行节能改造时,应不影响居民在室内的正常生活和工作。

《外墙外保温工程技术规程》推荐 5 种外墙外保温系统:

①EPS 板薄抹面外保温系统:以 EPS 板为保温材料,玻璃纤维(简称"玻纤")网增强聚合物砂浆抹面层和饰面涂层为保护层,采用黏结方式固定,抹面层厚度小于 6 mm 的外墙外保温系统。

②胶粉 EPS 颗粒保温浆料外保温系统:以矿物胶凝材料和 EPS 颗粒组成的保温浆料为保温材料并以现场抹灰的方式固定在基层上,以抗裂砂浆玻纤网增强抹面和饰面层的外墙外保温系统。

③现浇混凝土复合无网 EPS 板外保温系统:用于现浇混凝土剪力墙体系。以 EPS 板为保温材料,以玻纤网增强抹面层和饰面涂层为保护层,在现场浇灌混凝土时将 EPS 板置于外模板内侧,保温材料与混凝土基层一次浇筑成型的外墙外保温系统。

④现浇混凝土复合 EPS 钢丝网架板外保温系统:用于现浇混凝土剪力墙体系。以 EPS 单面钢丝网架板为保温材料,在现场浇灌混凝土时将 EPS 单面钢丝网架板置于外模板内侧,保温材料与混凝土基层一次浇筑成型,钢丝网架板表面抹水泥抗裂砂浆并可粘贴面砖材料的外墙外保温系统。

⑤机械固定 EPS 钢丝网架板外保温系统:采用锚栓或预埋钢筋机械固定方式,以 EPS 钢丝网架板为保温材料,后锚固于基层墙上,表面抹水泥抗裂砂浆并可粘贴面砖材料的外墙外保温系统。

3)中间保温复合墙体(外墙夹心保温)

如图 3.4 所示,墙体内外两侧均为结构墙,中间设置保温、隔热材料,安全性较好。外墙夹心保温是将保温材料置于同一外墙的内、外侧墙片之间,内、外侧墙片均可采用混凝土空心砌块等新型墙体材料。这些外墙材料的防水、耐候等性能良好,对内侧墙片和保温材料形成有效的保护,对保温材料的选材要求不高,聚苯乙烯、玻璃棉、岩棉、膨胀珍珠岩等各种材料均可使用;同时对施工季节和施工条件的要求不高。由于在非严寒地区,此类墙体比传统墙体厚,且内外侧墙片之间需要有连接件连接,构造较复杂以及地震区建筑中圈梁和构造柱的设置尚有热桥存在。保温材料的效率仍得不到充分的发挥,同时施工速度慢,故较少采用。

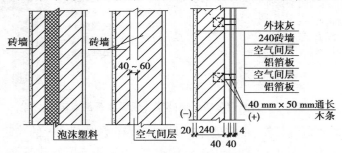

图 3.4　外墙中间保温体系基本构造

夏热冬冷地区围护结构节能技术与北方严寒和寒冷地区有明显的差别,不能完全沿用北方的技术模式。通过对 3 种保温体系的内表面温度和热桥的热流损失进行定量计算(表 3.8)可以得出,在该地区围护结构热桥的影响因素是有限的。把外保温体系作为最重要的技术措施,自保温隔热和内保温技术同样适合于夏热冬冷地区的节能围护结构技术,也应得到推广和应用。

表 3.8　不同保温系统的计算对比结果

保温形式	内表面最低温度/℃	总热流量/W	热桥附加热流量/W	传热面积/m²	单位面积热流量/(W·m⁻²)	单位面积热桥附加热流量/(W·m⁻²)	平均传热系数/[W·(m²·K)⁻¹]	相对比/%
外保温	13.1	59.790	1.796	3.19	18.743	0.563	0.937	3
内保温	13.3	68.289	10.295	3.19	21.407	3.228	1.070	18
自保温	13.9	63.644	8.650	3.19	20.892	2.712	1.041	15

国外有关垂直的加气混凝土墙板的厚度对室内温度影响,如表 3.9 所示。

表 3.9　加气混凝土墙的温度最高、最低值及振幅比

温度/℃	外表面颜色	通风条件	12 cm				17 cm				22 cm			
			Δt_{max}	Δt_{min}	$\Delta t_{(i)}$	$\frac{\Delta t_{(i)}}{\Delta t_{(o)}}$	Δt_{max}	Δt_{min}	$\Delta t_{(i)}$	$\frac{\Delta t_{(i)}}{\Delta t_{(o)}}$	Δt_{max}	Δt_{min}	$\Delta t_{(i)}$	$\frac{\Delta t_{(i)}}{\Delta t_{(o)}}$
室内气温	灰色	关窗	6.2	1.9	10.5	1.64	4.6	3.7	7.1	1.11	3.6	5.3	4.6	0.72
		通风	0.9	0.5	7.7	1.15	0.3	1.0	6.5	0.97	0.4	1.5	6.0	0.90
	白色	关窗	-2.6	2.5	4.3	0.46	-3.1	3.6	2.7	0.29	-3.6	4.3	1.5	0.16
		通风	-0.9	-0.4	5.1	0.91	-1.1	-0.1	4.7	0.84	0.9	0.3	4.6	0.82
内表面温度	灰色	关窗	10.4	0.0	16.2	0.46	6.4	3.0	9.6	0.30	4.4	4.5	6.1	0.20
		通风	6.0	1.0	11.7	0.33	4.5	2.6	8.6	0.27	3.5	4.8	5.4	0.18
	白色	关窗	-2.7	0.7	6.0	0.56	—	—	—	—	-4.1	2.1	3.2	0.34
		通风	-0.8	-0.7	5.5	0.64	—	—	—	—	-2.1	0.4	3.9	0.56

注:①温度最高值、最低值用与相应的室外气温的差值表示。

②室内温度振幅比以室外气温为依据,内表面温度振幅比以外表面温度为依据。

此表给出了对于不同厚度的加气混凝土墙所测得的室内气温及内表面温度的最高、最低值(用与相应的室外气温的差值表示),以及根据实测的外表面温度与气温而计算的温度振幅比。可以看到,当外表面为暗色而室内不通风时,墙厚对内部温度的作用是指数函数的关系,即符合理论公式的推导。当进行通风时,墙厚对室内气温的作用很小,而内表面温度仍然受墙厚的影响。在不通风的建筑内,如外表面为白色,指数关系的趋势仍然保持着,虽然作用量较小。但对于白色表面、有通风的情况,则内部温度事实上不受墙厚的影响。这是因为,通风建筑内的温度实际上取决于两种因素的综合作用,即通过墙身的热流以及由室外进入室内的空气。一方面,当外表面为浅色时,通风起着主导的作用而掩盖了墙厚的影响;另一方面,当外表面为暗色时,可能通过墙体的热流就大大增加了,墙厚对温度的影响就很显著了。

3.3 建筑节能门窗

3.3.1 门窗在建筑节能中的特殊意义

窗户是建筑外围护结构的开口部位,是阻隔外界气候侵扰的基本屏障。窗户是建筑保温、隔热的薄弱环节,是建筑节能的关键部位和重中之重。

在建筑围护结构的门窗、墙体、屋面、地面四大围护部件中,门窗的绝热性能最差,是影响室内热环境质量和建筑节能的主要因素之一。就我国目前典型的围护部件而言,门窗的能耗约为墙体的 4 倍、屋面的 5 倍、地面的 20 倍,占建筑围护部件总能耗的 40%~50%。据统计,在采暖或空调的条件下,冬季单玻窗所损失的热量占供热负荷的 30%~50%,夏季因太阳辐射热透过单玻窗射入室内而消耗的冷量占空调负荷的 20%~30%。因此,增强门窗的保温隔热性能,减少门窗能耗,是改善室内热环境质量和提高建筑节能水平的重要环节。此外,建筑门窗承担着隔绝与沟通室内外两种环境两个互相矛盾的任务,不仅要求具有良好的绝热性能,同时还应具有采光、通风、装饰、隔音、防火等多项功能,因此,在技术处理上相对于其他围护部件,难度更大,涉及的问题也更为复杂。

随着建筑节能工作的推进及人们经济实力的增强,人们对节能门窗的要求也越来越高,节能门窗呈现多功能、高技术化的发展趋势。人们对门窗的功能要求从简单的透光、挡风、挡雨到节能、舒适、安全、采光灵活等;在技术上,从使用普通的平板玻璃到使用中空隔热技术和各种高性能的绝热制膜技术等。在建筑门窗的诸多性能中,门窗的隔热保温性能、空气渗透性能、雨水渗漏性能、抗风压性能和空气声隔声性能是其主要的 5 个性能,其中前两个性能是直接影响建筑门窗节能效果的重要因素。

3.3.2 玻璃的热工性能与节能要求

门窗的节能性能指标主要由 3 个部分组成:窗框、玻璃以及窗框与玻璃结合部位的性能。外窗保温性能是指外窗阻止由室外温差引起的传热的能力,可用外窗的传热系数 K 值,或传热阻 R_0 值来表示。外窗隔热性能是指外窗阻止太阳辐射热通过窗户进入室内的能力,用外窗的遮阳系数或外窗的综合遮阳系数来表示。遮阳系数或综合遮阳系数越大,表示通过的太阳辐射越多,隔热性能越差。太阳辐射热在不同玻璃上的传递特性如图 3.5 所示。

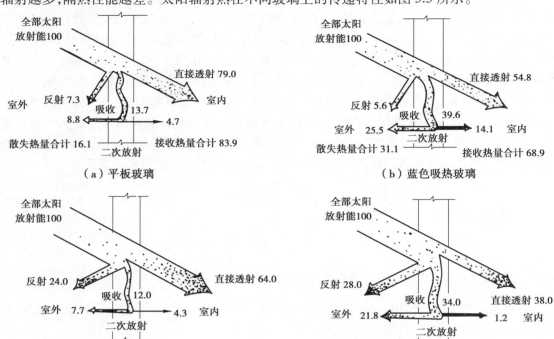

图 3.5　太阳辐射热在不同玻璃上的传递特性

玻璃及某些透明塑料的独特性能形成它们的特殊热作用,对短波及长波辐射有不同的透明性。大部分波长在 0.4~2.5 μm 的辐射可以透过玻璃,这种波长和太阳光谱的范围较一致,但玻璃对波长 10 μm 以上的辐射则是完全不可透过的。玻璃是用一种有选择性的方式传递辐射,它允许太阳辐射透射到室内,被内部的表面及其他物体吸收而提高其温度。但被加热的表面又放射出辐射强度峰值位于波长约为 10 μm 以上的辐射,却不能通过玻璃射向室外,因为玻璃对此种波长的辐射线是不可透过的。通过这种"温室"效应过程,被太阳照射的玻璃面造成室温升高,即使把通风的作用都考虑在内,也比开窗情况下太阳照射入室所造成的增温更高。

窗户传热系数的正确评估应综合考虑影响窗户热传递系数的各因素,包括玻璃类型、玻璃层数、玻璃之间的空气间隔距离、玻璃之间的气体种类、中空玻璃间隔条、窗户的设计、窗户框材料等。在评估窗户的性能时,应是整窗的性能,而不是评估窗户组件的功能。节能窗采用的主要技术,发达国家主要的节能手段包括低辐射玻璃、惰性气体、暖边技术和阳光控制膜玻璃,并将节能的重点放在整窗上。

太阳光谱可粗略地分成两部分,即光(波长为 0.4~0.7 μm)和热(波长在 0.7 μm 以上),光最终也会转变为热。所有的窗玻璃,其功能就是使日光能够入室,但它天然地要传递热量。光和热的绝对透过率和相对透过率随玻璃品种而异。因此,用于建筑的玻璃按照其对光谱的透过、吸收与反射等特性,可分为几种类型,主要有透明玻璃、吸热玻璃、热反射玻璃、有色玻璃。实际上,各种类型的玻璃都能吸收和反射太阳辐射,只是吸热玻璃吸收红外线辐射的能力、热反射玻璃反射红外线辐射的能力都比普通透明玻璃强得多;有色玻璃吸收太阳光谱中大量的可见光部分,按照所吸收的可见光成分而呈灰色或其他色泽。

表 3.10 列举了通过不同类型玻璃的典型得热量,分为通过玻璃的直接透热量及由于玻璃吸收辐射转而造成的增热两部分,且指光线入射角为 0°～45°的情况。对于较大的入射角,应计算反辐射量部分的增加情况。

表 3.10　通过各种玻璃得热量为垂直入射辐射量的百分数

单位:%

玻璃类型	直接透过	从吸收的辐射中转移的部分	总　量
透明玻璃	74	9	83
窗玻璃	85	3	88
浅色吸热玻璃	20	25	45
有色玻璃	30	30	60
玻璃涂蜡克漆	38	17	55

总透热量与透光量的比率随着玻璃种类的不同而不同。对于热反射玻璃,此比值最低;对于有色玻璃,此比值最高。在普通玻璃上加罩面层,也可以改变玻璃表面的光谱特性。此种罩面层吸收太阳光谱中很大一部分可见光,从而对光的降低量大于对热的降低量。任何一种特定的玻璃对辐射的吸收量,都取决于其吸收系数与厚度的乘积。反射率则在很大程度上取决于照射在玻璃表面上的光的入射角(光线与玻璃表面法线的夹角),当光线垂直于玻璃表面时,反射率最小;随着光线逐渐倾斜,反射率逐渐增加。入射角由 0°增加到约 60°时,反射率缓缓增加;入射角再进一步增大,反射率便迅速增加。

暖边是指任何一种间隔条只要其热传导系数低于铝金属导热系数的间隔条。暖边可用 3 种方法得到:①非金属材料,如超级间隔条、玻璃纤维条;②部分金属材料,如断桥间隔条;③低于铝金属传导系数的金属间隔条,如不锈钢间隔条。

3.3.3　新型节能玻璃

目前的节能玻璃种类有吸热玻璃、热反射玻璃、低辐射玻璃、中空玻璃、真空玻璃和普通贴膜玻璃等。

1)吸热玻璃

吸热玻璃的特性为允许太阳光谱中大量可见光透过的同时,又对红外线部分具有较高的吸收性。这种对红外线的选择吸收性之所以得到提高,是因为玻璃配料中氧化铁含量较高。玻璃吸热的结果使其温度较室外气温高得多。室内通过吸热玻璃所获得的太阳辐射热包括两部分,一部分是直接透射过来的可见光短波辐射及红外线辐射;另一部分是从加热的玻璃表面向室内转移的对流热及长波辐射热。吸热玻璃一般可减少进入室内的太阳热能的 20%～30%,降低了空调负荷。吸热玻璃的特点是遮蔽系数较低,太阳能总透射比、太阳光直接透射比和太阳光直接反射比都较低,可见光透射比、玻璃的颜色可以根据玻璃中的金属离子的成分和浓度变化。可见光反射比、传热系数、辐射率则与普通玻璃差别不大。

·65·

2)热反射玻璃

热反射玻璃是在玻璃表面上镀一薄层精细的半透明金属罩面,它可以有选择性地反射大部分红外线辐射。由于此罩面易受机械作用的损伤,故宜用带有空气间层的双层玻璃或薄金属片加以保护。热反射玻璃是对太阳能有反射作用的镀膜玻璃,其反射率可达 20%~40%,甚至更高。它的表面镀有金属、非金属及其氧化物等各种薄膜,这些膜层可以对太阳能产生一定的反射效果,从而达到阻挡太阳能进入室内的目的。在低纬度的炎热地区,夏季可节省室内空调的能源消耗。热反射玻璃的遮蔽系数、太阳能总透射比、太阳光直接透射比和可见光透射比都较低。太阳光直接反射比、可见光反射比较高,而传热系数、辐射率则与普通玻璃差别不大。

3)低辐射玻璃

低辐射玻璃又称为 Low-E 玻璃,是一种对波长在 $4.5~25~\mu m$ 范围的远红外线有较高反射比的镀膜玻璃,它具有较低的辐射率。在冬季,它可以反射室内暖气辐射的红外热能,辐射率一般小于 0.25,将热能保护在室内。在夏季马路、水泥地面和建筑物的墙面在太阳的暴晒下,吸收了大量的热量并以远红外线的形式向四周辐射。低辐射玻璃的遮蔽系数、太阳能总透射比、太阳光直接透射比、太阳光直接反射比、可见光透射比和可见光反射比等都与普通玻璃差别不大,其辐射率传热系数比较低。

4)中空玻璃

中空玻璃是将两片或多片玻璃以有效支撑均匀隔开并对周边粘接密封,使玻璃层之间形成有干燥气体的空腔,其内部形成了一定厚度的被限制流动的气体层。由于这些气体的导热系数远远小于玻璃材料的导热系数,因此具有较好的隔热能力。中空玻璃的特点是传热系数较低,与普通玻璃相比,其传热系数至少可降低 40%,是目前非常实用的隔热玻璃。我们可以将多种节能玻璃组合在一起,产生良好的节能效果。

采用高性能中空玻璃配置,即低辐射玻璃、超级间隔条和氩气,可从 3 方面同时减少中空玻璃的传热,与普通中空玻璃相比,节能效果改善 44%。节能窗的配置普遍使用低辐射玻璃、惰性气体和暖边间隔条技术。高性能中空玻璃中常用的气体为氩气及氪气。这些气体的比重比空气大,在空气间层内不易流动,能进一步降低中空玻璃的传热系数值。其中,氩气在空气中的比例很高,提取容易而且价格也相对便宜,故应用较多。在高性能中空玻璃的配置中,低辐射玻璃、氩气和暖边间隔条是必备的 3 个基本条件。

5)真空玻璃

真空玻璃的结构类似于中空玻璃,所不同的是真空玻璃空腔内的气体非常稀薄,近乎真空,其隔热原理就是利用真空构造隔绝了热传导,传热系数很低。根据有关资料数据,同种材料真空玻璃的传热系数至少比中空玻璃低 15%。

6)普通贴膜玻璃

普通玻璃可以通过贴膜产生吸热、热反射或低辐射等效果。由于节能的原理相似,贴膜玻璃的节能效果与同功能的镀膜玻璃类似。贴膜玻璃由玻璃材料和贴膜两部分组成,贴膜是以特殊的聚酯薄膜为基材,镀上各种不同的高反射率金属或金属氧化物涂层。它不仅能反射较宽频带的红外线,还具有较高的可见光透射率,而且具有选择性透光性能。例如,可见光的透射率高达70%以上,而对红外线和紫外线的反射率在75%以上,在3 mm厚普通玻璃上贴一层隔热膜片后,太阳热辐射透过减少82.5%,其传热系数降为3.93 W/(m²·℃)。而且这种玻璃膜直接贴在玻璃表面,具有极强的韧性,不同种类的膜和玻璃配合使用,可达到不同要求的安全和节能效果。

窗户节能的主要途径:①加强窗户的气密性,减少缝隙渗入的冷空气量,降低冷风渗透耗热量。②在获得足够采光的条件下,控制窗户在有太阳光照射时合理地得到热量,而在没有太阳光照射时减少热量损失。

提高门窗性能的措施:根据不同的使用地点,选择合理的阳光遮阳玻璃;控制通过门窗的辐射传热,加大中空玻璃间隔层内气体比重;降低对流传热,选择低传导的中空玻璃边部间隔材料和隔热窗框材料;控制通过门窗的传导传热,提高门窗安装水平和正确的节点设计等。夹层玻璃的构造如图3.6所示,采用中空玻璃,在玻璃间层内充填导热性能低的气体、镀低发射率涂层、开发导热性能低的间隔条、降低窗框传热、使用性能良好的密封条等措施。

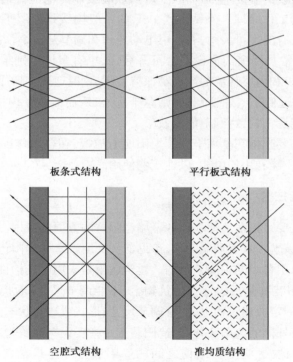

板条式结构　　平行板式结构

空腔式结构　　准均质结构

图3.6　夹层玻璃的构造示意图

如果窗框周边和洞口之间没有很好地堵缝或者使用泡沫材料绝缘密封,则容易产生热桥。节能建筑中应用的复合保温墙体能有效地切断楼板、梁、纵墙、柱等结构性热桥,但由于窗构造上的不同,窗洞口的左右侧、上下侧具有不同的传热特点。应根据墙体构造确定窗的安装位置,否则窗洞口四周的传热损失也会很大,产生热桥。通过计算窗洞口内表面最低温度和窗周边的附加线性传热系数,外墙外保温墙体中靠近保温层安装时,窗周边附加线性传热量小,且内表面最低温度较低。结果表明,在任何一种墙体中安装窗时,以窗安装位置靠近保温层时保温效果最好。

3.3.4 建筑幕墙节能技术

建筑幕墙节能措施有主动式节能和被动式节能两种方式。被动式节能是指我们选用合适的材料和构造措施来减少建筑能耗,提高节能效率。主动式节能是指不仅改进材料,而且更加积极地对风、太阳能等加以收集和利用,节约能源。

1)幕墙主动式节能技术

幕墙主动式节能主要有幕墙与建筑采光照明、幕墙与通风、幕墙与光电技术 3 个方面的措施。

幕墙与建筑采光照明主要是指利用幕墙本身通透性的特点进行结构设计,使建筑可以利用尽可能多的室外光源,减少室内照明所需要的能耗。

幕墙在通风节能方面的应用主要是利用热通道玻璃幕墙对空气的不同组织方式,使通道内的温度维持在我们需要的温度上,从而减少室内取暖或制冷的能源消耗。以外循环为例来说明热通道玻璃幕墙的工作原理。外循环式 DSF 的一般构造是外层幕墙采用固定的单层玻璃,上下设有进出风口,有的不可关闭,有的可电动开闭和调节开启率;内层幕墙一般采用双层保温隔热玻璃窗扇,通常每两扇门窗设一个可开启扇,也有只设个别维护用开启扇的。在冬季,外层幕墙的进出风口和内层幕墙的窗扇都保持关闭,这时通道就形成了一个缓冲层(buffer zone),其中的气流速度远低于室外,而温度则高于室外,从而减少了内层幕墙的向外传热量,从而减低了室内采暖能源消耗,达到节能的效果。

幕墙与光电技术主要是指在幕墙上安装太阳能电池板,在幕墙作围护结构的同时收集太阳能,再转化为建筑物所能利用的电能,供建筑物使用。

2)幕墙被动式节能技术

幕墙被动式节能主要是指在节能玻璃和幕墙遮阳这两方面的应用。现在采用的节能玻璃主要有中空玻璃、夹层玻璃和真空玻璃 3 种,参见前文介绍。幕墙遮阳包括固定遮阳与活动遮阳、外遮阳与内遮阳、双层幕墙的中间遮阳等。建筑遮阳是采用建筑构件或安置设施以遮蔽太阳辐射,其中,固定遮阳装置是指固定在建筑物上,不能调节尺寸、形状或遮光状态的遮阳装置;活动遮阳装置是指固定在建筑物上,能够调节尺寸、形状或遮光状态的遮阳装置;外遮阳装置是指安设在建筑物室外侧的遮阳装置;内遮阳装置是指安设在建筑物室内侧的遮阳装置;中间遮阳装置是指位于两层透明围护结构之间的遮阳装置。建筑幕墙外遮阳形式如图 3.7 所示。

由于玻璃幕墙由玻璃和金属结构组成,而玻璃表面换热性强,热透射率高,故对室内热条件有极大的影响,在夏季,阳光透过玻璃射入室内,是造成室内过热的主要原因。特别是在南方炎热地区,如果人体再受到阳光的直接照射,将会感到炎热、难受。遮阳对玻璃幕墙的影响表现在以下几个方面。

①遮阳对太阳辐射的作用。一般来说,遮阳系数受到材料本身特性和环境的控制。遮阳

系数就是透过有遮阳措施的围护结构和没有遮阳措施的围护结构的太阳辐射热量的比值。遮阳对遮挡太阳辐射热的效果是相当大的,玻璃幕墙建筑设置遮阳措施效果更明显。

图 3.7　玻璃幕墙的遮阳

②遮阳对室内温度的作用。遮阳对防止室内温度上升有明显作用,遮阳对空调房间可减少冷负荷,所以对空调建筑来说,遮阳更是节约电能的主要措施之一。

③遮阳对采光的作用。从天然采光的观点来看,遮阳措施会阻挡直射阳光,防止眩光,使室内照度分布比较均匀,有助于视觉的正常工作。对周围环境来说,遮阳可分散玻璃幕墙的玻璃(尤其是镀膜玻璃)的反射光,避免了大面积玻璃反光造成光污染。在遮阳系统设计时要有充分的考虑,尽量满足室内天然采光的要求。

④遮阳对建筑外观的作用。遮阳系统在玻璃幕墙外观的玻璃墙体上形成光影效果,体现出现代建筑艺术美学效果。

⑤遮阳对房间通风的影响。遮阳设施对房间通风有一定的阻挡作用,在开启窗通风的情况下,室内的风速会减弱 22%～47%,具体情况视遮阳设施的构造情况而定。

此外,遮阳系统为改善室内环境而定,遮阳系统的智能化将是建筑智能化系统最新和最有潜力的一个发展分支。建筑幕墙的遮阳系统智能化就是对控制遮阳板角度调节或遮阳帘升降的电机的控制系统采用现代计算机集成技术。

目前,国内外的厂商已经成功开发出以下几种控制系统。

①时间电机控制系统。这种时间控制器储存了太阳升降过程的记录,而且,已经事先根据太阳在不同季节的不同起落时间作了调整。因此,在任何地方,控制器都能准确地使电机在设定的时间进行遮阳板角度调节或窗帘升降。并且还能利用阳光热量感应器(热量可调整)来进一步自动控制遮阳帘的高度或遮阳板的角度,使房间不被太强烈的阳光所照射。

②气候电机控制系统。这种控制器是一个完整的气候站系统,装置有太阳、风速、雨量、温度感应器。此控制器在厂里已经输入基本程序包括光强弱、风力、延长反应时间的数据。这些数据可以根据地方和所需而随时更换。而"延长反应时间"这一功能使遮阳板或窗帘不会因为太阳光的微小改变而立刻作出反应。

遮阳系统能够实现节能的目的,需要靠它的智能控制系统,这种智能化控制系统是一套较为复杂的系统工程,是从功能要求到控制模式,从信息采集到执行命令再到传动机构的全过程控制系统。涉及气候测量、制冷机组运行状况的信息采集、电力系统配置、楼宇控制、计算机控制、外立面构造等多方面的因素。

3.4 建筑屋面节能

屋面是承受气候要素作用最强的建筑构件。屋面对室内气候和能耗的影响在于它是造成室内冷、热损失的主要通路之一,冷热损失量的多少决定于屋面的热工性能。

3.4.1 重质实体屋面

重质实体屋面通常为平屋面,有时也可为坡屋面。由热容量相对较高的混凝土建成。决定实体屋面热工性能的主要因素是其外表面颜色、厚度与热阻、隔热层的位置、蒸发降温。

1)外表面颜色

屋面外表面的性质及颜色,决定屋面结构在白天对太阳辐射的总吸收量,以及在夜间向空际的长波辐射散热总量,因而也就决定屋面外表面温度及室内与屋面的热交换。外表面颜色对屋面内表面温度的影响与屋面结构的热阻及热容量有关。当屋面的热阻及热容量增加时,外表面颜色对降低屋面内表面最高温度的作用就减小,对降低其平均温度的作用仍是显著的。

在有空调的建筑物中,外表面颜色在很大程度上决定屋面部分造成的冷负荷。在非空调的建筑中,它是决定屋面内表面温度的主要因素,因此,也是决定人们舒适条件的主要因素。实测发现,深色外表面的最高温度高于室外最高气温约 32 ℃;白色外表面,其相应的增高量仅为 1 ℃左右。

实体平屋面外表面颜色的变化,也影响着在顶棚下方以及生活区域内的空气温度。试验表明,在混凝土屋面外表面分别为灰色及白色的室内,灰色屋面的内表面温度比室内上层的气温高,说明热流由屋面进入室内。相反,刷白的屋面在全天的多数时间内,其内表面温度低于室内上层的气温,表明热流方向为由室内至屋面。这是因为刷白屋面的平均外表面温度低于室外平均气温。但要注意刷白的屋面,在积尘后会变成灰色屋面。

2)厚度与热阻

实体平板屋面的厚度及热阻对室内气候的影响与外表面颜色的作用是有关联的,并取决于室外气温的日变化。与外表面温度的波动相比,内表面的温度波动由于屋面结构的隔热作用而得到缓和,且其调节作用随着厚度及热阻的增加而增加。防止屋面过热的措施主要有:
①刷白以反射太阳辐射;
②用诸如海贝壳、蛭石混凝土、烧结黏土砖之类的隔热材料层以增加热阻;
③在屋面 2.5 cm 以上的位置设置木板遮阳;
④以上三项措施结合应用。

试验表明,所有各种防热系统对屋面内表面最高温度所产生的影响均极为类似,与未加防热措施的屋面相比,最高温度约可降低 5 ℃。就最低温度而言,刷白的方法被证明是较为有效的,具有与未加防热措施的屋面一样的最低温度。由于隔热材料使屋面在夜间的冷却率降低,故此类屋面内表面最低温度值较高。当屋面的热阻增大后,颜色的影响就很小了。但隔热层的作用并不与其厚度成正比,内表面温度随着外加的隔热层厚度的增加而逐渐降低。例如,海贝壳隔热层,当厚度为 6 cm 时,最高温度值降低 4.1 ℃;当厚度为 12 cm 时,最高温度降低 4.6 ℃。隔热层厚度每增加一倍,其隔热作用仅提高 1/8。

3)隔热层的位置

在组合式混凝土屋面中,隔热层的位置影响夏季的隔热效果,也影响材料的耐用性,特别是当外表面为暗色时。当隔热层置于混凝土承重层的上面时,白天它可以大大减少透过这一构造层的总热量,而透入的热量又被大块的混凝土所吸收,这样,内表面温度的提高就有限了。反之,如将隔热层置于混凝土层的下面,则混凝土层会吸收大量的热。由于混凝土的热阻较低,底面温度就紧随外表面温度而变动。因此,隔热层上表面的温度大大高于室内气温。保温屋面构造如图 3.8 所示。虽然隔热材料本身提供了一定的热阻,但由于它的热容量很低且隔热层下面所附加的热阻是由附着于它的静止空气膜所提供的,因此,尚有相当的热流通过隔热层而明显地提高内表面温度。所以,当隔热层置于屋面结构层下方时,内表面最高温度与进入室内的热流最高值均比将隔热层置于屋面上方时高。

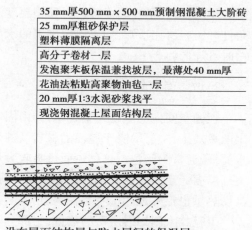

35 mm厚500 mm×500 mm预制钢混凝土大阶砖
25 mm厚粗砂保护层
塑料薄膜隔离层
高分子卷材一层
发泡聚苯板保温兼找坡层,最薄处40 mm厚
花油法粘贴高聚物油毡一层
20 mm厚1:3水泥砂浆找平
现浇钢混凝土屋面结构层

设在屋面结构层与防水层间的保温层

图 3.8 保温屋面的构造示意图

将隔热材料置于屋面结构层的上方及暗色的防水层下方,会使防水层产生过热,因其底面的散热受阻,造成沥青的膨胀、起泡及其挥发油的蒸发。如果隔热层是透气性材料,如矿棉或泡沫混凝土,则水蒸气可在其上方与防水材料层的下方积聚。湿气在夜间凝结而在白天蒸发,这就产生向上的压力并形成鼓包,撕裂防水层而与下面的基板脱离。由此可见,在夏热冬冷地区,即使屋面有良好的隔热,对外表面作浅色处理仍然很重要。

4)蒸发降温

蒸发降温可利用设置在屋面上固定式水池或喷洒装置来防止屋面受热。外表面为白色的防水屋结合喷水,可以使外表面的温度大大降低到室外气温以下。用蒸发降温的方法与屋面遮阳措施相结合,也可得到相同的效果。喷水降温不但可应用于平屋顶,也可应用于坡顶。从实用的观点来看,这种方法尚存在若干缺点,例如,喷洒系统需要维护,固定水池易成为蚊虫等的繁殖基地。

3.4.2 轻质屋面

轻质屋面可以是单层的或是由屋面及顶棚中间隔以空气间层组成的双层结构。屋面外层所吸收的太阳辐射热,部分通过对流与辐射方式散失于周围环境中,其余的则主要通过辐射方式转移至顶棚。影响双层屋面热工性能的因素为:①外层屋面的材料及外表面颜色;②中间空气间层的通风条件;③上下两层的热阻。

1)外表面颜色

同实体平屋面一样,双层轻质屋面的外层表面颜色决定着该层所吸收的太阳辐射量。但是,对于双层屋面,外表颜色的作用有些差别。当屋面层很薄时,其底面的温度紧随外表面的温度而变动,并相应地受到外表面颜色的影响。但在屋面及顶棚之间的空气间层,则起着隔热层的作用,缓和了外表面颜色对顶棚温度及室内气候的影响;其缓和程度取决于空气间层中的条件。实验研究得知,如果应用刷白的水泥瓦屋面及粉刷顶棚,在白天,顶棚温度比屋面不刷白时可降低约 3 ℃。

2)坡屋面下顶棚空间的通风

顶棚空间内的温度与换气率,即由固定式的或用机械方法操作的特殊开口进行通风所产生的热效果,主要取决于屋面的材料及外表颜色。坡屋面常用的材料如水泥瓦、黏土瓦及石棉水泥板,通常为暗色。这种屋面可吸收大量入射的太阳辐射而使自身加热,其温度可大大超过室外温度。新的白铁皮及铝板等金属材料的辐射率低,但陈旧以后,反射能力大大降低,因而其增热量也很可观。

由吸收太阳辐射所得的热量,一部分通过对流散失于周围空气中,另一部分通过辐射又放射回室外空间,其余部分则通过屋面材料转移而提高其底面的温度。由于坡屋面为较薄的构造层且具有高的导热系数,故温度提高量相当可观。由屋面底面转移至天棚的热量是以对流及长波辐射方式进行的,即使底面的温度保持不变,顶棚空间的通风对于此对流热转移也有着直接的影响;如果屋面温度随之改变,则间接地影响着辐射换热。

顶棚空间即使没有专设的通风装置,也可能有可观的气流通过,特别是空气可通过瓦缝渗入。架设通风隔热层的屋面示意图如图 3.9 所示。如果屋面用板材构成,则此种气流会减少。当暗色的屋面覆盖层密闭性好、厚度薄且材料的导热系数较高时,为防止顶棚过热而在顶棚空间内采用特殊的开口或装置以组织通风,效果特佳;如上述的屋面面层的条件相反,则此种有通风的降温效果就不明显了。

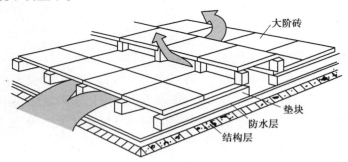

大阶砖

垫块
防水层
结构层

图 3.9 架设通风隔热层屋面示意图

有人分别就屋面材料与顶棚空间通风作用之间的关系,在试验房屋内进行过两项试验研究。其中的一项试验,屋面的面层是红色水泥瓦,顶棚是钢丝网粉刷。供顶棚空间通风用的开口沿着建筑物纵墙设置,高度为 17 cm,在屋脊以下两侧设有高度为 7 cm 的开口,在两端山墙上各有直径为 15 cm 的圆形开口一个。在全部开口均打开或全部关闭的情况下分别进行了观察。当不通风时,瓦底面的温度高于室外气温约 14 ℃,顶棚空间内的气温高出 2~3 ℃,顶棚上、下表面高 1~2 ℃,室内气温低于室外 2~3 ℃。通风时在以下几方面对温度产生影响:

①瓦底面温度在午前可降低约 1 ℃,在午后,当风速最大时可降低约 2 ℃。

②顶棚空间的气温可降低约 1 ℃。

③顶棚上、下表面均可降低约 0.5 ℃。

④对于室内气温的影响,因在实验误差的范围内,故未能确定。

在同一试验中还发现,当屋面瓦刷白时,即使顶棚空间不通风,瓦的底面温度及顶棚空间内的气温也仅高于室外气温 3~4 ℃,而顶棚表面温度可低于室外温度约 2 ℃。由此可见,在此情况下,顶棚空间的通风并无多大的降温效果。

另一项试验中,观测对象的构造为波形白铁皮的坡屋面,顶棚为石棉水泥板。试验中,顶棚空间采取自然通风及机械通风。两种方式的试验发现,在白天,顶棚空间的温度在自然通风时可降低 7.8 ℃,采用机械通风时可降低 10 ℃;室内气温在自然条件下可降低 0.6~1.1 ℃,采用机械通风时可降低 0.8~1.6 ℃;通风可降低顶棚温度 2~3 ℃。在夜间,通风的顶棚空间内温度较高一些。

上述两项试验结果的差别可用屋面覆盖层的不同解释。在覆盖波形白铁皮的条件下,由于面屋相对透风,因此屋面下的气温较室外气温高得多。在瓦屋面情况下,即使设有特设的通风口,经由瓦屋面缝隙的通风也可减弱顶棚空间气体被加热的程度。

3)双层轻质屋面的隔热作用

试验房屋的墙体均为重质砖墙,屋面面层为波形白铁皮,顶棚为 6 mm 石膏板。其中一幢未另设隔热材料。其他的采用了多种隔热形式:用铝箔反射材料固定在屋面檩条的底面;充填矿棉,分别为 50 mm、10 mm 及 150 mm 厚;膨胀蛭石厚度为 50 mm 及 100 mm。以上各种材料均分别直接铺在顶棚上面。

松散材料的隔热作用随其厚度的增加而增加,但 50 mm 厚的作用约为 150 mm 厚的 65%,而 100 mm 和 150 mm 的作用差别不大。反射材料的隔热效果相当于 75 mm 厚矿棉的作用。加设隔热层使室内最低温度稍有提高,但与其降低最高温度的作用相比,则微不足道。

反射隔热材料面积灰问题应该充分重视。凡直接放在顶棚上的反射材料,由于易积灰尘,辐射率就迅速增加,降低了隔热效果。把铝箔固定于顶棚以上 25 mm 高度时,铝箔底面上的积灰速度很慢从而可以更好、更长久地保持其反射隔热性能。

3.4.3 倒置屋面

1)倒置屋面的特点

倒置屋面就是将传统屋面构造中的保温隔热层与防水层"颠倒",即将保温隔热层设在防水层上面,又称为"侧铺式"或"倒置式"屋面,如图 3.10 所示。

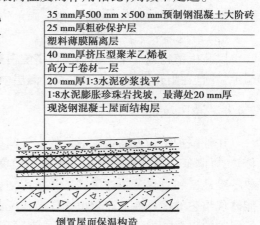

35 mm厚500 mm×500 mm预制钢混凝土大阶砖
25 mm厚粗砂保护层
塑料薄膜隔离层
40 mm厚挤压型聚苯乙烯板
高分子卷材一层
20 mm厚1:3水泥砂浆找平
1:8水泥膨胀珍珠岩找坡,最薄处20 mm厚
现浇钢混凝土屋面结构层

倒置屋面保温构造

图 3.10　倒置屋面示意图

由于倒置屋面为外隔热保温形式,外隔热保温材料层的热阻作用对室外综合温度波首先进行了衰减,使其后产生在屋面重实材料上的内部温度分布低于传统保温隔热屋顶内部温度分布,屋面所蓄有的热量始终低于传统屋面保温隔热方式,向室内散热也小。因此,倒置屋面是一种隔热保温效果更好的节能屋面构造形式。其具有以下特点:

①可以有效延长防水层使用年限。"倒置屋面"将保温层设在防水层之上,大大减弱了防水层受大气、温差及太阳光紫外线照射的影响,使防水层不易老化,因而能长期保持其柔软性、延伸性等,有效延长使用年限。据国外有关资料介绍,倒置屋面可将防水层使用寿命延长 2~4 倍。

②保护防水层免受外界损伤。由于保温材料组成不同厚度的缓冲层,因此卷材防水层不易在施工中受外界机械损伤,同时又能减少各种外界对屋面冲击产生的噪声。

③如果将保温材料做成放坡(一般不小于2%),雨水可以自然排走。因此,进入屋面体系的水和水蒸气不会在防水层上冻结,也不会长久凝聚在屋面内部,而能通过多孔材料蒸发掉,同时也避免了传统屋面防水层下面水汽凝结、蒸发,造成防水层鼓泡而被破坏的质量通病。

④施工简便,利于维修。倒置屋面省去了传统屋面中的隔汽层及保温层上的找平层,施工简便,更加经济。即使出现个别地方渗漏,只要揭开几块保温板,就可以进行处理,所以易于维修。

2)倒置屋面实例分析

(1)混凝土板块排水保护层屋面

这种倒置屋面在美国较普遍。如果防水材料的材性与挤压聚苯乙烯的材性不相容,则应在这两种材料之间设置隔离层。最上层预制混凝土板块起保护保温材料的作用,同时起排除雨水和承重的作用,松铺的做法便于取走混凝土板块,利于检修。混凝土板块下面覆盖无纺纤维布是为了过滤收集建筑碎材料及四周的灰尘,另一个作用是防止紫外线直接透过预制混凝土板块之间可能存在的缝隙而对保温性材料造成危害。

(2)卵石排水保护层屋面

用卵石覆盖并铺设纤维过滤布的屋面能使湿空气以扩散和对流的方式向大气中逸散,只有少量的水分滞留在保温层内,排除雨水较快,成本也较低。但屋面的上表面不能利用。

(3)种植排水保护层屋面

以蔓生植物或多年生植物高矮搭配覆盖于屋面上,除了起保护和泄水作用,还可构成绿化园地,并且在阻止室内水蒸气渗入保温层内也是有利的。

3.4.4　通风屋面

在外围护结构表面设置通风的空气间层,利用层间通风带走一部分热量,使屋顶变成两次传热,以降低传至外围护结构内表面的温度,其传热过程如图 3.11 所示。通风屋面在我国夏热冬冷地区和夏热冬暖地区被广泛采用,尤其是在气候炎热多雨的夏季,这种屋面构造形式更能体现出它的优越性。屋盖由实体结构变为带有封闭或通风的空气间层的结构,大大地提高了屋盖的隔热能力。试验表明,通风屋面和实砌屋面相比虽然两者的热阻相等,但它们的热工性能有很大的不同。

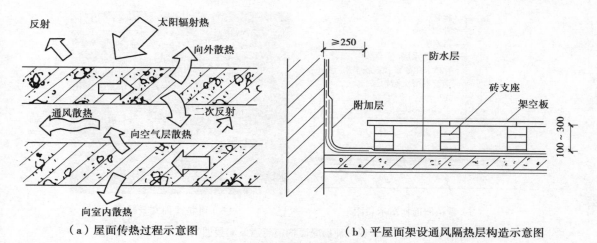

（a）屋面传热过程示意图　　　　　（b）平屋面架设通风隔热层构造示意图

图 3.11　通风屋面传热及结构示意

以重庆市荣昌区节能试验建筑为例,在自然通风条件下,实砌屋顶内表面温度平均值为 35.1 ℃,最高温度达 38.7 ℃,而通风屋顶为 33.3 ℃,最高温度为 33.4 ℃,在空调连续运转的情况下,通风屋顶内表面温度比实砌屋面平均低 2.2 ℃。而且,通风屋面内表面温度波的最高值比实砌屋面要延后 3~4 h,说明通风屋顶具有隔热好、散热快的特点。

3.4.5　种植屋面

在我国夏热冬冷地区和华南等地,过去就有"蓄土种植"屋面的应用实例,通常被称为种植屋面。目前在建筑中此种屋顶的应用更加广泛,利用屋顶植草栽花,甚至种灌木、堆假山、设喷水形成"草场屋顶"或屋顶花园,是一种生态型的节能屋面。植被屋顶的隔热保温性能优良,已逐步在广东、广西、四川、湖南等地被人们广泛应用。种植屋面不仅绿化改善了环境,还能吸收遮挡太阳辐射进入室内,同时还吸收太阳热量用于植物的光合作用、蒸腾作用和呼吸作用,改善了建筑热环境和空气质量,辐射热能转化成植物的生物能和空气的有益成分,实现太阳辐射资源性的转化。通常种植屋面钢筋混凝土屋面板温度控制在月平均温度左右。具有良好的夏季隔热、冬季保温特性和良好的热稳定性。

覆土种植屋面构造如图 3.12 所示。覆土种植是在钢筋混凝土屋顶上覆盖种植土壤 100~150 mm 厚,种植植被隔热性能比架空其通风间层的屋顶还好,内表面温度大大降低。无土种植具有自重轻、屋面温差小、有利于防水防渗的特点,它采用水渣、蛭石或是木屑代替土壤,使质量减小而隔热性能反而有所提高,且对屋面构造没有特殊的要求,只是在檐口和走道板处防止蛭石或木屑的雨水外溢时被冲走。据实践经验,植被屋顶的隔热性能与植被覆盖密度、培植基质(蛭石或木屑)的厚度和基层的构造等因素有关。另外,还可种植红薯、蔬菜或其他农作物,但培植基质较厚,所需水肥较多,需经常管理。草被屋面则不同,由于草的生长力和耐气候变化性强,可粗放管理,基本可依赖自然条件生长。草被品种可就地选用,亦可采用碧绿色的天鹅绒草和其他观赏花木。

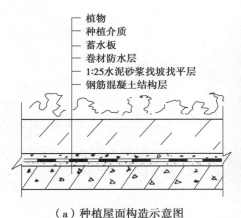

（a）种植屋面构造示意图　　　　（b）种植屋面实景图

图 3.12　种植屋面构造示意及实景图

植物
种植介质
蓄水板
卷材防水层
1:25水泥砂浆找坡找平层
钢筋混凝土结构层

3.4.6　蓄水屋面

蓄水屋面是指在屋面防水层上蓄一定高度的水，起到隔热作用的屋面。在太阳辐射和室外气温的综合作用下，水能吸收大量的热而由液体蒸发为气体，从而将热量散发到空气中，从而减少屋面吸收的热能，起到隔热的作用。此外，水面还能够反射阳光，减少阳光辐射对屋面的热作用。水层在冬季还有一定的保温作用。如图 3.13 所示，蓄水屋面既可隔热又可保温，还能保护防水层，延长防水材料的寿命。

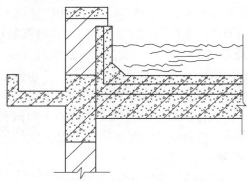

图 3.13　蓄水屋面结构示意图

蓄水屋面的蓄水深度以 50~100 mm 为宜，因水深超过 100 mm 时屋面温度与相应热流值下降不很显著，水层深度以保持在 200 mm 左右为宜。当水层深度 $d = 200$ mm 时，结构基层荷载等级采用 3 级，即允许荷载 $P = 300$ kg/m²；当水层 $d = 150$ mm 时，结构基层荷载等级采用 2 级，即允许荷载 $P = 250$ kg/m²。防水层的做法：采用 40 mm 厚、200 号细石混凝土加水泥用量 0.05% 的三乙醇胺，或水泥用量 1% 的氯化铁，1% 的亚硝酸钠（浓度 98%），内设 $\phi 4$、200×200 的钢筋网，防渗漏性最好。要求所有屋面上的预留孔洞、预埋件、给水管、排水管等，均应在浇筑混凝土防水层前做好，不得事后在防水层上凿孔打洞；混凝土防水层应一次浇筑完毕，不得留施工缝，立面与平面的防水层应一次做好，防水层施工温度宜为 5~35 ℃，应避免在低温或烈日暴晒下施工，刚性防水层完工后应及时养护，蓄水后不得断水。

3.4.7　光伏一体化屋面

光伏建筑一体化(Building Integrated PV, BIPV; PV 即 Photovoltaic)是一种将太阳能发电(光伏)产品集成到建筑上的技术。光伏建筑一体化可分为两大类:一类是光伏方阵与建筑的结合;另一类是光伏方阵与建筑的集成,如光电瓦屋顶、光电幕墙和光电采光顶等。在这两种方式中,光伏方阵与建筑的结合是一种常用的形式,常见的是与建筑屋面的结合。屋顶光伏发电系统如图 3.14 所示。

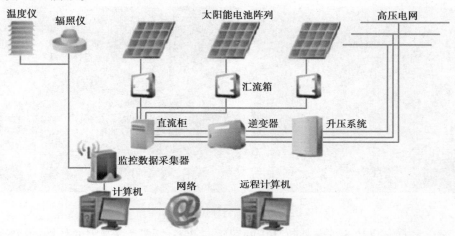

图 3.14　屋顶光伏发电系统原理图

太阳能屋顶就是在房屋顶部装设太阳能发电装置,利用太阳能光电技术在城乡建筑领域进行发电,以达到节能减排的目的。为落实中国对世界承诺的节能减排目标,加强政策扶持新能源经济战略,国家相关部委推出了太阳能屋顶计划。

在上海世博园内,中国馆、主题馆、世博中心和城市未来馆 4 座标志性建筑上采用太阳能光伏建筑一体化技术。在英国零碳馆的屋顶上,太阳能电池板本身就是屋顶建材,通过吸收太阳能所产生的能量不仅用于发电、供暖,还与被动风能和地源热能共同带动室内通风,调节屋内的温度和湿度。在法国阿尔萨斯案例馆,"水幕太阳能墙"外层同样覆盖太阳能电池板,能把照射到墙体外层的太阳光转换成电,正好能维持"水幕太阳能墙"不断运作,为建筑带来冬暖夏凉的感觉。上海世博会上,光伏建筑的太阳能发电规模达到 4.68 MW,年均发电可达 406 万 kW·h,减排二氧化碳总量逾 3 400 t。世博园里的光伏建筑一体化并网电站,在世界同类电站尤其是中心城区的电站中,总容量位居前列。

3.5　建筑绿化与遮阳

3.5.1　外墙绿化隔热技术

外墙绿化具有多方面的功能:美化环境、降低污染、遮阳隔热等。要想达到外墙绿化遮阳隔热的效果,外墙在阳光方向必须大面积地被植物遮挡。常见的有两种形式,一种是植物直接爬在墙上,覆盖墙面;另一种是在外墙的外侧种植密集的树木,利用树荫遮挡阳光。爬墙植物遮阳隔热的效果与植物叶面对墙面覆盖的疏密程度有关,覆盖越密,遮阳效果越好。如图 3.15 所示,这种形式的缺点是植物覆盖层妨碍了墙面通风散热,因此墙面平均温度略高于空气平均温度。植树遮阳隔热的效果与投射到墙面的树荫疏密程度有关,由于树林与墙面有一定距离,墙面通风比爬墙植物的情况好,因此墙面平均温度几乎等于空气平均温度。兼顾遮阳和采光,为了不影响房屋冬季争取日照的要求,南向外墙宜植落叶植物。冬季叶片脱落,墙面暴露在阳光下,成为太阳能集热面,能将太阳能吸收并缓缓向室内释放,节约常规采暖能耗。

图 3.15　外墙绿化效果图

外墙绿化具有隔热和改善室外热环境的双重热效益。被植物遮阳的外墙,其外表面温度与空气温度相近,而直接暴露于阳光下的外墙,其外表面温度最高可比空气温度高 15 ℃以上,两者的平均温差一般为 5 ℃。

为了达到节能建筑所要求的隔热性能,完全暴露于阳光下的外墙,其热阻值比被植物遮阳的外墙至少应高出 50%,即需要增大热阻才能达到同样的隔热效果。在阳光下,外墙外表面温度随热阻的增大而增大,最高可达 60 ℃以上,将对环境产生较强的加热作用。而一般植物在太阳光直射下的叶面温度最高为 45 ℃左右。因此,外墙绿化有利于改善城市的局部热环境,降低热岛强度。

与建筑遮阳构件相比,外墙绿化遮阳的隔热效果更好。各种遮阳构件,不管是水平的还是垂直的,它们既遮挡了阳光,同时也成为太阳能集热器,吸收了大量的太阳辐射,大大提高了自身的温度,然后再辐射到被它遮阳的外墙上。因此被它遮阳的外墙表面温度仍然比空气温度高。而绿化遮阳的情况则不然,对于有生命的植物,它们具有温度调节、自我保护的功能。在日照下,植物把根部吸收的水分输送到叶面蒸发,日照越强,蒸发越大,犹如人体出汗,使自身保持较低的温度,而不会对它的周围环境造成过强的热辐射。因此,被植物遮阳的外墙表面温度低于被遮阳构件遮阳的墙面温度,外墙绿化遮阳的隔热效果优于遮阳构件。

3.5.2　外窗遮阳隔热技术

1)遮阳设施的功能与类型

遮阳设施可用于室外、室内或双层玻璃之间。它们可以是固定式、可调节式或活动式,也可以从建筑形式及几何外形上加以变化而起到遮阳的作用。内遮阳包括软百叶窗、可卷百叶窗及帘幕等,它们通常为活动的,即可升降、可卷或可从窗户上收起,但有一些仅可调节角度。外遮阳包括百叶窗、遮棚、水平悬板及各种肋板:垂直的、水平的或综合式的(框式),如图 3.16所示。双层玻璃间的遮阳包括软百叶帘、褶片及可卷的遮阳,它们通常为可调节的或可在内部伸缩的。

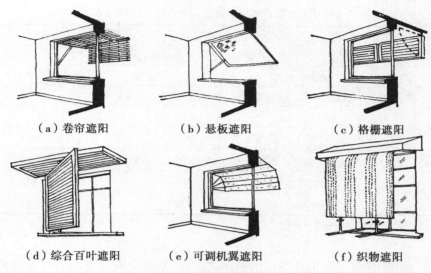

（a）卷帘遮阳　　　　　（b）悬板遮阳　　　　　（c）格栅遮阳

（d）综合百叶遮阳　　　（e）可调机翼遮阳　　　（f）织物遮阳

图 3.16　室外活动遮阳设施

遮阳设施可以起到不同的功用:固定地控制进入室内的热量或有选择地调节进入室内的热量(在过热期减弱阳光的作用,在低热期让阳光通过)。遮阳对采光、眩光、视野及通风等均可产生一定的影响。这些因素的相对重要性,在不同的气候条件下和不同的环境中有所不同。在住宅中,冬天希望有阳光直接射入,夏天则相反。有时各种要求之间是互相矛盾的,例如,视觉上要求良好的采光与防止过热是矛盾的。但在许多情况下是可以找到一种办法来满足看来是互相矛盾的要求的。

可调节及可伸缩的遮阳设施可以随人们的意愿而调整,使之符合改变的要求。但固定式遮阳则根据其几何外形、朝向及每日、每年太阳运动情况之间的关系,按预定的目的起到固定的作用。为了调整其作用,使之适合于功能的要求,有必要在设计遮阳设施的细部时,对上述各项因素进行全面的考虑。

2)可调节遮阳设施的效率

通过玻璃-遮阳这一综合系统进入室内的热量可分为三部分:
①辐射在遮阳条片间经反射后,通过综合系统透过的热量(q_{tsg})。
②玻璃所吸收的热量(q_{ag}),其中约有 1/3 又转移至室内。
③遮阳材料所吸收的热量(q_{as})。在内遮阳的情况下,这一部分热几乎全部随即散失于室内而添加在总得热量内;在外遮阳的情况下,仅有约 5% 的热可以进入室内,其余全部散失于室外。

如果由于遮阳设施的几何排列不能遮挡全部日光时,则必须再加上第四部分热量,即通过遮阳条之间的缝隙直接透入室内的部分。

有研究机构曾对不同类型可调节的内遮阳及外遮阳的太阳辐射透过系数进行过计算或实际测定,表3.11概括了其研究的若干成果,表中根据遮阳的吸收率及其对玻璃的位置,给出了不同遮阳设施的太阳辐射透过系数。

表3.11　各种玻璃窗-遮阳系统的太阳辐射透过系数

（为通过无遮阳普通玻璃窗进入室内热量的百分数）

遮阳的吸收率/%	计算值	测定值	测定值	计算值	测定值	测定值	测定值
	玻璃窗与下列各种类型遮阳结合						
	内遮阳			外遮阳		可卷式遮阳	布窗帘
	倾斜45°	倾斜45°	倾斜45°	倾斜45°	倾斜45°		
0.2	40.3	40	—	12.8	—	—	白色38.2
0.4	51	51	乳白色56	10.2	10	乳白色41	乳白色41
0.6	62	61	普通色65	8.05	—	普通色62	普通色62
0.8	—	71	暗色75	—	—	暗色81	暗色64
1.0	83	黑色80	—	5.0	—	—	—

注:7月21日14:00的日射条件,北纬32°。

由表3.11可知:①外遮阳的效率比内遮阳高得多;②外遮阳与内遮阳效率的差值随遮挡板颜色的加深而增高;③对外遮阳而言,颜色越暗,效率越高;④对内遮阳而言,颜色越浅,效率越高;⑤有效的遮阳,如外百叶,可消除90%以上的太阳辐射加热作用;⑥效果差的遮阳,如暗色的内遮阳,预计有75%~80%的太阳辐射可能进入室内。

上述外遮阳的效率随颜色的加深而增加的情况,仅存在于闭窗的条件下。在开窗时,颜色的作用在很大程度上取决于遮阳的朝向和风向之间的关系。例如,当下午为西风时,如窗户开着,则西墙上暗色的遮阳将会加热经过遮阳进入室内的气流;当采用热容量大的遮阳板如混凝土板时,它对气流的加热作用在日落以后很长时间内还会继续存在。如果暗色遮阳位于建筑物的背风面上,则它的加热作用就很小,因为经过遮阳的气流是离开建筑物的。

3.6　建筑合理保温隔热技术

3.6.1　建筑保温隔热的技术原则

"合理"的保温隔热,是指保温隔热的单位投资所减少的冷热耗量要显著,因为传热系数的降低与冷热耗量的减少不成线性关系。

1)经济合理性

经济合理性要求加强屋面与西墙的隔热。在外围护结构中,受太阳照射最多、时间最长的是屋面,其次是西墙。所以,隔热要求最高的是屋面和西墙。夜间天空辐射散热最强的是屋面,因此屋面应是保温的重点。根据房屋的用途选择不同的隔热措施,对于白天使用和日夜使用的建筑有不同的隔热要求。白天使用的民用建筑,如学校、办公楼等要求衰减值大,延迟时间屋面要有 6 h 左右。这样,内表面最高温度出现的时间是下午 7 点左右,这已是下班或放学之后了。

对于被动式节能住宅,一般要求衰减值大,延迟时间屋面要有 10 h,西墙要有 8 h,使内表面最高散热量出现在半夜。那时,室外气温较低,散热对室内的影响也减小了。

对于间歇使用空调的建筑,应保证外围护结构一定的热阻,外围护结构内侧宜采用轻质材料,既有利于空调使用房间的节能,也有利于室外温度降低、空调停止使用后房间的散热降温。

2)安全合理性

安全合理性包括保温隔热层与结构层结合的牢固性,外饰面与保温隔热结合的牢固性,保温隔热层寿命与建筑本身寿命的关系等。

3)地域合理性

不同气候地区应采取相应的保温隔热措施,夏热冬暖地区,主要考虑夏季的隔热,要求围护结构白天隔热好;夏热冬冷地区,围护结构既要保证夏季隔热为主,又要兼顾冬天保温要求;夏季高湿闷热地区,即炎热而风小地区,隔热能力应大,衰减倍数宜大,延迟时间要足够长等;严寒、寒冷地区要求整个冬季漫长持续的保温要求。

3.6.2 建筑保温材料的仿生技术

建筑保温材料仿生是指模仿生物体组成材料的物理特性和化学成分,研究出新型建筑材料,来满足人们对建筑材料性能和品种日益增长的需要。适应性是生物对自然环境的积极共生策略,良好的适应性保证了生物在恶劣的环境下的生存,生存在冰天雪地中的北极熊,因其皮黑、毛密且中空,极佳地适应了寒冷的环境。有限的阳光辐射可以被高效地吸收,而北极熊体内的长波辐射却无法逸出,同时浓密的体毛有效地阻止了微空气对流散失热量。在室外为 -20 ℃ 时,北极熊仍可保持 35 ℃ 的体温。德国 Denkendorf 纺织工学院的 Stegmaier 等人根据仿生学原理,仿照北极熊毛皮结构开发了一种柔软、透明,绝热性能很好的窗格型复合材料。这种绝热材料由透明层、纤维层和基底层 3 层构成:透明层是耐光、耐热的有机硅涂层,外部涂布特别的耐污染涂料;中间的是开放的、可储存空气的透明网格状耐光聚合物纤维,形成绝热层;基底层是透明的或黑色的硅橡胶。依此原理,人们制造出了使热量"只进不出"的透明外保温材料 TWD,与普通外保温墙体相比,TWD 墙在保温的同时还可以高效地吸收太阳能。

再如,自然界中的蜜蜂以其超然的智慧和辛勤的劳动构筑了形状优美、结构独特的六边形蜂巢。早在公元 4 世纪的古希腊,数学家佩波斯就提出:"蜂窝的优美形状,是自然界最有效劳动的代表。"人类所见到的、截面呈六边形的蜂窝结构,是蜜蜂采用最少量的蜂蜡建成的,这一猜测被称为"蜂窝猜想"。经过长期的观察和分析,人类发现蜜蜂蜂巢是一座十分精密的建筑工程,其大小刚好可以容纳一个蜜蜂幼虫。蜜蜂建巢时,青壮年工蜂负责分泌片状新鲜蜂蜡,每片只有针头大小。而另一些工蜂则负责将这些蜂蜡仔细摆放到一定的位置,以形成竖直六面柱体。每一面蜂蜡隔墙厚度不到 0.1 mm,误差只有 0.002 mm。6 面隔墙宽度完全相同,墙之间的角度正好是 120°,形成一个完美的正六边形的几何图形。蜂巢结构是蜂巢的基本结构是由一个个正六角形单房、房口全朝下或朝向一边、背对背对称排列组合而成的一种结构,如图 3.17 所示。

图 3.17　蜂窝及蜂窝结构复合板材

　　这种蜂窝结构有着优秀的几何力学性能,强度很高,质量又很轻,还有益于隔音和隔热。加工成型后的蜂窝结构复合板材,其外观与普通的实体板材无异,而品质不仅未降低,其抗弯强度、抗温差变化性能等还有所改善。由于蜂窝材料的特殊六边形结构,其使用的材料与实体材料相比不仅节省了大量的原材料,而且还可以改善板材的技术性能。理论上,蜂窝复合材料是介于实体材料和空心材料之间的一种可连续变化的结构材料,它依据使用场合和结构强度的要求进行设计,实现材料的最优化和最有效的应用。蜂窝结构材料具有下列 7 个基本特征:①使用最少的有效材料;②强度质量比最高;③刚性质量比最高;④良好的结构稳定性;⑤在压力作用下,可以预知的和均匀的缓冲强度;⑥良好的抗疲劳特性;⑦优良的隔热和保温性能。基于以上优点,蜂窝结构复合板材广泛应用于装饰、幕墙、屋顶、楼板等建筑节能领域。

本章小结

　　本章主要讲述了建筑节能材料的热物理性能参数,建筑节能墙体、门窗和屋面,建筑绿化与遮阳体系,建筑节能围护结构体系的地域性特征和建筑合理保温隔热的原则等。
　　本章的重点是建筑节能围护结构体系的保温隔热技术措施。

思考与练习

　　1.什么是建筑节能材料的热物理性能? 具体指标有哪些?

　　2.墙体保温有哪些方式? 其特点分别是什么?

　　3.建筑屋面保温隔热的重点是什么? 不同种类屋面有什么特点?

4.节能门窗有哪些类型,各有什么特点?

5.建筑绿化和遮阳的方式有哪些? 如何评价其节能效益?

6.不同气候地区的建筑围护结构系统重点是什么? 如何理解建筑结构体系的地域性?

7.建筑合理保温隔热的原则有哪些? 如何理解?

8.请查阅文献,并结合学校的具体建筑项目案例,说明该建筑围护结构节能采取了哪些技术措施,对建筑能耗有什么影响。

4

建筑节能施工与绿色建造

教学目标

本章主要讲述建筑节能施工方法及要点,以及建筑系统调试和绿色建造内容等。通过学习,学生应达到以下目标:

(1)熟悉建筑节能施工的原则与方法。

(2)了解不同建筑节能分项工程的施工工艺标准。

(3)熟悉建筑节能调试的原则与方法。

(4)了解建筑绿色的建造技术。

教学要求

知识要点	能力要求	相关知识
建筑节能施工	(1)熟悉建筑节能施工方法及要点 (2)了解建筑节能施工中的常见问题及处理方法	(1)屋面节能施工 (2)门窗节能施工 (3)墙体节能施工 (4)建筑设备设施系统的安装
建筑节能系统调试	(1)熟悉建筑系统调试的概念 (2)了解建筑系统调试的流程	(1)建筑系统调试 (2)建筑调试程序 (3)建筑调试设备
建筑绿色建造	(1)会描述绿色建造的概念 (2)能举例说明绿色建造技术	(1)绿色施工 (2)绿色建造

 基本概念

保温屋面施工;门窗节能施工;墙体节能施工;建筑设备设施系统的安装;建筑系统调试;绿色施工;绿色建造

引 言

"十四五"期间国家致力于加强既有建筑节能绿色改造。

一是提高既有居住建筑节能水平。除了违法建筑和经鉴定为危房且无修缮保留价值的建筑,不大规模、成片集中拆除现状建筑。在严寒及寒冷地区,结合北方地区冬季清洁取暖工作,持续推进建筑用户侧能效提升改造、供热管网保温及智能调控改造。在夏热冬冷地区,适应居民采暖、空调、通风等需求,积极开展既有居住建筑节能改造,提高建筑用能效率和室内舒适度。在城镇老旧小区改造中,鼓励加强建筑节能改造,形成与小区公共环境整治、适老设施改造、基础设施和建筑使用功能提升改造统筹推进的节能、低碳、宜居综合改造模式。引导居民在更换门窗、空调、壁挂炉等部品及设备时,采购高能效产品。

二是推动既有公共建筑节能绿色化改造。强化公共建筑运行监管体系建设,统筹分析应用能耗统计、能源审计、能耗监测等数据信息,开展能耗信息公示及披露试点,普遍提升公共建筑节能运行水平。引导各地分类制定公共建筑用能(用电)限额指标,开展建筑能耗比对和能效评价,逐步实施公共建筑用能管理。持续推进公共建筑能效提升重点城市建设,加强用能系统和围护结构改造。推广应用建筑设施设备优化控制策略,提高采暖空调系统和电气系统效率,加快 LED 照明灯具普及,采用电梯智能群控等技术提升电梯能效。建立公共建筑运行调适制度,推动公共建筑定期开展用能设备运行调适,提高能效水平。

4.1 建筑节能施工概述

4.1.1 建筑节能施工内容及程序

按照《建筑节能工程施工质量验收规范》(GB 20411—2019)的强制性要求,在节能施工中重点把握以下 4 个方面的内容。

①墙体、屋面、地面等围护结构方面。墙体、屋面、地面围护节能工程使用的保温隔热材料的导热系数、密度、抗压强度、燃烧性能应符合设计要求。严寒和寒冷地区外墙热桥部位,应按设计要求采取节能保温等隔断热桥措施。

②门窗节能工程方面。建筑外窗的气密性、保温性能、中空玻璃露点、玻璃遮阳系数和可见光透射比应符合节能设计要求。

③采暖节能工程方面。采暖系统的制式,应符合设计要求;散热设备、阀门、过滤器、温度计及仪表应按设计要求安装齐全,不得随意增减和更换;室内温度调控装置、热计量装置、水力平衡装置以及热力入口装置的安装位置和方向应符合设计要求,并便于观察、操作和调试。

④配电与照明方面。低压配电系统选择的电缆、电线截面不得低于设计值,进场时应对其截面和导体电阻值进行取样送检。设备改造主要是照明节能改造,例如,在公用部位安装节能灯和声、光控感应灯具等。

建筑节能施工分部的子分部和分项工程内容如表4.1所示。

表 4.1　建筑节能施工分部的子分部、分项工程内容表

序号	子分部工程	分项工程验收内容
1	墙体	主体结构基层、保温材料、饰面层
2	门窗	门、窗、玻璃、遮阳设施
3	屋面	基层、保温隔热层、保护层、防水层、面层
4	楼地面	基层、保温隔热层、隔离层、保护层、防水层、面层
5	通风与空气调节	风机、空气调节设备,空调末端设备,阀门与仪表,绝热材料,调试
6	空调与采暖系统的冷热源和附属设备及其管网	冷、热源设备,辅助设备,管网,阀门与仪表,绝热、保温材料,调试
7	配电与照明	低压配电电源,照明光源、灯具,附属装置,控制功能,调试
8	监测与控制	冷源、热源、空调水的监测控制系统,通风与空调系统的监测控制系统,监测与计量装置,供配电的监测控制系统,照明自动控制系统,综合控制系统

　　建筑节能工程子分部、分项质量控制程序如图 4.1 所示。建筑节能工程竣工验收程序如图 4.2 所示。

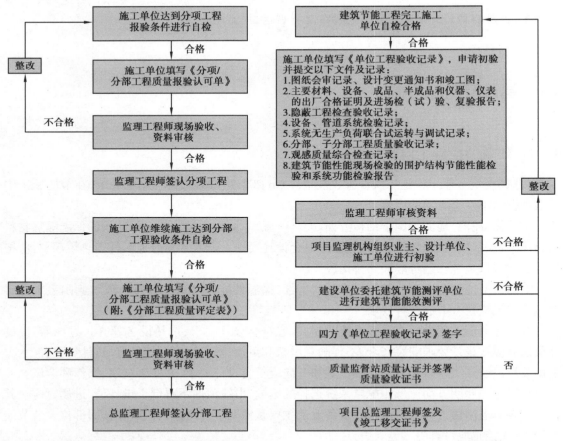

图 4.1　建筑节能工程子分部、分项质量控制程序　　　　图 4.2　建筑节能工程竣工验收程序

4.1.2 建筑绿色施工程序及原则

　　绿色施工是指在工程建设中,在保证质量、安全等基本要求的前提下,通过科学管理和技术进步,最大限度地节约资源,减少能源消耗,降低施工活动对环境造成的不利影响,提高施工人员的职业健康安全水平,保护施工工作人员的安全与健康。绿色施工作为绿色建筑可持续发展的重要手段和实施环节,如何让施工绿色化和促进建设资源的节能和最大限度使用,成为绿色施工的重要发展方向。要实施绿色施工,施工材料的选择固然重要,但是从施工工艺上达到资源节约和后期运行环保也尤为重要。建筑施工现场一般都会产生废弃物,通过建立相应的组织机构,运用先进技术工艺来形成二次利用。建筑节能工程材料、构配件和设备质量控制程序如图4.3所示。图4.4是绿色建筑建设的流程,其中绿色施工就是绿色建筑质量控制和全生命周期能耗控制的关键环节。

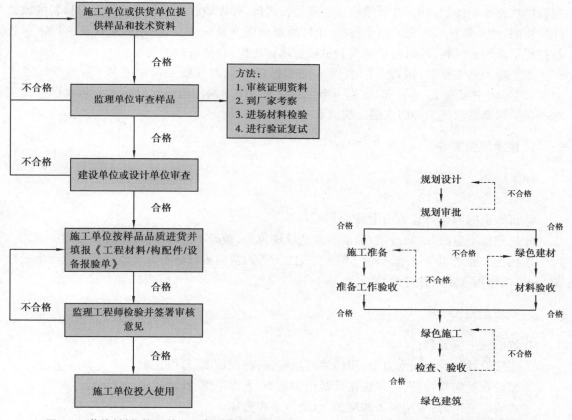

图 4.3 节能材料、构配件和设备质量控制程序　　　图 4.4 绿色建筑建设流程图

　　绿色施工原则主要包括两个方面。

　　①施工无污染原则。传统的施工技术,会产生噪声、粉尘等环境污染,严重影响人们的生活质量。而施工无污染原则体现了非传统的施工技术,在满足施工生产需要的同时,尽可能地做到自然资源的合理利用,严格控制并尽量消除施工过程中产生的环境污染,使环境、资源、能源得到最大力度的保护。

　　②节约资源原则。遵循该原则,就是要最大限度地利用自然资源,实现用最少的资源达到

工程的施工目标。而实现这一原则,施工单位必须加强对现有资源的合理使用,切实做到资源的循环利用,能够用最少的材料和能源实现施工目标。

4.2　建筑节能施工方法与施工要点

4.2.1　保温屋面施工

屋面保温材料必须由材料员进行验收,保温材料要注意防止破坏,不然保温效果差。以挤塑型聚苯板(XPS)保温屋面为例,屋面保温材料采用 20 mm 的厚挤塑型聚苯板,要求导热系数为 0.030 W/(m·K),材料进场后由材料员进行外观验收,检查外形、容重、厚度,外形整齐。应根据块材单块体积,计算其质量检查容重是否超标,办理验收手续和记录。保温材料堆放要注意防潮,防止破坏和污染。防水材料,出厂质量证明文件应齐全,使用国家认证的厂家和有材料质量证明的材料,同时由现场实验员负责取样送检,合格后方可使用。

节能屋面施工步骤:清理基层表面→细部处理→配制底胶→涂刷底胶(相当于冷底子油)→细部附中层施工→第一遍涂膜→第二遍涂膜→第三遍涂膜防水层施工→防水层一次试水→保护层饰面层施工→防水层二次试水→防水层验收。

1)保温层施工

保温层施工应做到:
①基层应平整、干净、干燥。
②挤塑板的铺贴方式采用干铺。
③挤塑板不应破碎、缺棱角,铺设时如遇缺棱掉角、破碎不齐的,应锯平拼接使用。
④板与板间之间要错缝、挤紧,不得有缝隙。若因挤塑板裁剪不方正或裁剪不直而形成缝隙,应用挤塑板条塞入并打磨平。

2)找坡层施工

找坡层施工应做到:
①先按设计坡度及流水方向,用砂浆打点定位,确保坡度、厚度正确。
②铺设水泥陶粒找坡,用平板振动器压实适当,表面平整,找坡正确。
③找坡层完工后,应用彩条布覆盖,以防浸水和破坏。
④铺设找坡层时,应按设计规定埋设好排气槽、管。

3)水泥砂浆找平层施工

水泥砂浆找平层施工应做到:
①水泥砂浆要求:严格控制配合比,使用清净中砂并过 5 mm 孔筛,含泥量不大于 3%。
②做好防水基层的处理,板面上的垃圾、杂物、硬化的砂浆块等必须清除干净,墙上四周必须弹出水平标高控制线(50线)。孔洞、管线应事前预埋、预留,严禁事后打洞。

③施工前应在底层先刷一道素水泥浆,找平层应黏结牢固,没有松动、起砂、起皮等现象,表面平整度≤5 mm。

④找平层应设置30 mm宽的分隔缝,间距不大于6 m×6 m。

⑤在女儿墙、管道出屋面处均做成半径不小于10~15 cm的圆角。

⑥防水层施工前,现场要进行基层检验:一般是将一块薄膜覆盖在找平层上,经过一夜后,第2天早上掀起薄膜处没有明显的潮湿痕迹,则可进行防水层施工。

4)防水层施工

涂刷防水层的基层表面,必须将尘土、杂物等清扫干净,表面残留的灰浆硬块和突出部分应铲平、扫净,抹灰、压平,阴阳角处应抹成圆弧或钝角。涂刷防水层的基层表面应保持干燥,并要平整、牢固,不得有空鼓、开裂及起砂等缺陷。在找平层接地漏、管根、出水口、洁具根部(边沿)时,要收头圆滑。坡度符合设计要求,部件必须安装牢固,嵌封严密。凸出地面的管根、地漏、排水口、阴阳角等细部,应先做好附加层增补处理,刷完聚氨酯底胶后,经检查并办完隐蔽工程验收。防水层所用的各类材料,基层处理剂、二甲苯等均属易燃物品,储存和保管要远离火源,施工操作时,应严禁烟火。防水层施工不得在雨天、大风天进行,冬季施工的环境温度应不低于5 ℃。

屋面节能工程的控制目标值如表4.2所示。

表4.2 屋面节能工程的控制目标值

	控制项目		检验方法	检查数量
主控项目	1	用于屋面的保温隔热材料,其干密度或密度、导热系数、压缩(10%)强度、阻燃性必须符合设计要求和有关标准的规定	检查材料合格证、技术性能报告、进场验收记录和复验报告	按相关规定进行
	2	屋面保温隔热层的敷设方式、厚度、缝隙填充质量及屋面热桥部位的保温隔热做法,必须符合设计要求和标准的规定	观察检查、保温板或保温层采取针插法或剖开法,用尺量其厚度	按相关规定进行
	3	屋面节能工程的保温隔热材料,以及品种、规格应符合实际要求和相关标准的规定	观察、尺量检查;核查质量证明文件	按相关规定进行
	4	屋面节能工程使用的保温隔热材料,其导热系数、密度、抗压强度或压缩强度、燃烧性能应符合实际要求	核查质量证明文件及进场复验报告	按相关规定进行
一般项目	1	松散材料应分层敷设,压实适当,表面平整,坡向正确	观察检查,检查施工记录	按相关规定进行
	2	现场喷、浇、抹等施工的保温层配合比应计量准确,搅拌均匀,分层连续施工,表面平整,坡向正确		
	3	板材应粘贴牢固,缝隙严密、平整		

4.2.2 节能门窗施工

节能门窗施工流程如下:准备工作→测量、放线→确认安装基准→安装门窗框→校正→固定门窗框→土建抹灰收口→安装门窗扇→填充发泡剂→塞海绵棒→门窗外周圈打胶→安装门窗五金件→清理、清洗门窗→检查验收。主要阶段的要求如下。

1)施工准备

在门窗洞口边上弹好门窗安装位置墨线,检查门窗洞口尺寸是否符合设计要求。检查门窗,如有变形、松动等问题,应及时修整、校正。铝合金窗要泄水结构,推拉窗可在导轨靠两边框位处铣 8 mm 宽的泄水口。

2)门窗制作加工

本工程门窗均由专业生产厂家制作加工,加工好后运至现场安装。门窗的型号、数量、规格尺寸、开启形式及开启方向、材料品种、加工质量必须符合设计图纸、产品国家标准及施工规范的要求,各种附件配套齐全,并具有产品出厂合格证。对不符合要求的作退场处理,不能使用。

门窗进场后,应将门窗框靠墙的一面涂刷防腐材料,进行防腐处理后存放在仓库内,铝合金门窗要求竖直摆放,底部应垫平、垫高。

3)铝合金门窗安装

①安装铝合金门窗采用预留洞口的方法,洞口每边应预留安装间隙 20~30 mm。门窗安装前,弹出门窗安装位置墨线,并按设计要求检查洞口尺寸,与设计不符合时应予以纠正。

②防腐处理:门窗框四周与墙体接触的部分应作防腐处理,按设计要求执行。铝合金门窗选用的连接件及固定件,除不锈钢外,均应作防腐处理,连接时宜在与铝材接触面加塑料或橡胶垫片。

③门窗框就位和临时固定:根据门窗安装位置墨线,将门窗框装入洞口就位,将木楔塞入门窗框与四周墙体间的安装缝隙,调整好门窗框的水平、垂直、对角线长度等位置及形状偏差符合检评标准,用木楔临时固定。

④门窗框、拼樘料与墙体的连接固定:门窗框、拼樘料与墙体的连接固定应符合下列规定。

a.连接固定形式应符合设计要求;

b.连接件与铝合金门窗外框紧固应牢固可靠,不得有松动现象;

c.连接件不得露出塞缝饰面;

d.固定件离墙边缘不得小于 50 mm,且不能固定在砖缝中;

e.焊接连接铁件时,应采取有效措施保护门窗框;

f.与砖墙体连接固定时,严禁采用射钉。

⑤门窗框与墙体安装缝隙的密封:门窗框与墙体安装缝隙的密封应符合下列规定。

a.铝合金门窗框安装连接固定后,应先进行隐蔽工程验收,检查合格后再进行门窗框与墙体安装缝隙的密封处理;

b.门窗框与墙体安装缝隙的处理,按设计规定执行;

c.塞缝施工时不得损坏铝合金门窗防腐面;

d.铝合金门窗安装过程中使用的调平块(木楔),应在饰面施工前取出,并将洞口填塞饱满,不得留在饰面内;

e.铝合金门窗框在塞缝前应满贴保护胶纸,防止铝合金门窗框表面的镀膜受到水泥砂浆的腐蚀;在饰面完成后,再将保护胶纸撕除;若铝合金门窗框表面不慎粘到水泥砂浆,要及时清理,以保护表面质量。

⑥外墙饰面砖施工时,在铝合金门窗外周边留宽 5 mm、深 8 mm 的槽,用防水胶密封。

⑦五金配件安装:五金配件应齐全,保证其安装牢固、位置正确、使用灵活。安装用螺丝应采用铜或不锈钢螺丝,窗框两侧应装防撞胶。

⑧安装门窗扇及门窗玻璃:安装门窗扇及门窗玻璃时应符合下列规定。

a.门窗扇及门窗玻璃安装在墙体饰面工程完成后进行;

b.平开门窗框构架组装上墙,固定好后安装玻璃,先调好框与扇的缝隙,再将玻璃入扇调整,最后镶嵌密封条和填嵌密封胶;

c.推拉窗在窗框安装固定好之后将配好玻璃的窗扇整体安装,即将玻璃入扇镶嵌密封完毕,再入框安装,调整好框与扇的缝隙。

门窗节能工程监理控制目标值如表 4.3 所示。

表 4.3 门窗节能工程监理控制目标值

控制项目			检验方法	检查数量
主控项目	1	建筑外窗的气密性、传热系数、露点、玻璃透过率和可见光透射比应符合设计要求和相关标准中对建筑物所在地区的要求	检查产品技术性能检测报告,进场复验报告和实体抽样检测报告	按相关规定进行
	2	建筑门窗玻璃应符合下列要求:建筑门窗采用的玻璃品种、传热系数、可见光透射比和遮阳系数应符合设计要求;镀(贴)膜玻璃的安装方向应正确	观察,检查施工记录,检查技术性能报告	按相关规定进行
	3	中空玻璃的中空层厚度和密封性能应符合设计要求和相关标准的规定;中空玻璃应采用双道密封	检查产品合格证、技术性能报告,观察及启闭检查	按相关规定进行
	4	外门窗框与副框之间应使用密封胶密封;门窗框或副框与洞口之间的间隙应采用符合设计要求的弹性闭孔材料填充饱满,并使用密封胶密封	检查隐蔽工程验收记录,观察及启闭检查	按相关规定进行
	5	凸窗周边与室外空气接触的围护结构应采取节能保温措施	检查保温材料厚度	全数检查
	6	特种门的节能措施应符合设计要求	对照设计文件观察	全数检查

续表

	控制项目	检验方法	检查数量
一般 项目	门窗扇和玻璃的密封条,其物理性能应符合相关标准中对建筑物所在地区的规定。密封条安装位置正确,镶嵌牢固,接头处不得开裂;关闭门窗时密封条应确保密封,不得脱槽	检查产品合格证、技术性能报告,观察及启闭检查	按相关规定进行

4.2.3　墙体节能施工

第 3 章已介绍,外墙按其保温层所在位置分:单一保温外墙、内保温外墙、外保温外墙和夹心保温外墙 4 种类型。

以外保温复合墙体为例,其施工工艺流程如图 4.5 所示,安装如图 4.6 所示。在这类墙体中,绝热材料复合在建筑物外墙的外侧,并覆以保护层。这样,建筑物的整个外表面(作外门、窗洞口)都被保温层覆盖,有效地抑制了外墙与室外的热交换。外保温的基本构造:①砌筑墙体;②墙体与聚苯板之间的聚合物改性黏结砂浆;③聚苯板;④聚合物改性罩面砂浆(保护层);⑤嵌入保护层的纤维网格布;⑥聚合物改性罩面砂浆(保护层);⑦涂料饰面或彩色/浮雕抹灰饰面。主要施工阶段如下:

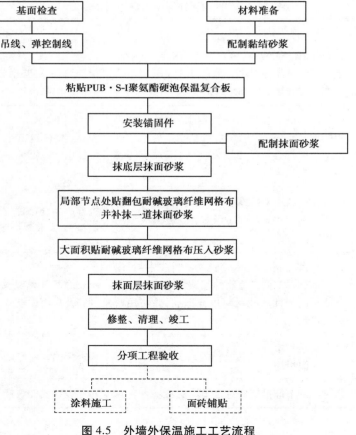

图 4.5　外墙外保温施工工艺流程

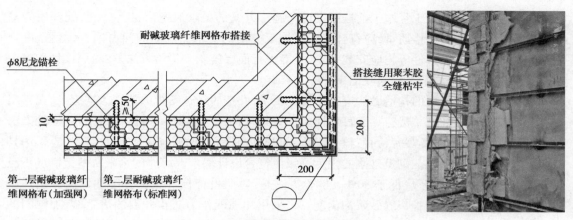

图4.6　外墙外保温安装示意图

砖采用加气混凝土砌块,强度等级必须符合设计要求,并应规格一致,有出厂证明。水泥一般采用325号或425号矿渣硅酸盐水泥和普通硅酸盐水泥。砂采用中砂,应过5 mm孔径的筛。配制M5以下的砂浆,砂的含泥量不超过10%,M5以上的砂浆,砂的含泥量不超过5%,并不得含有草根等杂物。砌筑前一天,应将预砌墙与原结构相接处洒水湿润,以保证砌体黏结。

加气混凝土砌块主规格的长度为600 mm,墙厚一般等于砌块宽度,其立面砌筑形式只有全顺式一种。上下皮竖缝相互错开不小于砌块长度的1/3。如不能满足时,在水平灰缝中设置2根直径6 mm的钢筋或直径4 mm的钢筋网片,加筋长度不少于700 mm。

(1)加气混凝土砌块墙砌筑要点

加气混凝土砌块砌筑时,应向砌筑面适量浇水。在砌块墙底部应用烧结普通砖或多孔砖砌筑,其高度不宜小于200 mm。不同干密度和强度等级的加气混凝土砌块不应混砌。加气混凝土砌块也不得与其他砖、砌块混砌。但在墙底、墙顶及门窗洞口处局部采用烧结普通砖和多孔砖砌筑不视为混砌。灰缝应横平竖直,砂浆饱满。水平灰缝厚度不得大于15 mm。竖向灰缝宜用内外临时夹板夹住后灌缝,其宽度不得大于20 mm。砌体填充墙的墙高超过4 m时,宜在墙高中部(或门洞顶部)设置与柱或混凝土墙连接的通长钢筋混凝土水平拉梁,拉梁主筋为4Φ12,箍筋为Φ6@150,宽度同墙厚,梁高为180 mm。

各层砌体填充墙均应在下列部位设置稳定墙体的构造柱:平面上所标处;墙转角处、墙尽端处、墙窗边处;墙长大于4 m时,应在中段设构造柱,使两构造柱间墙长小于4 m,构造柱截面尺寸除特别注明外,可取柱宽同墙厚,截面高250 mm,竖筋4Φ12,箍筋Φ6@200,混凝土强度等级C20,构造柱相连的上下梁板内应预埋插筋,插筋的直径与根数同柱内竖筋,插筋锚固长度与搭接长度各为35 d和42 d,墙内的构造柱应先砌墙后浇柱,且沿高度埋设2Φ6@500墙体锚拉筋,外露锚长1 000 mm。墙体门窗洞口及设备洞口顶部无梁处均按91EG323选用GL×3型过梁,过梁与混凝土柱或墙相连时,过梁改为现浇。砌到接近上层梁、板底时,宜用烧结普通砖斜砌挤紧,砖倾斜度60°左右,砂浆应饱满。

(2)墙体节能工程质量的预控与控制要点

工程中采用的加气混凝土砌块要符合设计要求,砌块的厚度必须满足设计要求;检查的方法是:表观、尺量、质量证明文件。所以在砌块进场后,必须马上现场抽查,并取样送检,检测其导热系数、密度、抗压强度或压缩强度、燃烧性能,检测结果出来后送设计人员复核;合格后再投入工程中。墙体节能工程施工前按照设计和施工方案的要求对基层进行处理,处理后的基层经工程验收应达到合格质量,应符合保温层施工方案的要求。墙面的门窗框、水落管、进户管线、预埋件、设备连接件等均应安装完毕,才能进行面层施工。检验方法是:对照设计和施工方案观察检查;核查隐蔽工程验收记录。

墙体节能工程各层的构造做法应符合设计要求,并按照经过审批的施工方案施工;尤其门窗四角是应力集中部位,规定门窗四角处要加钉钢丝网,避免因板缝而产生裂缝。检验方法是:对照设计和施工方案观察检查;核查隐蔽工程验收记录。保温砌块砌筑的墙体,应采用具有保温功能的砂浆砌筑。砌筑砂浆的强度等级应符合设计要求。墙体的水平灰缝饱满度不应低于90%,竖向的灰缝不应低于80%。检验方法是:对照设计核查施工方案和保温砂浆强度试验报告。用百格网检查灰缝砂浆饱满度。当采用加强网作为防止开裂的措施时,加强网的铺贴、搭接应符合设计和施工方案的要求。砂浆抹平应密实,不得空鼓,加强网不得皱褶、外露。检验方法是:观察检查;核查隐蔽工程验收记录。

设置空调的房间,其外墙热桥部位应按设计要求采取热桥隔断措施。检验方法是:对照设计和施工方案观察检查;核查隐蔽工程验收记录。施工产生的墙体缺陷,如穿墙套管、脚手眼、孔洞等,应按施工方案采取热桥隔断措施。检验方法是:对照施工方案观察检查。墙体上容易碰撞的阳角、门窗洞口及不同材料基体的交接处等特殊部位,其保温层应采取防止开裂和破损的加强措施。检验方法是:观察检查;核查隐蔽工程验收记录。

墙体节能工程应在主体结构及基层质量验收合格后施工,与主体结构同时施工的墙体节能工程,应与主体结构一同验收。对既有建筑进行节能改造施工前,应对基层进行处理,使其达到设计和施工工艺的要求。外墙在室外±0 ~ +200 mm 处粉保温砂浆,再往上是托架,上部做保温板,如图4.7所示。

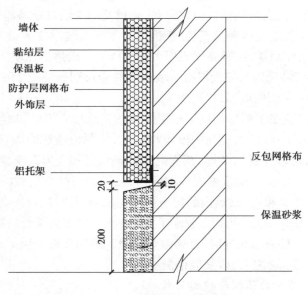

图4.7 外墙底层保温做法

墙体节能工程采用的保温材料和黏结材料,进场时应对其下列性能进行复验:板材的导热系数、材料密度、压缩强度、阻燃性;保温浆料的导热系数、压缩强度、软化系数和凝结时间;黏结材料的黏结强度;增强网的力学性能、抗腐蚀性能;其他保温材料的热工性能;必要时,可增加其他复验项目或在合同中约定复验项目。

墙体节能工程还应对下列部位或内容进行隐蔽工程验收,并应有详细的文字和图片资料:层附着的基层及其表面处理;保温板黏结或固定;锚固件;增强网铺设;墙体热桥部位处理;大模内置保温板的板缝及构造节点;墙体节能工程的隐蔽工程应随施工进度及时进行验收。

墙体节能工程验收的检验批划分应按相关规定执行。当需要划分检验批划时,可按照相同材料、工艺和施工做法的墙面每 500~1 000 m² 面积划分为一个检验批,不足 500 m² 也为一个检验批。检验批的划分也可根据与施工流程相一致且方便施工与验收的原则,由施工单位与监理(建设)单位共同商定。

4.2.4 设备设施系统安装工程

1)施工要求

冷热管道及设备绝热材料层应密实,无缝隙、空隙等缺陷,表面应平整。当采用卷材和板材时,允许偏差为 5 mm;采用涂抹和其他方式时,允许偏差为 10 mm。不同类型的管道保温材料如图 4.8 所示。

（a）岩棉制品

（b）玻璃棉管壳

（c）玻璃棉毡

（d）蛭石瓦

（e）矿棉瓦

（f）发泡橡塑

（g）铝箔胶带

（h）复合保温材料

图 4.8 不同类型的管道保温材料

管道的保温方法有:
①涂抹法:把散状保温材料与水调成胶泥分层涂抹在管道上,如图 4.9 所示。
②绑扎法:用镀锌铁丝把保温瓦块绑扎在管道上,如图 4.10 所示。
③粘贴法:用黏结剂把保温板粘贴在风管等表面,如图 4.11 所示。
④钉贴法:把保温钉粘贴在风管或设备表面,用以固定保温层,如图 4.12 所示。
⑤风管内保温:把保温层固定在风管内壁,如图 4.13 所示。
⑥缠包法:把软质保温卷材以螺旋状缠包在管道上,如图 4.14 所示。

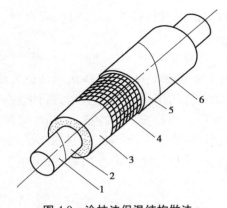

图 4.9 涂抹法保温结构做法

1—管道;2—防锈漆;3—保温层;4—铁丝网;
5—保护层;6—防腐漆

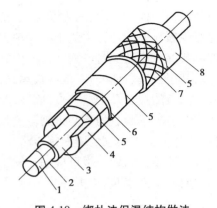

图 4.10 绑扎法保温结构做法

1—管道;2—防锈漆;3—胶泥;4—保温材料;
5—镀锌铁丝;6—沥青油毡;7—玻璃丝布;8—防腐漆

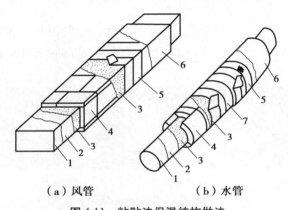

（a）风管　　　（b）水管

图 4.11 粘贴法保温结构做法

1—管道;2—防锈漆;
3—黏结剂;4—保温材料;5—玻璃丝布;
6—防腐漆;7—聚乙烯薄膜

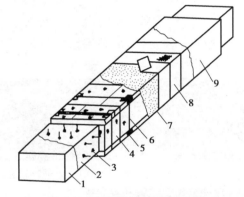

图 4.12 钉贴法保温结构做法

1—风管;2—防锈漆;3—保温钉;4—保温板;
5—铁垫片;6—包扎带;7—黏结剂;
8—玻璃丝布;9—防腐漆

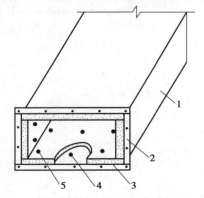

图 4.13 风管内保温结构做法

1—风管;2—法兰;3—保温棉毡;
4—保温钉;5—垫片

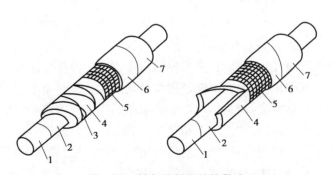

图 4.14 缠包法保温结构做法

1—管道;2—防锈漆;3—镀锌铁丝;4—保温毡;
5—铁丝网;6—保护层;7—防腐漆

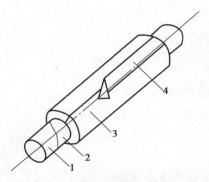

图 4.15 套筒式保温结构做法
1—管道；2—防锈漆；
3—保温筒；4—带铝箔胶带

⑦套筒式：把保温管壳套在管道上，如图 4.15 所示。

在通风与空调工程中，管道绝热层施工时，应采取有效措施，避免热桥。

（1）管壳绝热层施工

①管壳、管道的规格应一致，材质和规格应符合设计要求。

②管壳的粘贴牢固、铺设应平整；绑扎应紧密，无滑动、松弛与断裂现象。

③硬质或半硬质绝热管壳的拼接缝隙，保温时不应大于 5 mm，保冷时不应大于 2 mm，并用黏结材料勾缝填满，纵缝应错开，外层的水平接缝应设在下方；硬质或半硬质绝热管壳应用金属丝或难腐织带捆扎，其间距为 300~500 mm，且每节至少捆扎 2 道。

④松散或软质绝热材料应按规定的密实压缩其体积，疏密应均匀。毡类材料在管道上包扎时，搭接处不应有空隙。

（2）管道防潮层施工

①防潮层应紧密粘贴在绝热层上，封闭良好，表面完整、平顺，不得有虚贴、气泡、皱褶、裂缝等缺陷。

②立管的防潮层，应由管道的低端向高端敷设，环向搭接的缝口应朝向低端；纵向的搭接缝应位于管道的侧面，并顺水。

③卷材防潮层采用螺旋型缠绕方式施工时，卷材的搭接宽度宜为 30~50 mm。

（3）风管系统绝热层施工

①保温钉与风管部件及设备表面的连接，可采用黏结或焊接，结合应牢固，不得脱落；焊接后应保持风管的平整，并不影响镀锌钢板的防腐性能。

②矩形风管或设备保温钉的分布均匀，其数量底面每平方米不应少于 16 个，侧面不得少于 10 个，顶面不应少于 8 个。首行保温钉至风管或保温材料边沿的距离不应小于 120 mm。

③风管法兰部位的绝热层的厚度，不应低于风管绝热层的 0.8 倍。

④带有防潮隔气层绝热材料的拼缝处，应用粘胶带封严。粘胶带的宽度不应小于 50 mm，粘胶带应牢固地粘贴在防潮面层上，不得有胀裂和脱落。

⑤风管系统绝热保护层，当采用玻璃纤维布时，搭接的宽度应均匀，宜为 30~50 mm，且松紧适度。

⑥管道阀门、过滤器及法兰部件的绝热结构应能单独拆卸。

⑦空调房间内，室温控制装置应符合设计要求。

2）通风与空调节能工程质量控制要点

①通风与空调系统节能工程所使用的设备、管道、阀门、仪表、绝热材料等产品进场时，应按设计要求对其类型、材质、规格及外观进行验收，并对下列产品的技术性能进行核查。

a.组合式空调机组、柜式空调机组、新风机组、单元式空调机组、热回收装置等设备的冷

量、热量、风量、风压、功率及额定热回收效率;

b.风机的风量、风压、功率及其单位风量耗功率;

c.成品风管的技术性能参数;

d.自控阀门与仪表的技术性能参数。

检验方法:观察检查;技术资料和性能检测报告等质量证明文件与实物核对。

②通风与空调节能工程中的送、排风系统及空调风系统、空调水系统的安装,应符合下列规定。

a.各系统的制式应符合设计要求;

b.各种设备、自控阀门、仪表应按设计要求安装齐全,不得随意增减或更换;

c.水系统各分支管路水力平衡装置、温控装置、仪表的安装位置、方向应符合设计要求,并便于观察、操作和调试;

d.空调系统应能实现设计要求的分室(区)温度调控功能。

检验方法:观察检查。

③风管的制作与安装应符合下列规定。

a.风管的材质、断面尺寸及厚度应符合设计要求;

b.风管与部件、风管与土建风道及风管间的连接应严密、牢固;

c.风管的严密性及风管系统的严密性检验和漏风量,应符合设计要求和现行国家标准《通风与空调工程施工质量验收规范》(GB 50243—2016)的有关规定;

d.需要绝热的风管与金属架的接触处、复合风管及需要绝热的非金属风管的连接和内部加固等处,应有防热桥的措施,并应符合设计要求。

检验方法:观察、尺量检查;核查风管及风管系统严密性检验记录。

④各种空调机组的规格、数量应符合设计要求;空调机组的安装位置和方向应正确,且与风管、送风静压箱、回风箱的连接应严密可靠。

检验方法:观察检查。

⑤通风与空调系统中风机的规格数量应符合设计要求,安装位置和进出口方向应正确,与风管的连接应严密可靠。

检验方法:观察检查。

⑥空调风管系统及部件的绝热层施工,应符合下列规定。

a.绝热层应采用不燃或难燃材料,材质和规格、厚度符合设计要求;

b.绝热层与风管、部件及设备应紧密贴合,无裂缝、空隙等缺陷,且纵、横向的接缝应错开;绝热层表面应平整,厚度误差小于 5 mm;

c.风管法兰部位绝热层的厚度不应低于风管绝热层厚度的80%;

d.风管穿楼板和穿墙处的绝热层应连续不间断;

e.风管系统的绝热不得影响其操作功能。

检验方法:观察检查;用钢针刺入绝热层尺量检查。

⑦空调水系统管道及配件的绝热层施工,应符合下列规定。

a.绝热层应采用不燃或难燃材料,材质和规格、厚度符合设计要求;

b.绝热管壳的粘贴应牢固、铺设应平整;每节管壳至少应用防腐金属丝或难腐织带或专用

胶带进行捆扎或粘贴两道,其间距为 300~350 mm,且应紧密、无滑动、松弛、断裂现象;

c.绝热管的拼接缝隙保温时不应大于 5 mm,保冷时不应大于 2 mm,并用粘接材料勾缝填满;且纵缝应错开;外层的水平接缝应设在侧下方;

d.松散和软质的保温材料应按规定的密度压缩其体积,疏密应均匀,毡类保温材料在管道上包扎时,搭接处不得有空隙;

e.空调冷热水管穿楼板和穿墙处的绝热层应连续不间断;与套管之间应用不燃材料填实,套管两端应用密封膏密封;

f.管道阀门、过滤器及法兰部位的绝热结构应能单独拆卸,且不得影响其操作功能。检验方法:观察检查;钢针刺入绝热层、尺量检查。

3)监测与控制节能工程施工

监测与控制系统施工质量的验收执行《智能建筑工程质量验收规范》(GB 50339—2013)相关章节的规定和《建筑节能工程施工质量验收规范》(GB 50411—2019)的规定。

①工程实施时,分别对施工质量管理文件、设计符合性、产品质量、安装质量进行检查,及时对隐蔽工程和相关接口进行检查,同时要有详细的文字和图像资料,并对监测和控制系统进行不少于 16 h 不间断试运行。对不具备试运行的项目,应在审核调试记录的基础上进行模拟检测,以检测监测与控制系统的节能监控功能。

②监测与控制系统采用的设备、材料及附属产品进场时,应按照设计要求对其品种、规格、型号、外观和性能等进行检查验收,形成相应的质量记录。各种设备、材料和产品附带的质量证明文件和相关技术资料应齐全,并应符合国家现行有关标准和规定。

检验方法:外观检查;对照设计要求核查质量证明文件和相关技术资料。

③监测和控制安装质量应符合以下规定。

a.传感器的安装质量应符合《自动化仪表工程施工及质量验收规范》(GB 50093—2013)的有关规定;

b.阀门型号和参数应符合设计要求,其安装位置、阀前后的直管段长度、流体方向等应符合产品安装要求;

c.压力和差压仪表的取压点、仪表配套的阀门安装应符合产品安装要求;

d.流量仪表的型号和参数、仪表前后的直管段长度等应符合产品要求;

e.温度传感器的安装位置、插入深度应符合产品要求;

f.变频器安装位置、电源回路敷设、控制回路敷设应符合设计要求;

g.智能化变风量末端装置的温度设定器安装位置应符合产品要求;

h.涉及节能设计的关键传感器应预留检测孔或检测位置,管道保温时应做明显标记。

检验方法:对照图纸或产品说明书进行目测和尺量检查。

④对经过试运行的项目,其系统的投入情况、监控功能、故障报警连锁控制及数据采集等功能,应符合设计要求。

检验方法:调用节能监控系统的历史数据、控制流程图和试运行记录,对数据进行分析。

⑤通风与空调监测控制系统的控制功能和故障报警功能应符合设计要求。

检验方法:在中央工作站使用检测系统软件,或采用在直接数字控制器或通风与空调系统自带控制器上改变参数设定值和输入参数值,检测控制系统的投入情况及控制功能;在工作站或现场模拟故障,检测故障监视、记录和报警功能。

⑥监测与计量装置的检测计量数据应准确,并符合系统对测量准确度的要求。

检验方法:用标准仪器和仪表在现场实测数据,将此数据分别与直接数字控制器和中央工作站显示数据进行比对。

⑦供配电的监测与数据采集系统应符合设计要求。

检验方法:试运行时,监测供配电系统的运行工况,在中央工作站检查运行数据和报警功能。

⑧照明自动控制系统的功能应符合设计要求,当设计无要求时应实现下列功能。

a.公共建筑的公用照明区,应采用集中控制并应按照建筑使用条件和天然采光状况采取分区、分组控制措施,并按需要采取调光或降低照度的控制措施;

b.居住建筑有天然采光的楼梯间、走道的一般照明,应采用自熄开关;

c.检验方法:现场操作检查控制方式;依据施工图,按回路分组,在中央工作站上进行被检回路的开关控制,观察相应回路的动作情况;在中央工作站改变时间表控制程序的设定,观察相应回路的动作情况;在中央工作站采用改变光照度设定值、室内人员的分布等方式,观察相应回路的控制情况;在中央工作站改变场景控制方式,观察相应的控制情况。

⑨综合控制系统应对以下项目进行功能检测,检测结果应满足设计要求。

a.建筑能源系统的协调控制;

b.通风与空调系统的优化监控。

检验方法:采用人为输入数据的方法进行模拟测试,按不同的运行工况检测协调控制和优化监控功能。

⑩建筑能源管理系统的能耗数据采集与分析功能,设备管理和运行管理功能,优化能源调度功能,数据集成功能应符合设计要求。

检验要求:对管理软件进行功能检测。

⑪检测监测与控制系统的可靠性、实时性、可维护性等系统性能,应注意以下几点。

a.控制效果的有效性,执行器动作应与控制系统的指令一致,控制系统性能稳定符合设计要求;

b.控制系统的采样速度、操作响应时间、报警反应速度应符合设计要求;

c.冗余设备的故障检测正确性及其切换功能应符合设计要求;

d.应用软件的在线编程、参数修改、下载功能、设备及网络故障自检测功能应符合设计要求;

e.控制器的数据存储能力和所占存储容量应符合设计要求;

f.故障检测与诊断系统的报警和显示功能应符合设计要求;

g.设备启动和停止功能及状态显示应正确;

h.被控设备的顺序控制和连锁功能应可靠;

i.应具备自动控制/远程控制/现场控制模式下的命令冲突检测功能;

j.人机界面及可视化检查。

检验方法:分别在中央工作站、现场控制器和现场利用参数设定、程序下载、故障设定、数据修改和事件设定等方式,通过与设定的显示要求对照,进行上述系统的性能检测。

4.2.5　绿色施工项目管理

绿色施工项目管理主要包括 5 个方面的管理。分别为组织管理、规划管理、实施管理、评价管理和人员安全与健康管理。

1)组织管理

在开工前建立一个完整的绿色管理体系,并及时制定相关的管理制度与措施,明确工程目标与各部门相关人员职责,尽可能做到社会利益和经济利益最大化。

2)规划管理

在开工之前,结合工程实际,组织做好绿色施工规划设计,制定一系列的环保、节能与节材等方面的措施,并制定施工用地保护的专项措施。

3)实施管理

实施管理是绿色施工管理中最关键的一个环节,在这个管理过程中,管理单位与管理人员要对施工策划、施工准备、材料的储存、管理、现场施工、工程进度与质量要求等了如指掌;并定期对施工作业人员进行绿色施工知识培训,增强施工人员绿色施工的意识。

4)评价管理

在开工之前,成立一个评估小组,对施工过程至项目竣工的成效、质量、节能节源及施工现场环境治理等情况,进行跟踪式评估;工程结束后,再邀请相关专家组组成专业的评估小组,对整个工程进行综合评估。

5)人员安全与健康管理

在施工方案中制定相关的安全、健康管理措施;再根据实地情况合理布置施工现场,创造健康的工作环境和生活环境;并对施工现场提供卫生保健、防疫条件,从而保证施工人员长期的人身安全与健康。

4.2.6　绿色施工中的环境保护

1)悬浮颗粒控制

悬浮颗粒控制主要在于现场扬尘的控制上,而扬尘则是施工过程中极易产生的一种污染物,如果扬尘控制得不好就会对生产造成严重的影响。在施工现场,首先,每道工序必须做到工完场清;且在施工过程中产生的垃圾要集中堆放,并使用封闭的专用垃圾道或采用容器及时清运,严禁随意凌空抛洒,造成扬尘。然后,要在施工前,尤其是施工现场道路规划和设置,应尽量利用设计永久性的施工道路,路面及其余场地地面要硬化。闲置场地要绿化;水泥和其他易飞扬的细颗粒散体材料尽量安排在库内存放,露天存放时要严密遮盖,运输和卸运时防止遗洒、飞扬,以减少扬尘。最后,施工现场要制定洒水降尘制度,配备专用洒水设备并指定专人负责,在易产生扬尘的季节采取洒水降尘。

2)噪声与振动控制

施工现场采用的搅拌机、木工机具、钢筋机具等设备所产生的噪声及振动,在生活上给人们带来了严重的危害。因此,噪声与振动的控制对施工单位来说刻不容缓。首先,建立完善的控制噪声管理制度,增强全体施工人员防噪声扰民的自觉意识,尽量减少人为所造成的噪声污染,并控制施工作业时间,确保在居民休息时间停止作业;其次,使用低噪声、低振动的机械,并在作业点、中间带设置减音、减震、隔音、隔震设备,以减少噪声,而对于施工现场的强噪声机械(如搅拌机、电锯、电刨、砂轮机等),应尽量放在加工车间完成并设置封闭的机械棚,以减少强噪声的扩散。最后,加强施工现场环境噪声的长期检测,采取专人检测、专人管理的原则,并及时对施工现场噪声超标的有关因素进行调整,以达到减少噪声所造成的污染效果。

3)光污染控制

施工现场采用的大功率照明灯、电焊产生的强光等,在晚上容易给居民造成生活困扰,所以必须使用灯罩并将其调至合适角度或选择既满足照明要求又不刺眼的新型灯具或采取措施,使夜间施工区域照射方位控制在施工区域范围内,从而不影响周围社区居民休息,并对电焊点进行遮挡。

4)水污染控制

施工现场工作人员生活住宿用水、机械设备需要冷却等,容易对周围环境造成水污染。因此,施工单位应结合实地情况采取修建沉淀池、隔离沟等措施,以减少水污染,如果条件允许的话,还可以对处理过的污水进行二次利用。

5)土壤保护

在开工之前,施工单位应对施工实地的土壤环境现状进行调查,防止施工队伍在施工过程中对土壤造成伤害。施工单位应在施工现场多栽种树木或花草防止水土流失,施工开挖的泥土应选择固定场地进行堆放,使工地以后可利用原土进行回填,暂时或无法回填的弃土,可堆放在一个固定地点,进行树木或花草栽种。

6)建筑垃圾控制

建筑垃圾是每个工地都会产生的,如何控制与解决才是最重要的。对于建筑垃圾,能够在施工过程中循环利用的一定要循环利用,不能重复使用的或暂时使用不上的(如碎石、土石等)建筑垃圾,可集中堆放,事后进行填埋、铺路等方式处理。

7)地下设施、文物和资源保护

施工单位要在开工前了解施工现场的实地情况,要清楚知道地下各种设施,做好保护计划,保证施工场地周边其他设施的安全运行;在施工过程中,要避让、保护施工现场及周边的土木资源,一旦发现文物,立即停工,并保护现场,通知相关部门进行查看。

4.3 建筑系统调试

4.3.1 建筑系统调试简介

一般而言,建筑调试是指在施工阶段的后期,为保证建筑设备的正常运行,满足建筑的基本功能,而且又能达到降低耗能,减少对环境的危害,对建筑设备及其系统进行调试的过程。建筑持续调试是指在建筑设备运行的过程中采用的一种综合持续的方法来解决运行问题,提高舒适度,优化能源利用,其方法主要致力于整个系统的控制,使建筑的设备能够长期、经济、可靠地运行。

建筑在验收后,系统调试的主要任务包括以下内容。

①系统在带负荷条件下连续运转时,检验系统在各季节以及全年的性能,特别是能源效率和控制功能。

②在保修期结束前检查设备性能以及暖通空调系统与自控系统的联动性能。

③通过调试发掘系统的节能潜力。

④通过用户调查了解用户对室内环境质量及设备系统的满意度。

⑤在调试过程中记录关键参数,整理后完成调试报告存档以备再利用。

建筑系统调试是保证各个建筑系统都按照说明书要求完成的一种方法。它可以让管理者在设计和说明书之间的差别中作出调整,严格按照投标书上的要求完成工作。建筑调试属于劳动密集型产业,在照明器材安装、热供应、通风空调安装和门窗安装等方面需要涉及大量的鉴别、跟踪、记录数据等操作。建筑调试是一个技术含量很高的管理过程,我国目前还缺乏专业的调试人员和调试公司,导致几乎所有项目都没有做过很好的调试。

建筑调试是实现管理节能的关键环节,2002年,美国能源部出版了《建筑能源系统连续调试指南》,在暖通空调领域,该手册是国际上最尖端的调试指南,阐述了一种综合持续方法来解决建筑运行问题,提高舒适度,最优化能源利用及既有建筑动力设施更新改造等。

根据调试对象的不同,建筑调试可以分为以下几类。

①调试前准备,包括准备好调试所需要的仪器,检查各个设备、各个仪器是否能正常使用。

②空调系统的调试,包括空调风系统、水系统的调试以及主机性能的调试。

③电气系统的调试,包括各个灯具正常使用,高、低压配电柜的调试,各个配电箱回路的调试。

④给排水系统的调试,包括污水系统、雨水系统、给水系统、排水系统以及通气系统的调试。

⑤消防系统的调试,包括各个消火栓、手报、烟感、温感、广播的正常使用调试,以及各个消防管的正常使用调试。另外还有各个模块的调试。

⑥自动化系统的调试,包括各个自动化设备连接系统的调试和计算机控制系统的调试。

⑦防雷接地系统的调试,包括防雷基础接地系统和防雷引下系统的调试。

4.3.2 建筑系统调试过程

1）项目发展阶段

①确定建筑设备。
②进行持续调试审计,确定工作范围。

2）持续调试实施与核查阶段

①制订持续调试计划并组织项目团队。
②记录现在的舒适状况、系统状况及能源性能,建立性能基点。
③进行系统测量并建立持续调试方案。
④实施系统调试方案。
⑤记录舒适度改善情况及节能情况。
⑥保持持续调试。
调试项目的基本流程如图 4.16 所示。

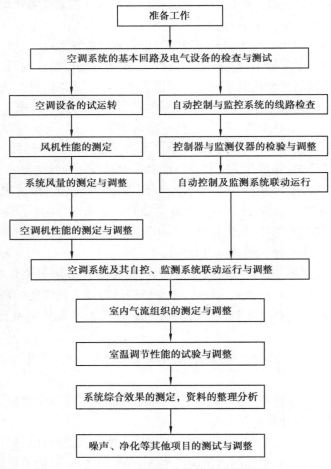

图 4.16 建筑调试的基本流程图

4.3.3 建筑调试设备

在调试过程中,精密的调试设备是保证建筑调试顺利进行的关键。射频识别(radio frequency identification,RFID),是一种非接触式的自动识别技术,它通过射频信号自动识别目标对象,可快速地进行物品追踪和数据交换,如图 4.17 所示。制造商在建筑要素中嵌入 RFID 标签就可以很快鉴别建筑要素,数据库能够自动比较安装的要素和设计说明书要求的要素,并给出一个设备安装的鉴别报告。

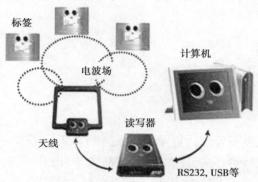

图 4.17　RFID 工作原理示意

1)RFID 系统的组成

最基本的 RFID 系统由 3 个部分组成:标签,即射频卡,由耦合元件和芯片组成,标签内含有内置天线,用于和射频天线之间进行通信;阅读器,读取标签信息的设备;天线,在标签和读取器之间传递射频信号。有些系统还可以通过阅读器的 RS232 或 RS485 接口与外部计算机连接,进行数据交换。

2)RFID 系统的工作原理

阅读器通过发射天线发送一定频率的射频信号,当射频卡进入发射天线工作区域时产生感应电流,射频卡获得的能量被激活;射频卡将自身编码等信息通过内置天线发送出去;系统接收天线接收到从射频卡发送来的载波信号,经天线调节器传送到阅读器,阅读器对信号进行解调和解码后送到后台主系统进行相关处理;主系统根据逻辑运算判断该卡的合法性,针对不同的设定作出相应的处理和控制,发出指令信号控制执行器动作。

在耦合方式(电感-电磁)、通信流程(FDX、HDX、SEQ)、从射频卡到阅读器的数据传输方法(负载调制、反向散射、高次谐波)以及频率范围等方面,不同的非接触传输方法有根本的区别,但所有的阅读器在功能原理上,以及由此决定的设计构造上都很相似,所有阅读器均可简化为高频接口和控制单元两个基本模块。高频接口包含发送器和接收器,其功能包括:产生高频发射功率以启动射频卡并提供能量;对发射信号进行调制,用于将数据传送给射频卡;接收并解调来自射频卡的高频信号。

3）RFID 系统的特点

①使能源效益审计变得简单。将 RFID 芯片嵌在建筑物的设备里,可以使审计人员或能源管理者很快获得所要的数据信息,包括模型号码、建筑商、建筑年份、能源需求、年消耗量和维修历史等,可以提高管理效率、改进质量和节约成本。

②方便设备管理者和维修公司运转和维修。利用 RFID 系统鉴别空调或照明等设备是否需要保养和维修,很快获得维修历史记录。

4.4 建筑绿色建造

4.4.1 绿色建造概述

绿色建造是指在绿色发展理念的指导下,通过科学管理和技术创新,采用与绿色发展相适应的建造模式,节约资源、保护环境、减少污染、提高效率、提升品牌,提供优质生态建筑产品,最大限度地实现人与自然的和谐共生,满足人们对美好生活需要的工程建设活动。

绿色建造的原则包括以人为本、和谐共生,系统推进、统筹兼顾,创新驱动、转型发展。绿色建筑的特征:建造活动绿色化、建造方式工业化、建造手段信息化、建造管理集约化和建造过程产业化。从项目全过程时间维度来看,绿色建造过程包括绿色策划、绿色设计、绿色建材、绿色施工和绿色运营。从空间尺度来看,绿色建造的产品包括绿色建筑类、绿色生态城区和绿色城市。

住房和城乡建设部印发的《"十四五"建筑业发展规划》提出,持续深化绿色建造试点工作,提炼可复制、推广的经验。开展绿色建造示范工程创建行动,提升工程建设集约化水平,实现精细化设计和施工。培育绿色建造创新中心,加快推进关键核心技术攻关及产业化应用。研究建立绿色建造政策、技术、实施体系,出台绿色建造技术导则和计价依据,构建覆盖工程建设全过程的绿色建造标准体系。在政府投资工程和大型公共建筑中全面推行绿色建造。积极推进施工现场建筑垃圾减量化,推动建筑废弃物的高效处理与再利用,探索建立研发、设计、建材和部品部件生产、施工、资源回收再利用等一体化协同的绿色建造产业链。

2021 年,为贯彻落实绿色发展理念、推进绿色建造、提升建筑工程品质、推动建筑业高质量发展,住房和城乡建设部组织编制了《绿色建造技术导则(试行)》。该导则分为总则、术语、基本规定、绿色策划、绿色设计、绿色施工、绿色交付等 7 项内容,适用于新建民用建筑、工业建筑及其相关附属设施的绿色建造,既有建筑的改建或扩建也可参照执行。住房和城乡建设部明确,绿色建造应将绿色发展理念融入工程策划、设计、施工、交付的建造全过程,充分体现绿色化、工业化、信息化、集约化和产业化的总体特征。同时,应统筹考虑建筑工程质量、安全、效率、环保、生态等要素,实现工程策划、设计、施工、交付全过程一体化,提高建造水平和建筑品质;应全面体现绿色要求,有效降低建造全过程对资源的消耗和对生态环境的影响,减少碳排放,整体提升建造活动绿色化水平;宜采用系统化集成设计、精益化生产施工、一体化装修的方式,加强新技术推广应用,整体提升建造方式工业化水平;宜结合实际需求,有效采用 BIM、物联网、大数据、云计算、移动通信、区块链、人工智能、机器人等相关技术,整体提升建造手段信息化水平;宜采用工程总承包、全过程工程咨询等组织管理方式,促进设计、生产、施工深度协同,整体提升建造管理集约化水平。

4.4.2 绿色建造低碳技术

要实现建筑业的"双碳"目标,发展绿色建造是关键。通过以节约资源、保护环境为核心,以绿色设计、精细管理、科技创新为抓手,促进原有"资源消耗大、污染排放高、建造方式粗放"的建造方式向"绿色、节能、高效"的新型建造方式升级。发展绿色建造要从绿色策划和绿色设计抓起。施工方要在制定工程施工方案时,充分考虑到各类因素,为绿色施工创造条件。例如,充分考虑施工临时设施与永久性设施的结合利用,实现"永临"结合,减少重复建设;选用高性能材料,延长建筑的使用寿命,降低部件更换频次,实现源头减排;建立涵盖设计、生产、施工等不同阶段的协同设计机制,避免设计中的错漏碰缺,减少返工浪费等,达到节约资源、保护环境的目的。绿色建造的实质是城乡建设领域的生产建造过程,涵盖绿色设计、绿色施工、绿色运维以及拆除回收再生利用等过程,能在绿色建造过程中诞生高质量的绿色建筑产品。

健全机制体制,提高技术水平,更新思想观念是城乡建设领域推进绿色建筑设计、施工、运行、建材、既有建筑改造,实现碳达峰、碳中和目标的关键所在。政府方面应完善机制体制,鼓励提高创新技术水平:一是加强财政、金融、规划、建设等政策支持和扶持,对积极进行建筑绿色技术创新和应用的企业,采取给予退税,增加碳资产配额,增加节能环保补贴、科研补贴等的激励措施,促进技术进步;二是完善约束机制,大力推广绿色建造方式,注重企业在生产经营过程中对环境污染和能源资源利用等技术的管理,突出对生态保护与效益的目标绩效考核。

完善标准规范。一是持续开展绿色建筑创建行动,进一步提升绿色建筑占比和建筑品质;二是提高建筑节能标准,在适宜气候区推广超低能耗建筑;三是推进既有建筑绿色化改造,提升建筑节能低碳水平;四是加强建筑运行的管理,采用系统化规划设计、精益化生产施工、一体化装修的方式,降低建筑运行的能耗;五是大规模推广绿色建造方式,普及绿色建造技术,加快绿色建造人才培养步伐,助力城乡建设领域碳达峰碳中和目标的实现。

4.4.3 智慧建造技术

智慧建造(Intelligent Construction)由鲁班软件创始人杨宝明博士提出,是智慧城市、智能建筑的延伸。智慧建造就是在建造过程中充分利用智能技术及其相关技术,通过建立和应用智能化系统,提高建造过程智能化水平,减少对人的依赖,实现安全建造,并实现性能价格比更好、质量更优的建筑。

智慧建造利用智能技术及其相关技术的综合应用为前提,涉及感知,包括物联网、定位等技术;涉及传输,包括互联网、云计算、等技术;涉及分析,包括移动终端、触摸终端、大数据、人工智能等技术;涉及记忆,包括BIM、GIS等技术;此外,还包括三维激光扫描、三维打印、机器人等技术。通过应用这些技术,智能化系统将具有如下特征:灵敏感知、高速传输、精准识别、快速分析、优化决策、自动控制、替代作业。

智慧建造的目的是提高建造过程智能化水平,减少对人的依赖,实现更好的建造,这意味着智慧建造将带来少人、经济、安全及优质的建造过程;智慧建造的手段,即充分利用智能技术及其相关技术;智慧建造的表现形式,即应用智能化系统。这里提到的"少人",是为了区别工程建设行业和制造业的不同。由于工程建造行业的复杂性,很难做到无人建造。

智慧建造可以分为 4 个方面:智慧组织、智慧设计、智慧制造和智慧施工。

①智慧组织:利用大数据确定企业的发展方向;智能化企业资源优化配置;智能化企业风险预警。

②智慧设计:基于 BIM 的可视化设计;基于 BIM 的全生命周期性能化设计;进行正向 BIM 设计,自动生成图纸;实现创新设计、优化设计和高效设计。

③智慧制造:主要体现在钢结构建筑、装配式混凝土建筑等的工程建造中;实现优化制造、高质量制造和高效制造;基于互联网+的构件生产优化管理;基于数字图像技术的钢筋骨架质量管理;自动化和机器人技术应用。

④智慧施工:针对的是施工阶段,基于 BIM 的虚拟施工;基于 BIM 和室内定位技术的质量管理;基于互联网+的工地管理;实现高质量施工、安全施工以及高效施工。

4.4.4　智慧建造案例——杭州智慧之门

2021 年 12 月,杭州智慧之门项目全预制装配式高效智慧机房顺利完工,该建筑为高 272 m,共 61 层的门形"双子塔",总建筑面积 370 000 m²,两幢超高层建筑与多层配套辅楼交相呼应,取义来自杭州钱塘江的钱塘潮涌,以江水的机理来营造"门"的意象,环绕形成一个开放的绿色公共空间。智慧之门项目位于杭州滨江物联网产业园区内,项目由 5 栋建筑组成,定位为集写字楼、LOFT 私邸、商业街区于一体的城市大型综合体,如图 4.18 所示。

图 4.18　杭州智慧之门

作为杭州市地标建筑,智慧之门以"智慧""科技"为核心,运用智慧化设计及智造技术,结合 BIM、AI 群控、能耗计量等信息化手段,率先开展数字化建造技术,着力打造装配式数字高效制冷机房。通过采用"基于 BIM 的机电工程数字化建造技术"导入智造基地数字化加工设备,进行模块化设计、物流化运输、工厂化预制、装配化施工,实现全预制装配式高效智慧机房施工。

（1）一体化设计

中国建筑第三工程局有限公司第三建设工程有限责任公司(简称"中建三局三公司")根据机房功能性分类和施工深化需求,将设备、管道及其附件进行整体优化,在综合考虑模块运输限制、现场吊装能力、预留吊装口尺寸、检修和维护难度等多种因素的情况下,实现最大限度集成。

（2）模块化拆分

机房内6台冷冻机组，16台水泵，700 m管道，212个阀门部件均采用工厂化预制加工、现场装配，节约工期、提升工程品质的同时，使得制冷机房整体能效 EER 可达5.5。

（3）装配化施工

高效装配式机房是一个在三维空间里搭积木的过程，施工人员只要通过装配图，对照每个模块的二维码身份信息，完全不用"一焊一割"，就能在极短的时间内将机房安装完成。

（4）智慧化运维

全预制高效装配式机房不仅为项目后期物业运营打下了一个良好的基础，而且为项目后期运用可视化三维云平台，实现智慧自控管理，远程无人值守提高了保障，更为项目创造了集"智慧""高效""装配"于一体的机房建设标杆。智慧之门构建舒适无感智能办公场景，例如，人脸识别联动梯控智慧应用，当楼宇人员进入大堂，系统便可识别，无须刷卡便能进闸，同时启动自动派梯系统。在智慧商务办公场景方面，建筑设置多功能智慧共享会议室，实现充分利用共享会议室，同时共享会议室可全智能化控制，提高会议的效率。

4.5   建筑节能施工的 BIM 新技术

当前建筑节能施工阶段的 BIM 新技术主要应用方向为综合数据平台、数据库技术和地理信息技术。其中，综合数据平台主要解决不同软件间在工作流程中的数据沟通和展示问题，数据库技术主要解决数据底层互通，地理信息技术主要对各种管线问题提出解决方案。

4.5.1   综合数据平台

综合数据平台的应用起源于各个子项技术的发展，特别是建筑节能的设计软件、辅助设计分析软件、施工流程和方案组织软件以及工程量计算软件等，由于在工程中的广泛应用，越来越多的建筑模型和信息需要进行交互，因此，需要建立一个集中的综合数据平台，以提高工作效率。综合数据平台是一个满足各流程软件需求的整体接口转换平台，可以由各类设计单位、咨询公司、施工单位和物业管理部门根据自身应用软件进行开发。由于该平台要应用于各个阶段，因此，需要制定各个阶段的模型和信息保留标准，以此对模型和信息的传递作出规定。目前，可以借助云平台和互联网技术解决综合数据平台的硬件问题，同时，利用软件开发定制各个部门需要的软件平台。

以设计阶段为例，建筑节能对建筑模型的要求就有所不同：

①在概念阶段，针对建筑模型，只分析室外条件，以体块为主，对于周围遮挡物重点考虑其高度，忽略那些对建筑外部风场和温度场几乎没有影响的遮挡物。

②在方案阶段，在确定几种方案的前提下，分析仍以室外为主，适当考虑各个方案的围护结构，方便进行围护结构的能耗比较。遮挡物选择参照概念阶段的原则。与前一阶段不同的是，在方案阶段需要考虑道路和树木等的高度关系。

③在初步设计阶段，由于室外条件基本确定，主要模拟对象转为室内，仅有围护结构考虑

室外条件。此时主要考虑各个主要空间的划分,门、窗和墙是主要考虑的物理基本构件,层高等确定空间体量的参数也必须加入模型,可以忽略梁等结构构件,重点集中在水暖相关出入口的高度和尺寸上。

④在施工图设计阶段,除了初设阶段的建模原则,建模时还可以考虑各设备的体量、装修层高、风口等细化元素。

⑤一个较为完整的三维数据转换过程如图 4.19 所示。以 Revit 作为主要输入模型,Ecotect 结合 IES 进行模型转换和一般模拟,CFX 进行风热环境的细化模拟分析指导设计,Trnsys 作为机电系统一体化设计的分析软件对整体效果进行分析。利用 IES 的各类模拟模块较为完整的特性,可以减少模型在数据传递中信息失真严重对设计和辅助设计工作量的影响,大大提高工作效率。实际设计与辅助设计交互对比表明,采用统一数据平台比分别使用其他软件减少 30% 左右的工作时间。

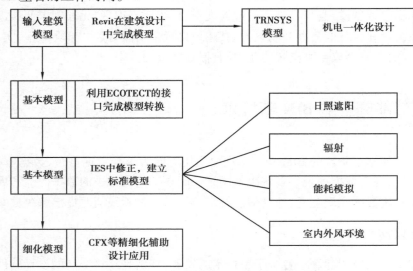

图 4.19　三维数据转换过程示例图

4.5.2　数据库技术

BIM 技术应用发展到较高水平时,有关专业的所有基本构件的有关数据都应存放在统一的数据库中,实现信息集成。虽然不同软件的数据库结构有所不同,但 BIM 建筑节能数据库中存储的建筑信息可以被其他专业共享。该数据库的构造特点为:

①数据库用以存储的建筑信息模型是整个建筑在全生命周期中所产生的所有信息,设计施工运行管理各方都可以利用此数据库中的数据信息来完成自己的工作。

②数据库可以储存多个项目的信息模型,因为目前主流的信息储存方式是以文件为单位的储存方式,在面对 BIM 技术时,存在数据量大、文件存读取困难、难以共享等缺点,而利用数据库对多个项目的建筑信息模型进行存储,可以解决此问题。

③数据库的储存形式应遵循其标准,如果标准不同、数据的形式不同,就可能在文件的传输过程中出现缺失或错误等问题。

数据在软硬件的流动过程如图 4.20 所示。BIM 软件和 BIM 辅助软件都属于数据库上游的协同软件与办公软件,数据输入应用软件平台后进入数据库的软件基础架构平台,在这里,数据流被分解为各类不同的数据,然后进入基础软件平台,分别被存储到硬件存储器中。

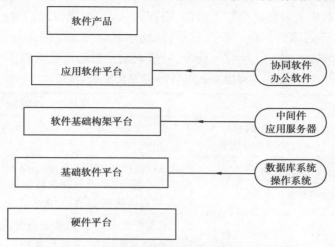

图 4.20 BIM 数据库软件与其他软件、硬件的相互关系

利用数据库技术可以大大提高信息流转的速度,避开软件服务商自身接口的问题,是提供 BIM 技术在建筑节能全生命周期整体性解决方案的理想形式。

4.5.3 地理信息技术

在建筑节能领域,地理信息技术(geographic information system,GIS)主要用于室外需要明确标高定位的管线布置以及地势较为复杂的风环境模拟等。场地模型可以采用精确的地理信息进行描述,利用点云进行建模可以精确给出场地的实际情况,方便进行风环境的模拟和对管线标高进行定位。

图 4.21 是一个建立在坡地上的某小区地理模型转换成的建筑场地模型,可以看到内部道路、水系的高差,可以方便地进行风模拟以及光照辐射模拟来辅助暖通设计。这样的模型若用人工建模,将耗费大量的时间和精力,且不能满足需要的精度,使模拟失去其应有的价值。图 4.22 是某园区地下管网三维模型,利用地理信息给出地面标高,对应建立地下管网的三维模型,既能提高设计精度,也能更好地指导施工,为施工安排工序,也便于日后的管线维护和保养。

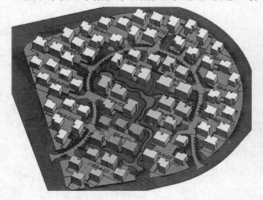

图 4.21 某小区地理模型转换成的建筑场地模型

图 4.22 某园区地下管网的三维模型

随着物联网、人工智能、BIM、云计算、GIS 等技术的不断发展、革新,"智慧工地"就此诞生,智慧工地的概念来源于智能制造、智能建筑、BIM 技术、智慧城市等概念。2016 年 10 月,习近平总书记在中共中央政治局会议上指出,要加大投入,加快传统产业向数字化、智能化方向转型。如表 4.4 所示,国家出台一系列政策,推动建筑业与互联网深度融合,对维持建筑行业持续健康发展、经济稳速提质,为注入新动力、进入新常态起着关键的作用。

表 4.4 中国关于建筑行业信息化发展政策汇总

序号	年 份	政策名称	政策关键内容
1	2016	全面提高建筑业信息化水平,增强数据等 5 项技术	重点提升信息化水平,加强云计算、物联网、智能化、移动通信、BIM、大数据等信息技术集成应用能力
2	2016	2016—2020 年建筑业信息化发展纲要	明确发展目标和主要任务,要求提升数据资源利用水平和信息服务能力,实现建筑业数字化、网络化、智能化的突破,全面提高建筑业的信息化水平
3	2017	关于促进建筑业持续健康发展的意见	推进建筑产业现代化,其核心是借助工业化思维,推广智能和装配式建筑,推动建造方式创新,提高建筑产品的品质
4	2017	建筑业发展"十三五"规划	在产业结构调整目标中,要加强业态创新,支持新生业态的发展,推动以"互联网+"为特征的新型建筑承包服务方式和企业不断产生
5	2017	建筑业 10 项新技术(2017年版)	提出了基于 BIM、GIS 等信息化技术对施工现场劳务、物资、建筑垃圾和成本进度的动态协同管理
6	2018	建筑工程施工现场监管信息系统技术标准	规定了施工现场信息化监管平台的模块及子系统功能,提出了网络基础设施、采集设备、数据接口、数据格式和系统运维要求
7	2020	智能建筑工程施工规范(局部修订条文征求意见稿)	增加了规范现有系统里新出现的子系统,如网络系统增加无线网络的施工要求,安防防范系统里增加车位引导、人脸抓拍、车辆抓拍、电子围栏等的施工要求;补充了云计算、云存储、人工智能等相关内容
8	2021	建筑业发展"十四五"规划	规划明确智能建造与新型建筑工业化协同发展的政策体系和产业体系基本建立,加速建筑业智能化、数字化、工业化进程

智慧工地管理平台以"智慧建造"为理念,综合应用云、大、物、移、智等数字化技术驱动建造项目现场施工管理升级的新型技术手段。通过数字化技术对施工现场"人机料法环"等各关键要素的全面感知和实时互联。通过"一个中心、一个平台、多个监测系统"的综合性一体化工程建设智慧工地管理解决方案,助力实现工地的信息化、数字化、智能化,从而形成项目现场"数据一个库、监管一张网、管理一条线",如图 4.23 所示。

例如,在综合指挥方面,基于物联网、5G、大数据、智能 AI、互联网等技术,以满足现场风险预知和联动预控为目标,建设本地化部署的可按需配置的智慧工地物联网管理系统,实现"人、机、物、环、危、事"等六大核心要素监控监测和预警处置管理的一体化采集处理、智能预警、联动管控和分级转发的集成管理,从而有效提升一线风险感知、风险预控、信息共享能力。在环境监测方面,施工现场的各重点监管区域或设备布置安装气象环境监测设备,构建立体化的远程实时监控监测体系,并根据设定阈值实现多等级预警通知。

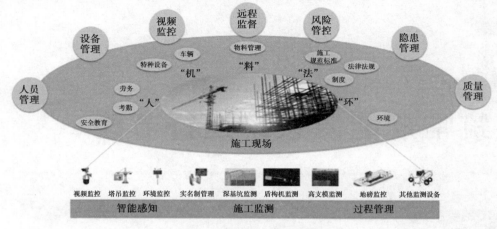

图4.23 智慧工地一体化管理平台

本章小结

本章主要讲述了建筑节能施工的组织及墙体、门窗等各分项工程节能施工的技术要求,建筑系统调试及常见问题处理等。

本章的重点是建筑节能施工的工艺要求及建筑系统调试。

思考与练习

1.什么是建筑节能施工? 具体包括哪些内容? 试分析建筑绿色施工与节能施工的关系。

2.建筑节能施工分部工程施工原则及管理要求是什么?

3.建筑屋面、门窗和墙体节能施工的质量控制要点有哪些?

4.建筑系统调试具体内容有哪些? 如何进行建筑系统调试?

5.什么是绿色建造? 请举例说明2~3种建筑领域的绿色建造技术。

6.查阅文献,分析说明建筑施工阶段的工程质量对建筑全生命周期能耗的影响。

5

建筑常规能源系统运行节能

教学目标

本章主要讲述建筑运行过程终端用能系统的节能技术与控制方法等,通过学习,学生应达到以下目标:

(1)掌握建筑用能分项系统运行的节能技术方法。

(2)熟悉建筑供配电系统、暖通空调系统、生活热水系统、给水排水系统、照明系统、电梯系统和建筑自动控制系统的运行节能技术。

(3)了解建筑运行能耗评价指标的计算方法。

教学要求

知识要点	能力要求	相关知识
建筑终端用能系统节能运行	(1)了解建筑供配电系统节能运行方法 (2)熟悉暖通空调系统节能运行方法 (3)了解建筑给水排水系统节能运行方法 (4)熟悉建筑照明和电梯系统节能运行方法 (5)熟悉建筑自动化原理与能源管理策略	(1)供配电系统节电率 (2)变压器负载率 (3)管路水力平衡 (4)房间风量平衡 (5)新风系统节能 (6)中水利用 (7)绿色照明 (8)物联网技术 (9)建筑自动化 (10)建筑能源管理
建筑能源系统自动化	(1)了解物联网技术在建筑自动化系统中的应用途径 (2)熟悉建筑能源自动化运行策略及软件平台	(1)建筑物联网技术 (2)建筑能源管理系统 BEMS (3)建筑能源系统控制

基本概念

供配电系统节电率;变压器负载率;光储直柔技术;管路水力平衡;房间风量平衡;新风系统节能;中水利用;雨水收集;绿色照明;电梯节能;建筑自动化;建筑能源管理

引　言

建筑运行管理是指建筑在使用过程中的管理,约占建筑全生命周期时限的95%以上,属于建筑节能全过程中的关键环节,是落实建筑节能目标、降低建筑能耗的终端环节。建筑节能运行管理涉及建筑能源系统,包括供暖、通风、空调、照明和其他用电设备系统的设计、施工、竣工验收、能效检测、调试及维护等许多环节。我国《民用建筑节能条例》将建筑物用能系统运行管理明确纳入条文之中,并对建立建筑能耗统计报告制度、建筑能效审计、公共建筑用能管理、公共建筑室内温度控制、用能系统维护惯例、供热单位耗能管理等方面提出了明确要求,为建筑节能运行管理确定了法定原则和制度。"十四五"期间,国家将充分发挥电力在建筑终端消费清洁性、可获得性、便利性等优势,建立以电力消费为核心的建筑能源消费体系。夏热冬冷地区积极采用热泵等电供暖方式解决新增供暖需求。开展新建公共建筑全电气化设计试点示范。在城市大型商场、办公楼、酒店、机场航站楼等建筑中推广应用热泵、电蓄冷空调、蓄热电锅炉。引导生活热水、炊事用能向电气化发展,促进高效电气化技术与设备研发应用。在"双碳"目标的指引下,未来的电力系统将转型成为以可再生能源为主体的零碳电力系统,鼓励建设以"光储直柔"为特征的新型建筑电力系统,发展柔性用电建筑。

本章主要针对建筑用能系统的节能运行技术及能源系统运行控制策略进行介绍。

5.1　建筑供配电系统的节能运行

对供配电系统中仪表、电动机、用电设备、变压器等设备状况进行能效诊断时,主要核查是否使用淘汰产品,各电器元件是否运行正常以及变压器负载率状况;对供配电系统容量及结构进行节能诊断时,核查现有的用电设备功率及配电电气参数;对供配电系统用电分项计量进行节能诊断时,核查常用供电回路是否设置电能表对电能数据进行采集与保存,并应对分项计量电能回路用电量进行校核检验;对无功补偿进行节能诊断时,核查是否采用提高用电设备功率因数的措施以及无功补偿设备的调节方式是否符合供配电系统的运行要求。

1)三相电压不平衡度

现场初步检验和仪表检验。通过观察低压出口的多功能电表上的负序电压值和出线回路三相电流值,当负序电压超过4%或三相电流之间偏差超过15%时,可初步判定为不平衡回路。对不平衡回路可依据《电能质量 三相电压不平衡》(GB/T 15543—2008)采用直接测量方法进行测定,三相电压不平衡允许值不超过2%,短时不超过4%。

2)功率因数

现场功率因数检验分初步检验和实测。初步检验应采用补偿后功率因数表的数值,读数值时间间隔为 1 min,读取 10 次,取平均值;初步判定为不合格的则采用直接测量的方法,与谐波测量同时进行,采用数字式智能化仪表在变压器出线回路进行测量,直接测量时间间隔为 3 s(150 周期),测量时间为 24 h,取其平均值。功率因数不低于设计值,当设计无要求时应不低于电力部门规定值。经功率因数补偿后的低压配电系统,一般功率因数不小于 0.9,室内照明回路补偿后一般能达到 0.95。建筑供配电系统设计应进行负荷计算。当功率因数未达到供电主管部分要求时,应采取无功补偿措施。

3)谐波电压及谐波电流

《电能质量 公用电网谐波》(GB/T 14549—1993)对电能的术语和定义做了规划,对电能质量的限值做了明确要求,对测量取值、测量条件以及测量仪器准确度做了明确规范。采用数字式智能化仪表,观察基波功率因数,判断是否存在谐波。谐波电压计算结果总谐波畸变率应为 5%,其中,奇次谐波电压含有率为 4%,偶次谐波电压含有率为 2%。谐波电流计算结果应满足谐波电流允许值(表 5.1)要求。

表 5.1　谐波电流允许值

标准电压/kV	基准短路容量/MVA	谐波次数及谐波电流允许值/A										
		2	3	4	5	6	7	8	9	10	11	12	13
		78	62	39	62	26	44	19	21	16	28	13	24
0.38	10	14	15	16	17	18	19	20	21	22	23	24	25
		11	12	9.7	18	8.6	16	7.8	8.9	7.1	14	6.5	12

4)电压偏差

采用数字式智能化仪表现场直接测量,电压(380 V)偏差为标称电压的 ±7%,电压(220 V)偏差为标称电压的 -10% ~ +7%。

5)系统节电率

供配电系统节能的主要方向是提高变压器的效率,减少各项损失。现场首先判断变压器本身的产品性能,再通过测试变压器负载率和功率因素,量化分析供配电能耗损失的大小,指出供配电系统节能潜力和可行的节能措施。

6)变压器平均负载率

利用配电室值班记录表,计算变压器平均负载率 β,即全年时间变压器平均输出视在功率 S 与变压器额定容量 S_N 的比值。当全年平均负载率小于 20% 时,诊断为运行不经济。安装分项计量电能回路应全部检验,采用标准电能表进行校验。

7)"光储直柔"建筑配电系统

"光储直柔"(Photovoltaics,Energy storage,Derect current and Flexibility,PEDF),是在建筑领域应用光伏发电、储能、直流配电和柔性用电 4 项技术的简称。基于"光储直柔"技术的建筑配电系统具有以下特征:

①将光伏、储能、直流配电系统和智能电器等有机融合构成一个整体来实现建筑"柔性用能",即实现建筑与电网之间的友好互动,关键是基于变化直流母线电压的系统运行控制策略。

②实现电力系统设计与运行从传统的"自上而下"转变为"自下而上",即各终端用户自身具有发电能力,分布式发电首先在终端用户自行消纳,如有剩余再传输至上一级电网。

③可成为电力系统中可调度的柔性用能节点,对以火电为主的电力系统,可实现"削峰填谷",消纳夜间谷电,减少日间取电;对未来以风光电为主的电力系统,"光储直柔"建筑可实现增加可再生能源的利用率。

5.2 暖通空调系统的运行节能

5.2.1 暖通空调系统运行节能控制

一般地,广义的空调系统包括冷热源系统、输配系统和末端设备系统 3 部分;狭义的空调系统包括冷热媒输配系统和末端设备系统两部分。集中空调系统主要由冷热源机房、输配管网、空调机房、被控房间及室外环境等组成,如图 5.1 所示。

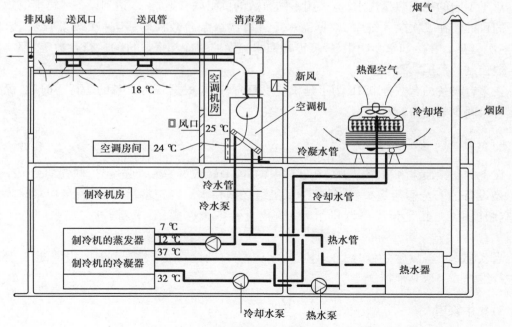

图 5.1 集中空调系统组成结构示意图

从系统组成看,冷热源机房包括水冷式冷水主机及冷却水循环系统,热水器及附属系统;输配系统又分为空调冷热水循环系统、冷却水循环系统、空调送风系统、排风系统和锅炉房排烟系统;末端设备包括空调机房的空气处理机组、风机盘管、房间送风口、回风口及排风口等。从关键设备来看,空调冷源和热源主机是能量转换设备,空调机组和冷却塔属于热质交换设备,冷却水泵、冷冻水泵、热水泵和风机等是流体输送的动力设备。

1)自动监测及控制

空调系统中,需要监测及控制的参数包括风量、水量、压力或压差、温度、湿度等,监测及控制这些参数的元件包括温度传感器、湿度传感器、压力或压差传感器、风量及水量传感器、执行器以及各种控制器等。在实际工程中,应通过具体分析采用上述全部或部分参数的监测和控制。

2)工况自动转换

对全年运行的空调系统而言,全年运行工况的合理划分和转换是空调系统节能的一个重要手段。但是,这些分析必须由设备进行自动的比较和切换来完成,用人工是不可能做到随时合理转换的。比如,即使是在夏天,在一天 24 h 的运行中,空调系统仍有可能出现过渡季的情况,而空调专业中所提及的过渡季绝不是人们通常所说的春、秋季节。因此,只能靠自动控制系统进行实时监测、分析判定,并实现自动转换。

3)设备的运行台数控制

这一点主要是针对冷水机组(或热交换器)及其相应的配套设备(如水泵、冷却塔等)而言的。对于不同的冷或热量需求,应采用不同台数的机组联合运行,以达到设备尽可能高效节能运行的目的。在二次泵系统中,根据需水量进行次级泵台数控制(定速次级泵)或变速控制(变速次级泵);在冷却水系统中,根据冷却回水温度控制冷却塔风机的运行台数等,都属于设备台数控制的范围。

在多台设备的台数控制中,为了延长使用寿命,还应根据各台设备的运行小时数,优先启动运行时间少的设备。

4)设备联锁、故障报警

设备的联锁通常和安全保护是相互联系的,除减轻人员的劳动强度外,联锁的另一个主要目的是设备的安全运行保护。例如,冷水机组必须在水泵已正常运行,水流量正常时才能启动;空调机组(尤其是新风空调机组)为防止盘管冬季冻裂,要求新风阀、热水阀与风机联锁等。

当系统内设备发生故障时,自动控制系统应能自动检测故障情况并及时报警,通知管理人员进行维修或采取其他措施。

5)集中管理

空调设备在建筑内分布较广时,对每台设备的启停控制应集中在中央控制室,这样可减少人力,提高工作效率。因此,集中管理从某个方面来看主要是指远距离对设备的控制。当然,设备的远距离控制应与就地控制相结合,如在设备需要检修时,应采用就地控制的方式,这时不能采用远距离控制,以免对人员的安全产生影响。

6)与消防系统的配合

空调通风系统中许多设备的控制既与空调的使用要求有关,又与消防有一定的关系(如排风兼排烟风机),如何处理好它们之间的关系,需要各专业设计人员进行认真的研究,并和消防主管部门协商取得一致意见。

5.2.2　空调冷热源机房系统运行节能

冷水机组节能运行控制的目的是在冷水机的产冷量满足建筑物内冷负荷需求的情况下,使空调设备能量消耗最少,并使其安全运行,便于维护管理,取得良好的经济效益和社会效益,即实现运行节能和优化管理。机房设备运行控制流程图如图 5.2 所示。

运行管理中,观察是否存在冷机停机后仍有冷冻水旁通的现象;观察是否有一台主机对应两台冷冻水泵的现象;观察冷冻水旁通阀的开关状态。测试流经各台冷机的冷冻水流量和供回水温度、压缩机电流等,通常 1 h 记录 1 次;测定典型工况下冷机运行的 COP;结合运行记录分析,计算整个供冷季主机的运行效率,判定机组是否高效运行;分析各台冷冻机制冷能力衰减情况,判断多台主机运行匹配是否合理。大楼冷源主机间隔 1~2 h 记录 1 次,包括压缩机电压电流值(功率因数可取 0.85~0.9),由此可累计得到当日各台冷冻机的电耗,累加后可得到逐月冷机电耗。

冷却水系统的运行诊断包括观察冷却塔是否存在布水不均、塔板或填料损坏的现象;测试冷却塔出水温度和室外湿球温度的差异;测试典型工况下冷却塔的效率,判断冷却塔是否高效运行。运行良好的冷却塔出水温度应比室外空气湿球温度高 3~5 ℃,理论上可以降低到室外空气的湿球温度。设计工况下冷却水供回水温度为 32~37 ℃,设计工况下冷却塔效率为 50%,运行良好的冷却塔应高于此值。冷却水系统形式检查,现场观察建筑物是否设有冷却水集水池,由于开式冷却水系统需要克服静水扬程使得水泵能耗增加,因此,应改造为闭式系统。

对空调系统独立热源或生活热水供应系统的燃油或燃气锅炉,应诊断锅炉散热损失,测试锅炉效率,并与国家的相关规定进行比较。锅炉损失包括排烟损失、散热损失和给水损失等,可以通过对锅炉本体保温层外壁及阀门管道等部件表面温度进行现场测试后计算。给水损失可根据补水量大小进行核算。

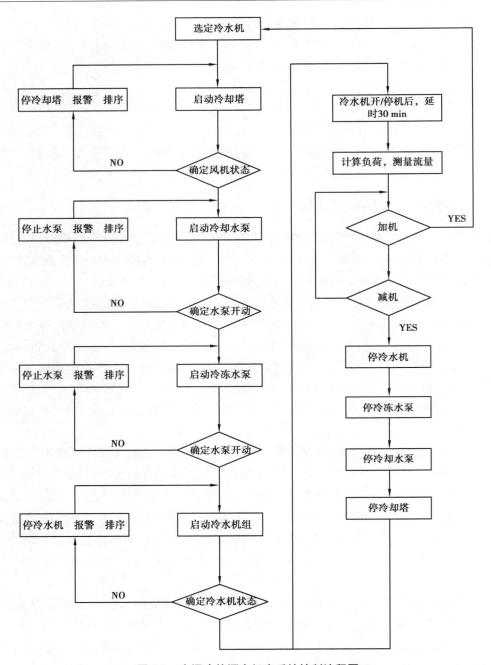

图 5.2　空调冷热源主机房系统控制流程图

5.2.3　冷热水输配系统及水泵运行节能

调查是否存在建筑系统远端房间或区域冬季偏冷或夏季偏热现象;测试远端房间或区域末端设备回水温度,连续 1~3 天测试空调集水器各回水总管温度,测试空调系统总冷冻水量和各分支管路冷水量;分析判定系统各分支环路冷量提供是否满足需要,判定各环路水力不平衡程度;当环路水力不平衡度超过 15% 时,通过分水器各环路调节阀进行调节,必要时可考虑设置末端加压泵。

诊断冷热水的水系统压力分布是否合理,按高度修正管路压力表读数,绘制冷冻水和冷却水系统压力分布图;判断冷机蒸发器侧、冷凝器侧是否堵塞,空调末端水侧是否堵塞,是否存在阀门开度过小导致的局部阻力过大等问题。一般情况的压力损失范围:主机蒸发器和冷凝器水侧阻力为 $8\sim12$ mH$_2$O,空调末端阻力为 $5\sim10$ mH$_2$O,管路阻力为 $5\sim10$ mH$_2$O,冷却塔阻力为 $3\sim5$ mH$_2$O。因此,冷冻水泵扬程一般为 $20\sim30$ mH$_2$O;冷却水泵扬程一般为 $15\sim25$ mH$_2$O。若超出上述范围,则重点分析相应环节。

诊断水泵本身是否为高效产品,高效区效率应在 70% 以上。测试水泵实际工况点与设计工况点的偏离情况,计算水泵运行效率。通过测试水泵的运行流量、扬程和电功率,计算出实际运行效率。若因选型偏大导致水泵的效率低,则给出合理的水泵选型,采取更换水泵或变频调速等措施提高水泵的运行效率。

水泵耗电量测试通常是指在冷机运行记录中有对应的水泵和冷却塔开启台数,部分水泵有单独的电流表,可计算得到电功率(功率因数取 $0.8\sim0.85$)。如没有单独电表,可使用水泵电机铭牌参数,有条件时可进行测量。多数水泵和冷却塔是定速运行的,因此其耗电量可直接用电功率乘以运行小时数,其中泵和冷却塔风机的运行小时数可以通过冷机运行记录或设备管理人员描述进行统计分析。对变频泵可通过电机频率降低的幅度和变化范围估算水泵电耗。供暖系统热水循环泵与冷冻水循环泵计算方法相同。

5.2.4 空调风系统及末端设备节能诊断

空调末端设备及典型房间温度状况诊断分析。询问是否存在对典型房间噪声偏大或空调效果差的投诉;对于采用风机盘管的空调系统,选择出现问题的房间进行测试,分高、中和低 3 挡测试风机盘管风量和出风温度;对全空气空调系统,选择出现问题的区域测试送风口处的送风量和温度;判定是否由于空调末端设备安装、调试或设备本身选型错误导致空调效果差,或是否由于空调分区不合理导致冷热不均。

一次回风机组的控制内容通常包括回风(或室内)温、湿度控制、防冻控制、再热控制及设备连锁等,其运行控制原理如图 5.3 所示。

现场检测,首先检查末端设备空气侧和水侧的温差,并测试空调末端(风机盘管和送风口)的送风量和送风状态,判断是否存在末端设备安装(如温控阀装反、软管风道压扁)或维护(如风机盘管翅片堵塞、变风量末端卡死)的问题。如果空气侧温差偏大,水侧温差偏小,表明风量偏小,风侧堵塞;如果水侧温差偏大,风侧温差偏小,表明水量偏小,水侧堵塞;如果水侧和风侧温差都偏大,则表明换热器污垢严重。

同一个空调区内不同房间出现冷热不均,需要判断是由于末端设备不可调还是空调分区不合理(如内外分区、不同朝向房间分区)导致的。若是末端设备不可调导致的冷热不均,可以采用风量、水量平衡或增设调节手段,如改变风量或水量措施等。若是由于空调分区不合理,则需要进行系统改造。

对于建筑大堂、餐厅、会议室等高大空间和区域,若存在夏季过冷或冬季过热或温度分层的现象,需要现场连续测试(1 天以上、逐时)人员活动区域的温度和空间的总回风温度,诊断是否由于气流组织不合理导致温度不满足要求,或由于空调系统不控制导致过冷或过热。

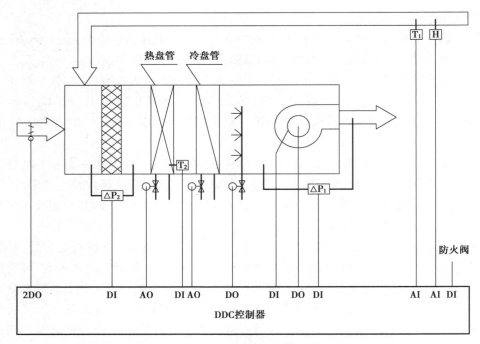

图 5.3　一次回风空调机组的控制原理图

空调风系统(一次回风系统或新风系统)的诊断内容,现场测量空调箱各段压力,判断过滤器、表冷器和混合段压力是否合理。一般粗效过滤器阻力为 100 Pa,中效过滤器阻力为 160 Pa,表冷器(四排)阻力为 100 Pa,双风机系统空调箱混风段应保持负压。测量送风系统的压力分布,判断消声设备、风道布局和末端风口阻力是否合理。一般每个消声器阻力为 50 Pa,风机出口余压为 300~500 Pa。若余压大于上述值,则需要检查风道上是否有不合理的局部阻力(风阀、弯头等)。对送风系统实际风量测量,与设计风量比较,计算送风系统各支路平衡度,一般平衡度在 0.9~1.2 为合格。

风机效率测试,现场观察空调箱风机皮带或叶轮有无损坏导致风机丢转,实际测试风机运转效率,测量风机风量、风压和电功率,计算风机单位风量耗功率,判断是否高效运转及节能潜力(降低转速后仍能满足冷热量要求)。设计选型合理、维护得当的风机高效范围一般为 60%~70%。

空调末端设备耗电量测试,其中空调箱耗电量等于电功率(功率因数取 0.75~0.8)乘以运行小时数。因多数空调箱没有单独的电流表,可使用风机电机铭牌参数计算电功率,有条件时可进行现场测量;运行小时数通过设备管理人员描述进行统计得到。风机盘管的耗电量,等于盘管电机功率乘以每天的运行时间(通过估算),同时乘以使用率(或出租率)。上述各空调设备月耗电量相加得到月空调系统用电量,并和月用电记录中空调部分(当月总用电量减去月基础用电量,即 12 个月中用电量最低月份的用电量)相比较,分析其是否合理。

5.2.5　建筑新风系统及排风系统节能诊断

图 5.4 为一台典型的新风机组。空气—水换热器夏季通入冷水对新风降温除湿,冬季通入热水对空气加热。干蒸汽加湿器则在冬季对新风加湿。对于这样一台新风机组,要用计算

机进行全面监测控制管理。新风机组的控制通常包括送风温度控制、送风相对湿度控制、防冻控制、CO_2 浓度控制以及各种连锁内容。

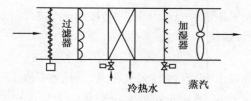

图 5.4 新风机组示意图

观察室内人员的开窗行为；测试开窗进入室内的无组织通风量，计算由于开窗导致的冷热量损失；分析采用通风窗的可行性；考虑夜间通风、白天关窗的间歇通风节能措施的可行性。查看及询问建筑内部电热设备的通风方式及排热量去向，询问室内人员是否有房间或局部区域偏热导致的集中投诉情况；分析局部排风排热对空调负荷的影响情况。

对新风量及新风负荷诊断，通过询问室内人员是否存在门厅、大堂夏季偏热、冬季偏冷的现象；是否存在电梯啸叫或电梯门关不上的现象；是否存在冬季大厅或贯通楼梯首层偏冷、越高越热的现象。计算全楼总新风量、全楼总排风量和各楼层和典型区域的新风量，比较总排风量和总新风量的大小，分析各楼层或区域的新风量分配的均匀性。总排风量比总新风量小 10%左右，保证房间一定正压。

对于设有机械排风的建筑系统，如厨房、地下车库、卫生间等，诊断排风系统，应询问排风机工作情况（运行时间和调节手段），是否可能调速或间歇运行，是否采用局部排风、分挡排风或根据污染物浓度变频调速等技术手段，分析如何改变排风系统运行模式来降低风机电耗的潜力。

通过诊断，判断是否有无组织新风进入室内，是否有区域不合理使用新风系统，确定新风冷热量占空调负荷的比例，从而判断新风系统能耗是否合理。

5.2.6 空调用电分项计量系统诊断

现场观察暖通空调系统设备是否分项用电计量，暖通空调系统中各类设备的用电计量分项包括冷水机组总用电量；冷冻水系统循环泵总用电量（如有高低分区则应包括高区板式换热器二次侧冷冻水循环泵）；冷却水系统循环泵总用电量；冷却塔风机总用电量；空调箱和新风机组的风机总用电量；供暖循环泵总用电量；送、排风机总用电量；其他必要的空调系统设备的总用电量，如蓄冷空调系统中的溶液循环泵等。

5.3 生活热水系统运行节能

5.3.1 生活热水系统组成及类型

生活热水系统也属于建筑给水系统，与冷水供应的区别是水温，必须满足用水点对水温、水量的要求，因此热水系统除了给水系统的管道、用水器具等，还有"热量"的供应，需要热源、加热系统等。建筑内的热水供应系统按照热水供应范围的大小，可分为集中热水供应系统、局部热水供应系统和区域热水供应系统。

集中热水供应系统的热源应首先利用工业余热、废热、地热和太阳热，如无以上热源，应优先采用能保证全年供热的城市热力管网或区域性锅炉房供热。局部热水供应系统宜采用蒸汽、煤气、炉灶余热或太阳能等。

　　热水供水方式分开式供水和闭式供水,如图5.5所示。开式供水方式的特点是在管网顶部设水箱,管网与大气相通,系统水压决定于水箱的设置高度,而不受室外给水管网水压的波动影响,适用于室外水压变化较大且用户要求水压稳定的建筑。需要注意的是,该方式必须设置高位冷水箱和膨胀管或开式加热水箱。而闭式供水方式的特点是,冷水直接进入加热器,管路简单,水质不易受污染,但供水水压稳定性差,安全可靠性差,适用于屋顶不设水箱且对供水压力要求不太严格的建筑,同时需要注意的是,为了确保系统的安全运转,需设安全阀。

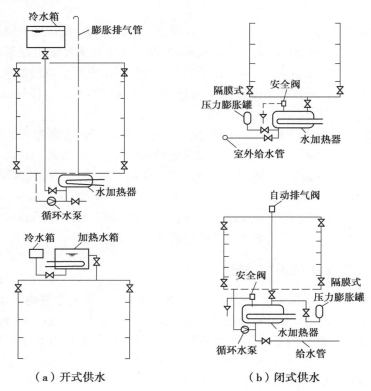

图5.5　生活热水系统

5.3.2　生活热水系统的节能运行与控制

　　热水用水定额、供水水温、水质、耗水量、耗热量等热水系统的基本设计参数对热水系统的合理运行、能耗等有巨大的影响。热水用水定额应根据建筑的使用性质、热水水温、卫生器具完善程度、热水供应时间和地区条件按《建筑给水排水设计规范》(GB 50015—2003)的规定选择。据资料介绍,对多项设有集中热水供应系统的居住小区进行实测调查,结果显示,居民热水用水定额均低于"规范"热水用水定额的下限值。热水供水水温对节能的影响主要是热水管道的热损失。因此,在满足配水点处最低温度要求的条件下,根据热水供水管线长短、管道保温情况等适当采用低的供水温度,以缩小管内外温差,减少热量的损失,节约能源。热水的供水水质对节能的影响主要是冷水的硬度。硬度大,易在设备及供水管道内形成水垢,大大降低热交换效果,导致热能损失。因此,对硬度大的冷水应根据实际情况采取适当的水质软化或水质稳定措施。

热水系统的加热设备应根据使用特点、耗热量、热源情况、燃料种类等因素进行考虑。从节能的角度来说,选择间接水加热设备时应考虑被加热水侧阻力损失小,所需循环泵扬程低,能保证系统冷、热水压力平衡;选择热水循环泵时,应根据管网大小、使用要求等确定适当地控制循环泵启停的温度,这样能减少管道的热损失和循环泵的开启时间;选择燃油类热水设备时,应选用热效率高、燃料燃烧完全、无须消烟除尘的设备。

热水供应系统安装自动温度调节装置。温度调节器分为直接式自动温度调节装置和间接式自动温度调节装置。前者必须直立安装,温包放在水加热器热水出口的附近,它把感受到的温度传给温度调节器,自动调节热媒流量达到自动调温的目的;后者的温包把温度传给电触点温度计,当温度计指针转到大于或低于规定的温度触点时,自动启动电机,关小或开大阀门,调节热媒流量,自动调温。

生活热水系统改造措施主要包括:安装热水限流器,减少热水消耗;降低生活热水的温度;对蓄热箱和管道进行保温,减少热水系统的损失;取消集中式热水系统,安装分散型热水器;设置专用的热水锅炉;分别设置高温热水罐和低温热水罐;安装太阳能热水系统;利用废热和热泵等。

5.4 建筑给水排水系统运行节能

建筑运行节能是指在保证建筑物使用功能和质量的前提下,降低建筑物的能源消耗,合理有效地利用能源,包括降低建筑给水排水系统的日常运行能耗,尽量采用中水和雨水回收技术。

5.4.1 建筑中水的概念

建筑中水包括建筑物中水和小区中水,是指把民用建筑或建筑小区内的生活污水或生产活动中属于生活排放的污水等杂水收集起来,经过处理达到一定的水质标准后,回用于民用建筑或建筑小区内,用作小区绿化、景观用水、洗车、清洗建筑物和道路以及室内冲洗便器等的供水系统。

1)建筑中水的利用技术及方法

建筑中水的来源如下:
①建筑物的生活排水:建筑物内洗浴排水、盥洗排水、洗衣排水、厨房排水、冲厕排水。
②建筑小区内建筑物杂排水、小区生活污水和小区内的雨水。
③建筑物空调循环冷却系统排污水和冷凝水。
④建筑物游泳池排污水等。

2）中水水质标准

①中水用作建筑杂用水和城市杂用水,其水质应符合国家标准《城市污水再生利用城市杂用水水质》(GB/T 18920—2020)的规定。

②中水用作景观环境用水,其水质应符合国家标准《城市污水再生利用景观环境用水水质》(GB/T 18921—2002)的规定。

③中水用作食用作物、蔬菜浇灌用水,其水质应符合《农田灌溉水质标准》(GB 5084—2021)的要求。

④中水用作供暖系统补水等其他用途时,其水质应达到相应使用要求的水质标准。

⑤当中水同时满足多种用途时,其水质应按最高水质标准确定。

3）中水处理流程的选择

中水处理流程应根据中水原水的水质、水量及中水回用对象,以及对水质、水量的要求,经过水量平衡,提出若干个处理流程方案,再从投资、处理场地、环境要求、运行管理和设备供应情况等方面进行技术经济比较后择优确定,选择中水处理流程时应注意以下几个问题。

①根据实际情况确定流程。确定流程时必须掌握中水原水的水量、水质和中水的使用要求。由于中水原水的收取范围不同而使水质不同,中水用途不同而对水质要求不同,各地各种建筑的具体条件不同,其处理流程也不尽相同。选择流程时切忌不顾条件地照搬照套。

②因为建筑物排水的污染物主要为有机物,所以绝大部分处理流程是以物化和生化处理为主。生化处理中又以生物接触氧化的生物膜法为常用。

③当以优质杂排水或杂排水为原水时,一般采用以物化为主的工艺流程或采用一段生化处理辅以物化处理的工艺流程。当以生活污水为中水原水时,一般采用二段生化处理或生化物化相结合的处理流程。为了扩大中水的使用范围,改善处理后的水质,增加水质稳定性,通常结合活性炭吸附、臭氧氧化等工艺。

④无论何种方法,消毒灭菌的步骤及保障性是必不可少的。

⑤应尽可能选用高效的处理技术和设备,并应注意采用新的处理技术和方法。

⑥应重视提高管理要求和管理水平以及处理设备的自动化程度。不允许也不能将常规的污水处理厂缩小后搬入建筑或建筑群内。

4）中水处理站的设置

建筑物和建筑小区中水处理站的位置确定应遵循以下原则。

①单幢建筑物中水工程的处理站应设置在地下室或邻近建筑物处,建筑小区中水工程的处理站应接近中水水源和主要用户及主要中水用水点,尽量减少管线长度。

②其规模大小应根据处理工艺的需要确定,应适当留有发展余地。

③其高程应满足原水的顺利接入和重力流的排放要求,尽量避免和减少提升,宜建成地下式或地上地下混合形式。

④应设有便捷的通道以及便于设备运输、安装和检修的场地。

⑤应具备污泥、废渣等的处理、存放和外运措施。

⑥处理站应具备相应的减震、降噪和防臭措施。

⑦要有利于建筑小区环境建设,避免不利影响,应与建筑物、景观和花草绿地工程相结合。

5.4.2 建筑设计中常见的雨水回收利用技术

建筑设计中常见的雨水回收利用系统主要由雨水回收系统,储存、净化系统和渗透系统组成。

1)雨水回收系统

（1）屋面回收

屋面雨水的积蓄系统主要由集水面、雨水斗、屋面集水沟、管道系统、雨水回收池和弃流系统组成。屋面作为雨水主要的集水面,其设计对雨水回收的水质有着重要的影响,当前较为常用的有种植屋面和新型防水卷材屋面。种植屋面能够降低雨水的径流,同时还起到了改善都市生态环境和美化城市景观的作用。新型防水卷材屋面较为常用的有 APP 高聚物改性沥青防水卷材等,使用这种新型的防水材料在倒置式屋面或普通屋面上,能极大地减少对雨水的污染。

（2）硬地回收

硬化地面的雨水回收系统主要收集建筑小区内大面积的硬地和路面的雨水,包括输水管道、集雨区和初级截污系统。而输水管道主要包括输水明渠和输水暗渠。

（3）绿地雨水回收

绿地雨水回收系统的主要作用是收集小区中超过绿地和小型铺装地面渗透能力的雨水,包括集雨区和输水管道。输水管道与硬地回收系统相似,包括输水明渠和输水暗渠。在绿地雨水回收系统中,通常还大量使用可渗透的铺装材料。

2)储存、净化系统

（1）调节池（初期径流池）

初期径流池主要是弃流下雨初期收集的雨水,同时通过调节雨水的流速,以满足净化池的净化需要。

（2）净化池（沉淀池）

净化池也被称为沉淀池,是根据初期弃流后的雨水水质情况以及试验结果,采用相应的化学和物理方法对雨水进行处理。最终出水的水质需满足城市相应的用水规范要求。

3)渗透系统

渗透系统主要采用渗透井、渗透池、渗透管沟、渗透地面等雨水渗透设施,使雨水能分散渗透到地下,不仅能降低地表径流量和回补地下水,还能有效地缓解排水系统压力和地面沉降。

屋面雨水收集利用的方式按泵送方式不同可以分为直接泵送雨水利用系统、间接泵送雨水利用系统、重力流雨水利用系统 3 种方式。按雨水管道的位置分为外收集系统和内收集系统。屋面雨水可选择下列工艺流程。

①屋面雨水→滤网→初期雨水弃流→景观水面。

②屋面雨水→滤网→初期雨水弃流→蓄水池自然沉淀→过滤→消毒→供水调节池→杂用水。

5.4.3　建筑给排水节能的主要途径

1)采用新型节水器材和节水型卫生器具

一套好的设备能够对水资源的节约产生非常大的作用。例如,淋浴喷头通常每分钟喷水约 20 L,而节水型喷头每分钟只需要 9 L 水左右,节约了一半的水量。厨房的洗涤盆、沐浴水嘴和盥洗室的面盆龙头采用瓷芯节水龙头和充气水龙头代替普通水龙头,在水压相同的条件下,节水龙头比普通水龙头有着更好的节水效果,且在静压越高、普通水龙头出水量越大的地方,节水龙头的节水量也越大。我国正在推广使用 6 L 水箱节水型大便器。设计人员应在保证排水系统正常工作的情况下,建议用户使用小容积水箱大便器。也可以参照国外的做法,采用两挡冲洗水箱。两挡冲洗水箱在冲洗小便时,冲水量为 4 L(或更少);冲洗大便时,冲水量为 9 L(或更少)。另外,采用延时自闭式水龙头和光电控制式水龙头的小便器、大便器水箱,也是建筑节水的有效措施。延时自闭式水龙头在出水一定时间后自动关闭,可避免长流水现象。出水时间可在一定范围内调节,但出水时间固定后,不易满足不同使用对象的要求,比较适用于使用性质相对单一的场所,如车站、码头等。光电控制式水龙头可以克服上述缺点,且不需要人触摸操作,可在多种场所使用,但价格较高。目前,光电控制小便器已在一些公共建筑中安装使用。可见,卫生器具和配水器具的节水性能直接影响整个建筑节水的效果。所以在选择节水型卫生器具和配水器具时,除了要考虑价格因素和使用对象,还要考察其节水性能的优劣。大力推广使用节水型卫生器具和配水器材是建筑节水的一个重要方面。

2)真空节水技术

为了保证洁具及下水道的冲洗效果,可将真空技术运用于排水工程,用空气代替大部分水,依靠真空负压产生的高速汽水混合物,快速将洁具内的污水、污物冲洗干净,达到节约用水、排走污浊空气的效果。一套完整的真空排水系统包括带真空阀和特制吸水装置的洁具、密封管道、真空收集容器、真空泵、控制设备及管道等。真空泵在排水管道内产生 40~50 kPa 的负压,将污水抽吸到收集容器内,再由污水泵将收集到的污水排到市政下水道。据统计,在各类建筑中采用真空技术,平均节水率可超过 40%。若在办公楼中使用,节水率则可超过 70%,尤其适用。

3)完善热水供应循环系统

随着人们生活水平的提高,小区集中热水供应系统的应用也得到了充分的发展,建筑热水循环系统的质量也变得越来越重要。大多数集中热水供应系统存在严重的浪费现象,主要体现在开启热水装置后,不能及时获得满足使用温度的热水,而是要放掉部分冷水之后才能正常使用。这部分冷水,未产生应有的使用效益,因此称为无效冷水。这种水流的浪费现象是设计、施工、管理等多方面原因造成的。新建建筑的集中热水供应系统在选择循环方式时需综合考虑节水效果与工程成本,根据建筑性质、建筑标准、地区经济条件等具体情况,尽可能地选用支管循环方式或立管循环方式,减少乃至消除无效冷水的浪费。

4）回收利用中水和雨水

中水来源于建筑生活排水,包括人们日常生活中排出的生活污水和生活废水。生活废水包括冷却排水、沐浴排水、盥洗排水、洗衣排水及厨房排水等杂排水。不含厨房排水的杂排水称为优质杂排水。中水指的是各种排水经过处理后,达到规定的水质标准,可在生活、市政、环境等范围内杂用的非饮用水。我国的建筑排水量中生活废水所占份额住宅为69%,宾馆、饭店为87%,办公楼为40%,如果收集起来经过净化处理成为中水,用作建筑杂用水和城市杂用水,如冲厕所、道路清扫、城市绿化、车辆冲洗、建筑施工、消防等杂用,从而替代出等量的自来水,这样相当于增加了城市的供水量。

通常情况下,雨水通过地表径流而白白浪费。雨水利用就是将雨水收集起来,经过一定的设施和药剂处理后,得到符合某种水质指标的水再利用的过程。建筑物收集雨水的一般结构是,由导管把屋顶的雨水引入设在地下的雨水沉沙池,经沉积的雨水流入蓄水池,由水泵送入杂用水蓄水池,经加氯消毒后送入中水管道系统。为解决降尘和酸雨问题,一般将降雨前两分钟的雨水撤除。

由于中水工程是影响整个建筑的系统工程,在已建成建筑中改造比较困难。同时又因为其初期投资较高,所以要想制定成标准规范,从目前看来是比较难以让开发商接受的。但是从长远来看,在水资源越发缺乏的情况下,建设第二水资源——中水势在必行。它是实现污水资源化、节约水资源的有力措施,也是今后节约用水发展的必然方向。

5）消防贮水池的设置

高层建筑中,消防用水量与生活用水量往往相差甚远,消防给水系统的设计流量可能是生活给水系统设计流量的好多倍。由于消防贮水要求满足在火灾延续时段内消防的用水总量。因此,在消防水与生活贮水池合建的情况下,会由于消防贮水量远大于生活贮水量而致使生活供水在贮水池中停留时间过长,余氯量早已耗尽而造成水质的劣化。所以,为保证水池中的水质符合卫生标准,应定期更换贮水池中的全部存水,包括消防贮水。因此,当两系统贮水量相差较大时,应将两系统的贮水池分建,这样既可以延长消防贮水池的换水周期,从而减少了水量的浪费,又可以保证生活饮用水的水质符合要求。同时,还应注意使消防贮水池尽可能地与游泳池、水景合用,做到一水多用、重复利用及循环使用。高层建筑群或小区应尽可能共用消防水池和加压水泵,消防贮水量按其中最大的一座高层建筑需水量来计算。这样,既可以避免消防加压给各建筑设计带来的诸多技术问题,又可以节省工程建设投资和设备投资,降低运转费用,便于集中管理,从而避免小区内多座贮水池的大量消防贮水以及定期换水而造成的浪费。

6）合理利用市政管网余压,注意给水管道的减压节流

在城市供水中,根据城市供水规模大小的不同,一般市政给水管网压力均在 $0.2 \sim 0.4$ MPa。合理利用市政管网压力,采用分区供水方式,可以减少二次加压能耗。某些工程设计中将管网进水直接引入贮水池中,白白损失掉了市政管网压力,尤其是当贮水池位于地下层时,

反而把市政管网压力全部转化成负压,这样极不合理。因此,当市政管网压力能保证 0.3 MPa 时,5 层及以下楼层便可采用市政管网直接供水,5 层以上采用无负压变频供水设备供水。这样既不浪费市政管网余压又不至于使低楼层管网压力过高,造成能耗及水量浪费。即使在分区后,各区最低层配水点的静水压一般仍高达 300~400 kPa,而在给排水系统设计中,卫生器具的额定流量是在流出水头为 20~30 kPa 的前提条件下所得的。若不采取减压节流措施,卫生器具的实际出水流量将会是额定流量的 4~5 倍。随之带来了水量浪费、水压过高的弊病,而且易产生水击、噪声和振动,导致加速管件的损坏和破裂。因此,必须注意给水管道的减压节流。减压节流的有效措施是控制给水系统配水点的出水压力,可在配水点前安装节流孔板、减压阀等来避免部分供水点的超压,同时选用合适的水龙头,使竖向分区的水压分布更加均匀。所以在高层建筑给水系统竖向分区后仍应注意给水管道的减压节流的问题。

7)合理应用变频供水设备

变频系统主要有恒压变量变频及变压变量变频两种,有条件时应尽量将恒压点移至最不利用水点附近,形成变压变量系统,较为节能。变频技术实现节能是有前提的。目前,变频一般改变频率,频率最小可变为 25 Hz,即转速应维持 50%以上,一般离心泵运行的高效区流量为 $(1~0.15)Q$。在供水曲线低于上述限制区段时,应设置稳压泵,对于极小供水流量持续时间较长时,还应增设气压罐。

在变频供水装置中,水泵的选用十分重要。选用 $Q—H$ 特性曲线随流量的增大,扬程逐渐下降的曲线,在额定转速时的工作点,应位于高效区的末端,泵组宜多台运行。对于用水量不大的单体建筑可选 3 台(一台变频、一台工频、一台备用)轮换工作。每台泵流量按设计流量的 60%选择。对于小区集中供水,可采用大泵、中泵多台并联并配夜间小泵(单台主泵的1/3~1/2)加气压罐组合供水,在运行过程中根据用水量随时调整。对于冷却塔补水等有规律的供水,可在变频装置中结合配置工频泵供水。

8)自动控制计量与运行监控

计量用水也是建筑节水的重要手段,采用该技术主要是为了避免大便器延时自闭阀延时器调整及故障的及时处理,调节水池水箱等水位上限无监控,一旦进水阀门出现故障,进水水位超过溢流口却不能及时发现造成用水浪费等现象,因此,在设计过程中应尽量选用自动控制和质量好的产品及设计思路。

给排水监控系统的主要功能是通过计算机控制及时调整系统中水泵的运行台数,以达到供水量和需水量、来水量和排水量之间的平衡,实现水泵的高效率运行,进行低能耗的最优化控制,其原理如图 5.6 所示。

给水系统监控的功能为:地下储水池水位、楼层水池水位、地面水池水位的监测及高/低水位超限时的报警;根据水池(箱)的高/低水位控制生活给水泵的启/停,监测生活给水泵的工作状态和故障现象;工作泵出现故障时,备用泵自动投入工作;气压装置压力的监测与控制。

排水系统包含排水水泵、污水集水井、废水集水井等。其监控功能包括:集水井和废水集水井水位监测及超限报警;根据污水集水井与废水集水井的水位,控制排水泵的启/停;当水位达到高限时,连锁启动相应的水泵,直到水位降至低限时连锁停泵;排水泵运行状态的监测以及发生故障时报警。

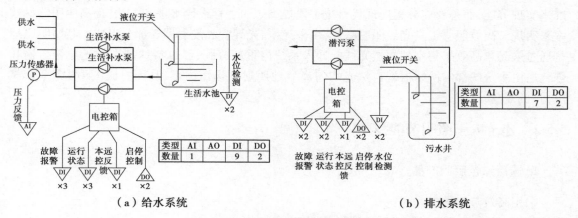

（a）给水系统　　　　　　　　　　　　　　　　（b）排水系统

图 5.6　建筑给排水监控原理图

5.5　建筑照明系统运行节能

5.5.1　建筑绿色照明

绿色照明是指通过科学的照明设计,采用效率高、寿命长、安全和性能稳定的照明电器产品(电光源、灯用电器附件、灯具、配线器材以及调光控制器和控光器件),改善和提高人们工作、学习、生活的条件和质量,从而创造一个高效、舒适、安全、经济、有益的环境,并充分体现现代文明的照明。绿色照明是美国国家环保局于 20 世纪 90 年代初提出的概念。完整的绿色照明内涵包含高效节能、环保、安全、舒适等 4 项指标,不可或缺。高效节能意味着以消耗较少的电能获得足够的照明,从而明显减少电厂大气污染物的排放,达到环保的目的。安全、舒适指的是光照清晰、柔和及不产生紫外线、眩光等有害光照,不产生光污染。

"绿色照明"主要包含 3 项内容:照明设施、照明设计及照明维护管理。具体可分为以下 5 个方面的内容:

①开发并应用高光效的光源;

②开发并应用高光效的灯具和智能化照明控制系统;

③合理的照明方式;

④充分利用自然光;

⑤加强照明节能的管理。

绿色照明光源主要推广使用能耗低、光效高、光色好、寿命长的新光源,如 T5,T8 双端稀土三基色荧光灯,紧凑型荧光灯,金属卤化物灯,无极荧光灯和夜间景观显示的 LED、LE 无汞荧光灯等作为节能照明。办公室照明电器节电主要从光源和镇流器入手,配合采用具有聚光、反射功能的灯罩等,适合于办公照明的灯具包括细管荧光灯和紧凑型荧光灯,以及电子镇流器和节能型电感镇流器。用紧凑型荧光灯取代白炽灯,可节电 70%~80%,且寿命长 5~10 倍;以细管荧光灯取代粗管荧光灯,可节电 15%~50%;以电子镇流器或节电型电感器替代普通电感镇流器可节电30%左右。要满足对照明质量和视觉环境条件的更高要求,不能靠降低照明标准来实现节能,而是要充分运用现代科技手段提高照明工程设计水平和方法,提高照明器材效率来实现。高效照明工具光导照明系统,由采光罩、光导管和漫射器3部分组成。其照明原理是通过采光罩高效采集室外自然光线并导入系统内重新分配,经过特殊制作的光导管传输和强化后由系统底部的漫射器把自然光均匀高效地照射到场馆内部,从而打破"照明完全依靠电力"的观念。

5.5.2 建筑人工照明节能技术

1)选用绿色照明产品

采用高效节能的电光源:
①用卤钨灯取代普通照明白炽灯(节电50%~60%);
②用自镇流单端荧光灯取代白炽灯(节电70%~80%);
③用直管型荧光灯取代白炽灯和直管型荧光灯的升级换代(节电70%~90%);
④大力推广高压钠灯和金属卤化物灯的应用;
⑤低压钠灯的应用;
⑥推广发光二极管-LED的应用。

采用高效节能照明灯具:
①选用配光合理、反射效率高、耐久性好的反射式灯具;
②选用与光源、电器附件协调配套的灯具。

采用高效节能的灯用电器附件:
用节能电感镇流器和电子镇流器取代传统的高能耗电感镇流器。

采用各种照明节能的控制设备或器件:
①光传感器;
②热辐射传感器;
③超声传感器;
④时间程序控制;
⑤直接或遥控调光。

[例5.1] 用12 W LED筒灯替换32 W普通节能筒灯,按电价1.00元/度为例,地下商场营业照明时间每天9 h,1支筒灯每天的电费如下:

普通节能筒灯:32 W×9 h÷1 000 W/kW=0.288度/天

LED筒灯:12 W×9 h÷1 000 W/kW=0.108度/天

改造后每支筒灯每天节约电费:0.288−0.108=0.18度/(天·支)

故,节电率为62.5%,节电费为0.18元/(天·支)。

[例5.2] 用1支19 W LED筒灯替换26 W×2只的普通节能筒灯,按电价1.00元/度为例,地下商场营业照明时间每天9 h,1支筒灯每天电费如下:

普通节能筒灯:52 W×9 h÷1 000 W/kW=0.468度/天

LED筒灯:19 W×9 h÷1 000 W/kW=0.171度/天

改造后每支筒灯每天节约电费：0.468－0.171＝0.297 度/（天·支）

故，节电率为 63.5%，节电费为 0.297 元/（天·支）。

2）智能化的照明控制系统

智能照明控制系统是利用先进电磁调压及电子感应技术，对供电进行实时监控与跟踪，自动平滑地调节电路的电压和电流幅度，改善照明电路中不平衡负荷所带来的额外功耗，提高功率因素，降低灯具和线路的工作温度，达到优化供电目的。照明控制系统如图 5.7 所示，其主要特点如下：

①系统可控制任意回路连续调光或开关。

②场景控制：可预先设置多个不同场景，在场景切换时，淡入、淡出。

③可接入各种传感器对灯光进行自动控制。

④移动传感器：通过对人体红外线检测达到对灯光的控制，如人来灯亮，人走灯灭（暗）。

⑤光亮照度传感器：对某些场合可根据室外光线的强弱调整室内光线，例如学校教室的恒照度控制。

⑥时间控制：某些场合可以随上下班时间调整亮度。

⑦红外遥控：可用手持红外遥控器对灯光进行控制。

⑧系统联网：可系统联网，利用上述控制手段进行综合控制或与楼宇智能控制系统联网。

⑨可通过对声、光、热、人及动物的移动检测达到对灯光的控制。

图 5.7 照明系统节电控制

3）地下车库照明系统节能改造案例

项目概况：某物业小区地下车库的一层面积为 10 000 m²，现用照明单管 44 W 的普通 T8 直管，共 1 000 支，每天照明时长为 24 h。

改造方案：采用某公司智能红外 T8 LED 日光灯 16 W 灯亮度相当于 44 W 的 T8 荧光灯，功率因数高达 0.9 以上，自身损耗小，与 T8 荧光灯比可节省 90% 的电能，无汞，无紫外线，输入电压范围大，且无噪声和频闪，适合 24 h 照明场合改造使用。1 000 支 T8 与 T8-LED 灯管节能效果比较，按每天照明 24 h，一年工作 365 天，每度电 1 元，维修人工费 20 元/h 计算。改造前后对比如表 5.2 和表 5.3 所示。

表 5.2　地下车库照明系统改造前后综合对比

对比项目		1 000 支 44 W 的 T8 荧光灯	1 000 支 16 W T8-LED 日光灯	改造后效果
性能对比	光效对比	60 lm/W	85 lm/W	光效提高 60% 以上
	显色指数	70~80	>70	色彩更舒适自然
	频闪	有	无	避免错觉,有效缓解视觉疲劳
节能效果	照明时长	24 h/天	24 h/天	—
	每天耗电量	1 000 支×(36 W+8 W)×24 h÷1 000 W/h=1 056 度	1 000 支×16 W×24 h÷1 000 W/h=384 度	日节电 672 度
	每年耗电量	1 056 度×365 天=385 440 度	384 度×365 天=140 160 度	年节电 245 280 度
	每年电费	385 440 元	140 160 元	年节省电费 245 280 元
维护成本	使用寿命	4 000~5 000 h	4 万~6 万 h	更耐用
	每年更换灯具	1 000 支	二年保修,二年内无需费用	传统的一般每半年换一次,一年需要更换 1 000 支
	更换灯具费用	10 元×1 000 支=10 000 元（每支按 10 元计算）	0 元	每年多出 10 000 元
	维护人工费	0.05×1 000×20=1 000 元（按 3 min 即 0.05 h 换一支,人工费 20 元/h 计算）	二年内无更换	每年节省维护人工费 1 000 元
使用 LED-T8 16W 日光灯每年减少 CO_2 排放量（CO_2 排出量的排出系数以 0.39 $kgCO_2/(kW \cdot h)$ 计算）				245 280 kW · h × 0.39 kg/(kW · h) = 95 659.2 kg

假设地下车库灯管数为 T8 1.2 m1 000 支,24 h 365 天使用,电费设为 1 元。

表 5.3　地下车库照明系统不同灯具用电量及电费对比

选用灯具	荧光灯	LED 日光灯	LED 智能日光灯
功率	36 W+整流器 6 W=42 W	15 W+电源 1 W=16 W	11 W+电源 1 W=12 W（晚间或白天无人无车的时候只有 2.5 W,平均下来每小时功率约 6 W
使用时间	24 h	24 h	24 h
1 年使用的用电量	42 W×24 h×365 天×1 000 支÷1 000=367 920 度	16 W×24 h×365 天×1 000 支÷1 000=140 160 度	6 W×24 h×365 天×1 000 支÷1 000=52 560 度
1 年内使用电费	367 920 度×1 元/度=367 920 元	367 920 度×1 元/度=140 160 元	367 920 度×1 元/度=52 560 元

根据以上数据可知,地下车库 40 W 荧光灯替换成 LED 日光灯 1 年可省电费 227 760 元,节约电费约 61%,替换成 LED 智能日光灯 1 年可省电费 315 360 元,节约电费约 86%。

5.6 电梯系统运行节能

电梯的使用现在越来越多,在对宾馆、写字楼等的用电情况调查统计中,电梯用电量占总用电量的 17%~25% 以上,仅次于空调用电量,高于照明、供水等的用电量。

5.6.1 电梯系统组成

电梯基本组成包括机械和电气两个部分,从空间上可划分为以下几个部分。

①机房部分(控制间):包括电源开关、控制柜、曳引机、导向轮、限速器,一般设置在电梯井道顶部(机房上置式),是电梯系统的心脏。

②井道部分:包括导轨、导轨支架、对重、缓冲器、限速器张紧装置、补偿链、随行电缆、底坑、井道照明。

③层站部分:包括层门(厅门)、呼梯装置(召唤盒)、门锁装置、层站开关门装置、层楼显示装置。

④轿厢部分:包括轿厢、轿厢门、安全钳装置、平层装置、安全窗、导靴、开门机、轿内操纵箱、指层灯、通信报警装置。

曳引机是电梯轿厢升降的主拖动机械,曳引机结构包括电动机、制动联轴器、制动器、减速器(无齿轮曳引机没有减速箱)、曳引轮、底座和光电码盘(调速电梯装有)。电梯使用电动机的特征:断续周期工作,频繁启动,正反转,较大的启动力矩,较硬的机械特性,较小的启动电流,良好的调速性能(对调速电机)。电梯系统的节能关键就是曳引系统的电机效率。

对于交流异步电动机形式选择,无调速要求、负荷较小时选用鼠笼式感应电动机;有调速要求、负荷较大时选用绕线转子电动机。一般使用带可控硅整流的直流电动机,是电梯发展的方向。

5.6.2 电梯节能技术

电机拖动系统节约电能的途径主要有两大类:

一类是提高电机拖动系统的运行效率,例如,风机、水泵的调速是以提高负载运行效率为目标的节能措施;再比如,电梯曳引机采用变频器调速取代异步电动机调压调速是以提高电动机运行效率为目标的节能措施。这类节电技术与暖通空调系统风机水泵节电运行原理相似,此处不再赘述。

另一类是将运动中负载上的机械能(位能、动能)通过能量回馈器变换成电能(再生电能)并回送给交流电网,或供附近其他用电设备使用,使电机拖动系统在单位时间消耗电网电能下降,从而达到节约电能的目的。以下做简要介绍。

1)改进机械传动和电力拖动系统

采用变频调速的电梯启动运行达到最高运行速度后具有最大的机械功能,电梯到达目标层前要逐步减速直到电梯停止运行为止,这一过程是电梯曳引机释放机械功能量的过程。升降电梯是一个位能性负载,为了均匀拖动负荷,电梯由曳引机拖动的负载由载客轿厢和对重平衡块组成,只有当轿厢载质量约为50%(1 t载客电梯乘客为7人左右)时,轿厢和对重平衡块才相互平衡,否则,轿厢和对重平衡块就会有质量差,使电梯运行时产生机械位能。例如,将传统的蜗轮蜗杆减速器改为行星齿轮减速器或采用无齿轮传动,机械效率可提高15%~25%;将交流双速拖动(AC-2)系统改为变频调压调速(VVVF)拖动系统,电能损耗可减少20%以上。

电梯运行中多余的机械能(含位能和动能)通过电动机和变频器转换成直流电能储存在变频器直流回路中的电容中,回送到电容中的电能越多,电容电压就越高,如不及时释放电容器储存的电能,就会产生过压故障,通信变频器停止工作,电梯无法正常运行。目前,国内绝大多数变频调速电梯均采用电阻消耗电容中储存电能的方法来防止电容过电压,但电阻耗能不仅降低了系统的效率,电阻产生的大量热量还恶化了电梯控制柜周边的环境。

2)采用(IPC-PF系列)电能回馈器将制动电能再生利用

有源能量回馈器的作用就是能有效地将电容中储存的电能回送给交流电网供周边其他用电设备使用,节电效果十分明显,一般节电率可达15%~50%。此外,由于无电阻发热元件,机房温度下降,可以节省机房空调的耗电量。

电梯作为垂直交通运输设备,其向上运送与向下运送的工作量大致相等,驱动电动机通常是工作在拖动耗电或制动发电状态下。当电梯轻载上行及重载下行以及电梯平层前逐步减速时,驱动电动机工作在发电制动状态下。此时是将机械能转化为电能,过去这部分电能要么消耗在电动机的绕组中,要么消耗在外加的能耗电阻上。前者会引起驱动电动机严重发热,后者需要外接大功率制动电阻,不仅浪费了大量的电能,还会产生大量的热量,导致机房升温,甚至还需要增加空调降温,从而进一步增加了能耗。利用变频器交—直—交的工作原理,将机械能产生的交流电(再生电能)转化为直流电,并利用一种电能回馈器将直流电电能回馈至交流电网,供附近其他用电设备使用,使电力拖动系统在单位时间内消耗电网电能下降,从而使总电度表走慢,达到节约电能的目的。目前,对于将制动发电状态输出的电能回馈至电网的控制技术已经比较成熟,用于普通电梯的电能回馈装置市场价在4 000~10 000元,可实现节电30%以上。

采用永磁同步拖动与制动电能回馈技术,能源再生技术和电梯的完美结合将打破传统无齿轮电梯从节能到"造"能的飞跃,将节能、环保的行业使命进行得更为彻底。这会是电梯能耗的历史性突破、电梯节能史上的一个分水岭。应用制动电能回馈技术可在此耗电水平节电率16%~42%,平均节电30%。

3)更新电梯轿厢照明系统

使用LED发光二极管更新电梯轿厢常规使用的白炽灯、日光灯等照明灯具,可节约照明用量90%左右,灯具寿命是常规灯具的30~50倍。LED灯具功率一般仅为1 W,无热量,而且能实现各种外形设计和光学效果,美观大方。

4)采用先进电梯控制技术

采用目前已成熟的各种先进的控制技术,例如,轿厢无人自动关灯技术、驱动器休眠技术、自动扶梯变频感应启动技术、群控楼宇智能管理技术等均可达到很好的节能效果。

在一些高层建筑中,由于客流量较大,往往在该建筑的某一区域需要两台以上的电梯同时使用。采用通信模块和通信线缆将多台电梯连接起来,再将电梯的并联调度原则应用到电梯的控制系统中,使多台电梯的运行统一调度,实现电梯更优化并联控制。

5.6.3 电梯节能运行产品

1)新型能量回馈器

与目前国内外其他能量回馈器相比,新型能量回馈器的一个主要的特点是,具有电压自适应控制回馈功能。一般能量回馈器都是根据变频器直流回路电压 UPN 的大小来决定是否回馈电能,回馈电压采用固定值 UHK。由于电网电压的波动,UHK 取值偏小时,在电网电压偏高时会产生误回馈;UHK 取值偏大时,则回馈效果明显下降(电容中储能被电阻提前消耗了)。

新型能量回馈器采用电压自适应控制,即无论电网电压如何波动,只有当电梯机械能转换成电能送入直流回路电容中时,新型能量回馈器才能及时将电容中的储能回送电网,有效地解决了原有能量回馈的缺陷。

此外,新型能量回馈器具有十分完善的保护功能和扩展功能,既可以用于现有电梯的改造,也适用于新电梯控制柜的配套。新电梯控制柜采用新型能量回馈器供电,不仅可以大大节约电能,还可以有效改善输入电流的质量,达到更高的电位兼容标准。

新型能量回馈器适用电压等级广泛,220 VAC、380 VAC、480 VAC、660 VAC 等均可。

2)电梯专用节能柜

加拿大加能公司 IPC-PF 系列电梯回馈制动单元,是采用加拿大技术生产制造的电梯专用高性能回馈式制动单元。升降电梯在使用电梯回馈节能产品后,能有效地将电容中储存的直流电能转换成交流电能回送到电网。节电率达 25% ~ 45%。此外,无电阻发热元件降低了机房的环境温度,同时也改善了电梯控制系统的运行温度,使控制系统不再死机,延长了电梯的使用寿命。机房可以不再使用空调等散热设备,可以节省机房空调和散热设备的耗电量,节能环保,使电梯更省电。

例如,深圳市某大厦共 8 台高层电梯,每台电梯每月的原有用电量在 2 500 kW · h 左右;安装使用电梯节能产品后,每台电梯每个月的用电量在 1 600 kW · h 左右,每月实现的节电量约 900 kW · h,一年内就可以收回成本。

5.7 建筑能源管理系统

建筑能源管理系统 BEMS 就是将建筑物或建筑群内的变配电、照明、电梯、空调、供热、给排水等能源使用状况,实行集中监视、管理和分散控制的管理与控制系统,是实现建筑能耗在线监测和动态分析功能的硬件系统和软件系统的统称。它由各计量装置、数据采集器和能耗数据管理软件系统组成。BEMS 通过实时的在线监控和分析管理实现以下效果:①对设备能耗情况进行监视,提高整体管理水平;②找出低效率运转的设备;③找出能源消耗异常;④降低峰值用电水平。BEMS 的最终目的是降低能源消耗,节省费用。为能耗统计、能源审计、能效公示、用能定额和超定额加价等制度的建立准备条件,促使办公建筑和大型公共建筑提高节能运行管理水平,住房和城乡建设部在 2008 年 6 月正式颁布了一套国家机关办公建筑及大型公共建筑能耗监测系统技术导则,共包括 5 个导则(以下统称《导则》):《分项能耗数据采集技术导则》《分项能耗数据传输技术导则》《楼宇分项计量设计安装技术导则》《数据中心建设与维护技术导则》《系统建设、验收与运行管理规范》。根据建筑的使用功能和用能特点,《导则》将国家机关办公建筑和大型公共建筑分为 8 类:①办公建筑;②商场建筑;③宾馆饭店建筑;④文化教育建筑;⑤医疗卫生建筑;⑥体育建筑;⑦综合建筑;⑧其他建筑(指除上述 7 种建筑类型外的建筑)。对于每一类建筑,需要采集的数据指标分为建筑基本情况数据和能耗数据采集指标两大类。建筑的基本情况数据包括建筑名称、建筑地址、建设年代、建筑层数、建筑功能、建筑总面积、空调面积、供暖面积、建筑空调系统形式等表征建筑规模、建筑功能、建筑用能特点的参数。能耗数据采集指标包括各分类能耗和分项能耗的逐时、逐日、逐月和逐年数据,以及各类相关能耗指标。各分类能耗、分项能耗以及相关能耗指标的具体内容如表 5.4 所示。

表 5.4　建筑能耗分类分项指标内容

分类能耗	电量、水消耗量、燃气量(天然气量或煤气量)、集中供热耗热量、集中供冷耗冷量
分项能耗 (将分类能耗中电量分项,其他不分)	照明插座用电(照明和插座用电、走廊和应急照明用电、室外景观照明用电),空调用电(冷热站用电、空调末端用电),动力用电(电梯用电、水泵用电、通风机用电),特殊用电(信息中心、厨房餐厅等其他特殊用电)
能耗指标	建筑总能耗(折算标准煤量)、总用电量、分类能耗量、分项用电量、单位建筑面积用电量、单位空调面积用电量、单位建筑面积分类能耗量、单位空调面积分类能耗量、单位建筑面积分项用电量、单位空调面积分项用电量

能耗监测与管理子系统由各计量装置、数据采集器、管理系统(Web 服务器)组成,它帮助用户建立实时能耗数据采集系统、能耗数据统计与分析系统、能源使用计划和能源折标系统。图 5.8 给出了能耗监测与管理子系统的系统架构,系统采用三层分布式结构。该系统可以满足用户以下需求。

(1)建立实时能耗数据采集系统

实时能耗数据采集系统包括各计量装置、数据采集器和数据采集软件。实时数据保存到能源管理系统的能耗数据库中,各级管理人员在自己的办公室里就可以利用浏览器访问能源管理系统,根据权限浏览全部或部分相关能源计量信息。

(2)建立能耗数据统计与分析系统

能耗数据统计与分析功能提供各分类分项能耗数据的逐时、逐日、逐月、逐年的统计图表和文本报表,以及各类相关能耗指标的图表,各级管理人员可以对能源的班用量、日用量、月用量进行比对,分析能源使用过程中的漏洞和不合理情况,调整能源分配策略,减少能源使用过程中的浪费,达到节能降耗的目的。

(3)建立能源使用计划

根据目前的能源使用情况,作出能源使用计划。根据能源使用需求,制订能源采购、生产、供应计划,做到生产有目的,使用有计划,在能源方面保障生产平稳且能源使用合理、节俭,避免浪费现象发生。

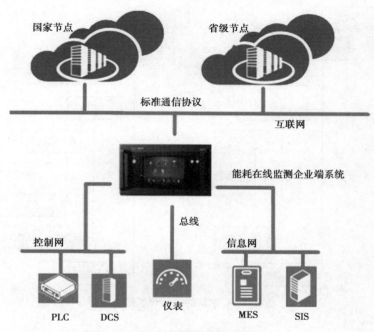

注：PLC—Programmable Logic Controller的简称（可编程控制器）
　　DCS—Distributed Control System的简称（分布式控制系统）
　　MES—Manufacturing Execution System的简称（工厂制造执行系统）
　　SIS—Safety Interlocking System的简称（安全联锁系统）

图 5.8　能耗监测与管理子系统的系统架构

（4）建立能源折标系统

对于不同种类能源的使用情况，必须折合成标准单位才能进行比较和综合。

各种计量装置用来度量各种分类分项能耗，包括电能表（含单相电能表、三相电能表、多功能电能表）、水表、燃气表、热（冷）量表等。计量装置具有数据远传功能，通过现场总线与数据采集器连接，可以采用多种通信协议（如 MODBUS 标准开放协议）将数据输出。WebAccess 的监控节点为能耗监测与管理子系统的数据采集器。管理系统设在 WebAccess 的工程节点，数据采集器通过以太网将数据传至管理系统的数据库中。用户 WebAccess 的工程节点可以对能源管理工程进行组态和浏览能耗数据，管理系统的通信接口可以将能耗数据按照《国家机关办公建筑及大型公共建筑分项能耗数据采集技术导则》远传至上层的数据中转站或省部级数据中心。

以某大楼为例，配置好的能源管理组表示该大楼的各分类和分项能耗，如图 5.9 所示。能耗监测与管理子系统提供灵活的组态功能，用户可以根据实际需要配置能源管理工程。能源管理工程可包含多个能源管理组，能源管理组既包含多个能源管理成员，也包含能源管理组，可实现以下功能。

①能耗报告（Energy Profile）：各能源管理组逐时、逐日、逐月、逐年能耗值报告，帮助用户掌握自己的能源消耗情况，找出能源消耗异常值。单位面积能耗（EUI）等多种相关能耗指标报告为能耗统计、能源审计提供数据支持。温度、湿度参考功能帮助分析能耗数据与环境数据的相关性。

②能耗排名（Energy Ranking）：不同时间范围下能源管理组的能耗值排序，帮助找出能效

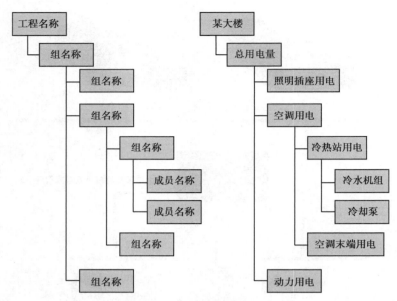

图 5.9　建筑能源管理组结构

最低和最高的设备单位。

③能耗比较(Energy Comparison):不同时间范围内能源管理组能耗值的比较。

④日平均报告(Average Daily Profile):任何一天每 15 min 平均能耗需求的报告,帮助用户了解自己的能耗模式并找出超出预期的峰值需求,为与电力公司签订合同时提供参考。

⑤偏差分析(Deviation Report):任何一天不同时段能耗值与管理设定值的偏差表示。红色偏差值表示实际能耗值超出了能耗使用计划值,指出能源消耗的增加倾向。

⑥最大值/最小值分析(Max/Min Value Analysis):不同时间范围内能耗值的最大值/最小值分析,可以分析各系统和设备能源消耗与时间的关系。

⑦一次能源折算(Primary Energy Profile):将建筑能耗值折算为热量(MJ)、标准煤以及原油、原煤等一次能源消耗量和相对的 CO_2 释放量。

⑧成本报告(Cost Profile):各能源管理组逐日、逐月、逐年能耗费用报告。根据能量表的数据和费率结构计算能耗费用,帮助管理能源成本。用户可以设定能耗成本基准,根据与实际成本偏差去设定预算,有助于减少能源采购中的风险。

⑨成本排名(Cost Ranking):不同时间范围下能源管理组的成本值排序。帮助找出能源消费最低和最高的设备单位。

⑩统计报表(Statistical Report):分类和分项能耗数据的年/月/日统计报表。让用户对企业能源消耗情况一目了然,并帮助用户合理分配能源使用结构。

5.8　建筑节能运维中的 BIM 新技术

传统建筑设备主要依靠运维人员查阅文档资料与设备图纸进行运营维护管理,以电子表格的形式存在的文档资料组织混乱,且二维表达的设备图纸直观性太差,难以查询某些设备的具体安装位置、故障设备的上下游构件连接关系及其影响范围,运维管理人员很难及时、有效地得到所需设备信息。同时,设备运维信息真实性难以保证,以电子表格与纸质材料形式存在的巡检、维保等日常设备运维数据易被安全责任人篡改,运维信息的真实性大打折扣,导致责任追究困难,运维安全难以保障。以建筑信息模型(BIM)与移动互联技术为基础,首先,将移交至运维阶段的建筑设备模型去冗余化,建立 BIM 模型与设备运维数据库的双向连接,实现真正意义上的"图数联动";然后,利用移动互联技术,在移动智能终端实现设备运维管理流程与 BIM 技术的集成;最后,通过构建适合信息化时代发展的可视化、科学化的建筑设备运维管理平台,更快、更及时地查询、处理、提交设备运维信息,实现精细化的节能运维管理。

5.8.1　节能运维系统架构

BIM 技术是实现设备运维管理的核心,但仅有 BIM 模型是不够的,加之设备运维阶段所需处理的数据庞大且凌乱,因此需要依据 BIM 模型的特性进行有针对性的软件开发,设计基于 BIM 的建筑设备运维管理平台系统架构,如图 5.10 所示。利用平台所具有的高度集成性、协同性与可扩展性实现设备运维管理过程中的信息流通和资源共享,提高管理效率。

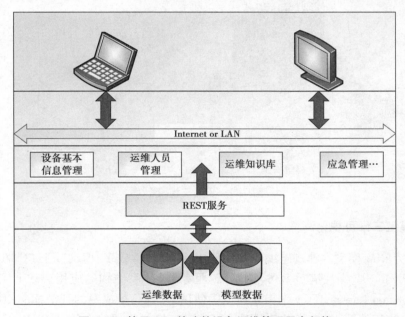

图 5.10　基于 BIM 的建筑设备运维管理平台架构

系统自下而上分为数据层、服务层、业务层、传输层和应用层。最底层的数据库由运维数据和模型数据组成。运维数据包括设备日常运维过程中产生的各种基础业务信息,模型数据包括二维图纸和建筑信息模型等信息,二者共同构成了设备运维管理的核心。服务层基于REST(表现层状态转移)服务搭建,解决了传统业务服务环境显示效果差、反应迟滞和交互能力不理想等问题,而且轻量级的 REST 调用服务具有易开发、易维护等优势。业务层根据运维的实际工况需求制订,主要有设备基本信息管理、运维人员管理、应急管理等,该层功能可根据运维现状的不同需求做出相应的扩展。传输层通过广域网或局域网实现应用层与系统底层的数据交换和信息处理。应用层支持 PC 浏览器和移动终端 App 等多种应用形式,方便运维人员在多种工况下接入该系统。

5.8.2　节能运维关键技术

1)BIM 可视化设备模型

基于 BIM 的建筑设备运维管理可以解决设备信息孤岛、直观性较差的弊端。BIM 以三维数字技术为基础,集成了建筑工程项目中设备的各种相关信息,因此,所创建的建筑设备模型已包含了设备实体的属性信息,设备竣工模型稍加处理便可直接调用。

基于 BIM 构建的建筑设备模型充分利用 BIM 信息整合的特点,将建筑设备各种属性信息规范化地整合到 BIM 模型中,实现信息的快速查询和各类信息统计。同时,BIM 提供了可视化的思路,将设备构件、管线以三维立体实物图的形式进行展示,如图 5.11 所示。可视化的特点使不熟悉现场设备的维修维护人员进行维修成为可能,降低了对本地维护人员的依赖。

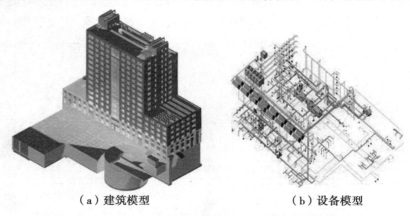

（a）建筑模型　　　　　　　　　（b）设备模型

图 5.11　BIM 三维模型

2)BIM 模型三维可视化浏览

当前,支持 BIM 模型本地浏览缩放操作的 3DView 控件较多,但均基于 PC 端的 C/S(客户端/服务器)架构应用,无法满足 B/S(浏览器/服务器)体系结构的应用要求。工业基础分类(Indusry Foundaton Casses,IFC)是 BIM 模型中使用最广泛、最成熟的开源标准,其保证了设备模型数字信息的完整性,将建筑设备模型导出为 IFC 格式文件并上传至 BIMserver 服务器中,BIMserver 分析文件中的数据并将其保存在底层数据库中。基于 Web 端应用服务器 BIMserver 有针对性地二次开发,提升 IFC 文件的上传、读取速率,将其与运维管理平台深度集成,使其能加载 BIM 设备模型在网页显示,除了能提供 BIM 模型的整体三维浏览,还支持用户对单个设备及其构件进行精细化操作,可以快捷、有效地查看 BIM 模型,使在浏览器端展示 BIM 设备模型成为现实。

采用轻量化的 IFC 标准格式文件作为运维建筑信息模型的数据源,首先,对 IFC 文件中编码的隐性信息进行解析,转换生成显性的三角面构件模型数据和相关的属性信息并保存在 Microsoft SQL 的数据库中以备调用;然后,通过开发、更新维护平台 API 接口连接 BIM 设备模型与设备运维数据库、更新和维护 BIM 模型与数据库,保证 BIM 模型与设备管理对象一致,数据及时更新;最后,通过二次开发建筑设备模型在线服务系统,实现 WebGL(Web Graphics Library,网页图形库)下的建筑设备模型三维可视化浏览。

3)图数联动

"图"即 BIM 设备与系统模型,"数"即建筑设备与系统运维相关大数据,主要包括设备基本信息、维护保养信息等所有数据信息。二者均以不同形式的实体存在,彼此之间无关联。首先,为实现二者的动态链接,需通过编码技术确定每个设备构件的 ID 标识,映射到设备运维数据库中的文档资料数据,构建 BIM 模型与建筑设备运维数据库的 E-R(实体—关系)图;其次,通过更新维护平台接口 API,将不断更新的设备运维信息存储于设备运维数据库中,与设备模型对象匹配,进而实现动态、及时、可持续的设备运维管理;最后,运维人员在 BIM 模型中单击设备对象,平台通过设备编号自动在数据库中查询、检索相关设备运维信息,同样在数据库查询到某个设备也可将其定位于 BIM 模型中。

4)建筑节能管理系统

建筑节能管理系统解决方案融合了机器视觉技术、人工智能技术和物联网技术。机器视觉技术包含机器视觉传感器、温湿度传感器、CO_2 传感器和 IAQ 传感器等,通过机器视觉传感器感知建筑内部人员的数量、分布和活动规律,结合建筑内部安装的各种基于物联网的智能传感器采集的实时信息,微视觉服务器将这些传感器采集到的建筑有效区域内人员分布信息、温湿度及环境信息等信号就地处理和分析后,通过先进的通信手段将数据上传到建筑节能专家管理平台和智能服务器,利用人工智能分析预测技术的专家系统对海量的数据进行分析诊断,从能效、舒适和安全 3 个维度对整个建筑进行评估,方便用户进行建筑管理,并可对冷热源、输配系统和空调末端设备运行参数进行全面优化,在保证用户舒适度和设备安全性的同时,实现建筑能耗的最优化控制,实现节能与人的舒适健康的良性互动。

5)协同移动客户端

BIM 技术与设备运维管理结合有较大优势,减轻了运维的压力,提升了运维管理的效率。移动互联网的发展为及时、快速更新设备运维信息,考核一线运维人员的实时工作状态带来了新的解决方案。基于 BIM 的建筑设备运维管理平台将 BIM 技术和移动互联网技术相结合,使项目现场运维管理人员能更轻便、更有效、更直观地查询 BIM 信息并进行协同合作。

目前,手持移动 PDA(Personal Digital Assistant,个人数字助手)设备已经非常普及,为开展"移动互联+BIM"运维提供了条件。采用"前端+后台"的整体框架设计模式,利用移动互联网技术实现 PDA 与设备运维管理平台的协同,如图 5.12 所示。服务器端配置基于互联网信息服务(Internet Information Services,IIS)的 brava 文档在线服务系统,实现多种格式下的设备运维文档资料的在线查看,配置后台数据管理系统,实现对 SQL 数据库中设备基本信息、技术参数、使用说明以及维护保养记录等信息的组织、操作。现场运维人员可直接从服务器项目数据库中获取 BIM 数据信息,打破传统的 PC 客户端携带性的束缚。运维人员不仅可以通过移动终端扫描设备二维码,查看相关设备的系统模型、基本参数、维保记录等信息,而且还可将设备巡检表单及巡检人员到位情况拍照及时上传至平台,保证数据的客观真实性,改变了以往的被动管理模式。

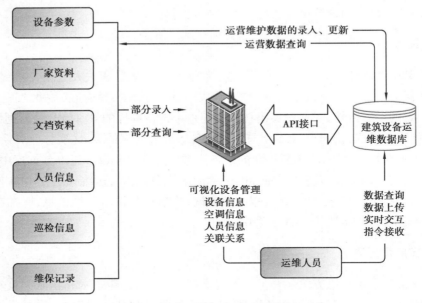

图 5.12　PDA 终端与运维管理平台协同

5.8.3　建筑设备与系统节能运维管理平台应用

基于 BIM 的建筑设备运维管理平台实现了 BIM 模型与设备运维数据库之间的互通互联,在具体的设备运维管理业务中,通过可视化的设备模型,将建筑设备的基本信息、维修保养记录、设备应急决策、统计报表等各类状态信息进行可视化展示,相比于传统的物业设备管理平台,利用 BIM 技术进行设备运维管理更直观,杜绝了信息孤岛的发生。如图 5.13 所示,借助移

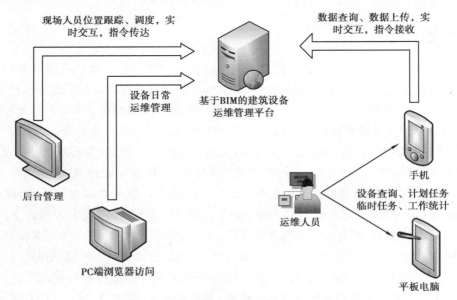

图 5.13　建筑设备与系统节能运维管理平台

动互联网技术,运维人员通过 PDA 执行设备日常运维业务,将设备运行情况通过移动终端及时反馈给运维管理人员,避免了设备运维信息更新的滞后与延迟,方便运维管理人员在第一时间了解设备运维情况。同时,借助设备机房已有的 Wi-Fi 信号,通过记录不同设备机房 Wi-Fi 信号的 mac 码地址来匹配运维人员是否在正确的位置,如位置不正确将无法完成设备巡检、维保等任务的执行与提交,从而保证了设备运维信息的准确性。

设备运维管理平台的应用流程及方法是:利用相关建模软件构建建筑设备模型,将各设备的实际安装位置在 BIM 模型中复现,呈现出与实际情况相同的虚拟三维空间效果。利用图形化工具、文档及数据库管理工具,以及 Windows 和 Web 技术,实现对建筑空间、人员、设备运维信息的统一管理。利用设备设施信息的可视化管理与强大的文档管理技术将设备设施和文档关联,快速获取所需信息。通过数据的采集、筛选、集成、分析,得出空调机组、配电柜、各种泵及阀门等关键设备,从而可指导运维人员重点关注这些关键设备,将故障消灭在萌芽中,从而保证设备的安全运行。当以上关键设备发生故障时,只要在 BIM 设备运维管理平台中找到该对象,或直接通过 PDA 终端扫描条形码与二维码来确定 BIM 模型中的设备对象,就可快速查询到该设备以及控制该设备上下游设备的详细信息,根据这些设备的控制区域迅速查看应急处理手册,以帮助确定故障设备的维修或更换方案,并做出快速应急处理。系统平台的建设将使不同岗位的员工明确岗位职责,再造工作流程,细化责任目标,同时平台提供的数字化培训手段可做到不论何种理解能力、知识水平、管理层次,都能快速地认知设备系统。保证了运维人员的基本素质,为更好地设备节能运维打下了坚实的基础,也为高质量的节能管理提供了便利条件。

5.8.4 建筑节能改造的 BIM 新技术

在建筑节能改造阶段,一切设备或系统已安装就位,要进行改造,首先要摸清设备或系统的基础信息,三维扫描技术是现代应用技术之一。三维扫描是集光、机、电和计算机技术于一体的高新技术,主要用于对物体空间外形和结构及色彩进行扫描,以获得物体表面的空间坐标。它的重要意义在于能将实物的立体信息转换为计算机能直接处理的数字信号,为实物数字化提供方便快捷的手段。三维扫描技术能实现非接触测量,且具有速度快、精度高的优点。其测量结果能直接与多种软件接口,这使它在 CAD、CAM、CIMS 等技术应用日益普及的今天很受欢迎。

对于建筑节能而言,三维扫描主要应用于对施工结果和节能改造项目的验收。对于节能改造项目来说,原有管线的布置对于改造设计和施工来说都至关重要,如何摸清现状,如何在设计和施工过程中保留和利用部分原有管道,更换和增加的管道如何进行布置,都需要对现状进行准确的测量和定位。目前许多项目采用人工测量和定位,存在大量误差,也耗费较多人力、物力。而对于基于 BIM 模型的设计和施工,如何检验施工成果是否与模型一致,也需要三维扫描技术的协助。

本章小结

　　本章主要讲述了建筑用能分项系统的节能运行技术,对建筑供配电系统、照明系统、暖通空调系统、热水系统、给水排水系统和电梯系统等的节能运行及能耗指标进行了介绍。

　　本章的重点是建筑能源系统自动化方案及运行策略。

思考与练习

　　1.什么是建筑节能运行? 建筑节能运行的主要影响因素有哪些?

　　2.建筑供配电系统运行质量评价指标有哪些?

　　3.建筑暖通空调系统运行节能的主要途径是什么?

　　4.建筑热水供应系统和给水排水系统运行节能的重点在哪里?

　　5.建筑绿色照明标准的主要内容包括哪些? 以校园建筑为例,分析建筑照明系统节能有哪些途径?

　　6.如何实现公共建筑的电梯运行节电?

　　7.查阅文献,结合具体建筑项目案例,简要说明建筑主要终端用能设备的节能途径。

6

可再生能源在建筑中的应用

教学目标

本章主要讲述可再生能源、建筑气候资源的概念；太阳能、地热能和空气能在建筑中的应用途径，可再生能源应用的地域性问题等。通过学习，学生应达到以下目标：

(1) 了解可再生能源的概念。

(2) 熟悉太阳能在建筑中的应用技术途径。

(3) 熟悉地热能在建筑中的应用技术路径。

(4) 熟悉空气能在建筑中的应用技术路径。

(5) 了解可再生能源在建筑中应用的地域性问题。

教学要求

知识要点	能力要求	相关知识
可再生能源与气候资源	(1) 了解可再生能源的种类及特点 (2) 掌握建筑气候资源的含义	(1) 可再生能源 (2) 新能源与清洁能源 (3) 气候资源与建筑气候分区
太阳能在建筑中的应用	(1) 熟悉太阳能的特性 (2) 太阳能在建筑中的应用技术途径 (3) 熟悉太阳能建筑一体化技术	(1) 太阳能特性 (2) 太阳能热水系统 (3) 太阳能光伏系统 (4) 太阳能热电冷联产系统
地热能在建筑中的应用	(1) 熟悉地热能的特性 (2) 了解地热能在建筑中的应用技术途径	(1) 地热能特性 (2) 地源热泵空调系统
空气能在建筑中的应用	(1) 熟悉空气能的特性 (2) 了解空气能热泵系统在建筑中的应用技术途径	(1) 空气能/空气源 (2) 空气能热泵空调/热水系统

续表

知识要点	能力要求	相关知识
可再生能源建筑应用的地域性	(1)了解建筑可再生能源地域性的特征 (2)熟悉基于地域性的建筑可再生能源应用问题	(1)建筑能源技术的地域性 (2)建筑可再生能源应用的技术集成

基本概念

可再生能源;新能源与清洁能源;气候资源与建筑气候分区;太阳能热水系统;太阳能光伏系统;太阳能热电冷联产系统;地源热泵空调系统;空气能热泵系统;建筑能源技术的地域性;建筑可再生能源应用的技术集成

引 言

常规能源通常是指已经广泛利用的煤炭、石油、天然气等化石能源,新能源是指太阳能、风能、生物质能、潮汐能、地热能和核能等通过技术进步可以大规模利用的能源。截至2020年底,我国可再生能源发电装机达到9.34亿kW,占发电总装机的42.5%,风电、光伏发电、水电、生物质发电装机分别达到2.8,2.5,3.4,0.3亿kW。2020年,我国可再生能源利用总量达6.8亿tce,占一次能源消费总量的13.6%。其中,可再生能源发电量2.2万亿kW·h,占全部发电量的29.1%,主要流域水电、风电、光伏发电利用率分别达到97%、97%、98%;可再生能源非电利用量约5 000万tce。

国家积极推广太阳能光伏在城乡建筑及市政公用设施中分布式、一体化应用,鼓励太阳能光伏系统与建筑同步设计、施工;鼓励光伏制造企业、投资运营企业、发电企业、建筑产权人加强合作,探索屋顶租赁、分布式发电市场化交易等光伏应用商业模式。"十四五"期间,国家采取城镇屋顶光伏行动,重点推动可利用屋顶面积充裕、电网接入和消纳条件好的政府大楼、交通枢纽、学校医院、工业园区等建筑屋顶,发展"自发自用、余电上网"的分布式光伏发电,提高建筑屋顶分布式光伏覆盖率,实现新建工业园区、新增大型公共建筑分布式光伏安装率达到50%以上的目标。

6.1 可再生能源概述

可再生能源是指从自然界直接获取的、可连续再生、永续利用的一次能源,包括太阳能、风能、水能、生物质能、地热能、海洋能等非化石能源。这些能源基本上直接或间接来自太阳能,具有清洁、高效、环保、节能的特点。由于可再生能源是可以重复产生的自然能源,其主要特性有:可供人类永续利用而不枯竭;环境影响小,属于绿色能源;资源丰富,分布广泛,可就地开发利用、能源密度低,大都具有周期性供应特征,开发利用需要较大空间;初投资较高,但运行成本低,大部分技术容易为公众所接受等。我国建筑中可再生能源种类主要有太阳能热水器、太阳房、光伏发电、地热供暖、地源热泵、空气源热泵、秸秆和薪柴生物质燃料、沼气等。

6.1.1　全球可再生能源利用状况

从世界可再生能源的利用与发展趋势来看,风能、太阳能和生物质能发展最快,产业前景最好。风力发电技术成本最接近常规能源,因而也成为产业化发展最快的清洁能源技术。根据统计资料显示,风电是近几年世界上增长最快的能源,年增长率达27%(表6.1)。太阳能、生物质能、地热能等其他可再生能源发电成本也已接近或达到大规模商业生产的要求,为可再生能源的进一步推广利用奠定了基础。

表6.1　全球可再生能源发电技术现状及成本特点分析

技术名称	特　点	成本/[美分/(kW·h)]	成本走向及降低可能
大水电	电站容量:10~18 000 MW	3~4	稳定
小水电	电站容量:1~10 MW	4~7	稳定
陆地风能	风机功率:1~3 MW 叶片尺寸:60~100 m	4~6	全球装机容量每翻一番,成本降低12%~18%,未来将通过优选风场、改良叶片/电机设计和电子控制设备来降低成本
近海风能	风机功率:1.5~5 MW 叶片尺寸:70~125 m	6~10	市场依然较小,未来通过培育市场和改良技术来降低成本
生物质发电	电站容量:1~20 MW	5~12	稳定

为进一步推进可再生能源产业的发展,中国制定了《可再生能源中长期发展规划》《"十四五"可再生能源发展规划》。根据2035年的远景目标,我国将基本实现社会主义现代化,碳排放达峰后稳中有降,在2030年非化石能源消费占比达到25%左右和风电、太阳能发电总装机容量达到12亿kW以上的基础上,上述指标均进一步提高。到2025年,可再生能源消费总量达到10亿tce左右,在一次能源消费增量中占比超过50%;可再生能源年发电量达到3.3万亿kW·h左右,可再生能源发电量增量在全社会用电量增量中的占比超过50%,风电和太阳能发电量实现翻倍;全国可再生能源电力总量消纳责任权重达到33%左右,可再生能源电力非水电消纳责任权重达到18%左右;地热能供暖、生物质供热、生物质燃料、太阳能热利用等非电利用规模达到6 000万tce以上。

6.1.2　中国太阳能资源分布

我国太阳能资源分布的主要特点:太阳能的高值中心和低值中心都处在北纬22°—35°一带,青藏高原是高值中心,四川盆地是低值中心;太阳年辐射总量,西部地区高于东部地区,而且除西藏和新疆两个自治区外,基本上是南部低于北部;由于南方多数地区云雾雨多,在北纬30°—40°地区,太阳能的分布情况与一般的太阳能随纬度变化的规律相反,太阳能不是随着纬度的增加而减少,而是随着纬度的增加而增长。按接收太阳能辐射量的大小,全国大致上可分为 5 类地区,如表 6.2 所示。

表 6.2 我国太阳能资源分布

地区类型	年日照时数/h	年辐射总量/ MJ·(m²·a)⁻¹	主要地区	备注
一类	3 200~3 300	6 680~8 400	宁夏北部、甘肃北部、新疆南部、青海西部、西藏西部	最丰富地区
二类	3 000~3 200	5 852~6 680	河北西北部、山西北部、内蒙古南部、宁夏南部、甘肃中部、青海东部、西藏东南部、新疆南部	较丰富地区
三类	2 200~3 000	5 016~5 852	山东、河南、河北东南部、山西南部、新疆北部、吉林、辽宁、云南、陕西北部、甘肃东南部、广东南部	中等地区
四类	1 400~2 000	4 180~5 016	湖南、广西、江西、浙江、湖北、福建北部、广东北部、陕西南部、安徽南部	较差地区
五类	1 000~1 400	3 344~4 180	四川大部分地区、贵州	最差地区

一类地区。全年日照时数为 3 200~3 300 h,辐射量在 6 680~8 400 MJ/(m²·a),主要包括青藏高原、甘肃北部、宁夏北部和新疆南部等地。这是我国太阳能资源最丰富的地区,与印度和巴基斯坦北部的太阳能资源相当。特别是西藏,地势高,太阳光的透明度也好,太阳辐射总量最高值达 9.21×10⁷ MJ/(m²·a),仅次于撒哈拉大沙漠,居世界第二位,其中拉萨是世界著名的阳光城。

二类地区。全年日照时数为 3 000~3 200 h,辐射量在 5 852~6 680 MJ/(m²·a),相当于 200~225 kg 标准煤燃烧所发出的热量,主要包括河北西北部、山西北部、内蒙古南部、宁夏南部、甘肃中部、青海东部、西藏东南部和新疆南部等地。此区为我国太阳能资源较丰富区。

三类地区。全年日照时数为 2 200~3 000 h,辐射量在 5 016~5 852 MJ/(m²·a),相当于 170~200 kg 标准煤燃烧所发出的热量,主要包括山东、河南、河北东南部、山西南部、新疆北部、吉林、辽宁、云南、陕西北部、甘肃东南部、广东南部、福建南部、江苏北部和安徽北部等地。

四类地区。全年日照时数为 1 400~2 200 h,辐射量在 4 180~5 016 MJ/(m²·a),相当于 140~170 kg 标准煤燃烧所发出的热量,主要是长江中下游、福建、浙江和广东的一部分地区,春夏多阴雨,秋冬季太阳能资源还可以。

五类地区。全年日照时数 1 000~1 400 h,辐射量在 3 344~4 180 MJ/(m²·a),相当于 115~140 kg 标准煤燃烧所发出的热量,主要包括四川、贵州两省。此区是我国太阳能资源最少的地区。

一、二、三类地区,年日照时数大于 2 000 h,辐射总量高于 5 852 MJ/(m²·a),是我国太阳能资源丰富或较丰富的地区,面积较大,约占全国总面积的 2/3 以上,具有利用太阳能的良好条件。四、五类地区虽然太阳能资源条件较差,但仍有一定的利用价值。

6.1.3 中国地热能资源分布

地热资源种类繁多,按储存形式可分为蒸汽型、热水型、地压型、干热岩型和熔岩型 5 类;

按温度可分为高温(高于 150 ℃)、中温(90~150 ℃)和低温(低于 90 ℃)地热资源。我国建筑地热利用历史悠久,窑洞、地窖都是浅层地热能利用的原始方式,主要是以中低温地热资源为主。根据地热流体的温度不同,利用范围也不同。20~50 ℃用于沐浴、水产养殖、饲养牲畜、土壤加温脱水加工;50~100 ℃用于供暖、温室、家庭用热水、工业干燥;100~150 ℃用于双循环发电、供暖、制冷、工业干燥、脱水加工、回收盐类、罐头食品;150~200 ℃用于双循环发电、制冷、工业干燥、工业热加工;200~400 ℃可直接发电及综合利用。

地热能是驱动地球内部一切热过程的动力源。地球陆地以下 5 km 内,15 ℃以上岩石和地下水总含热量相当于 9 950 万亿 tce。我国地热资源开发利用前景广阔。据初步估算,全国主要沉积盆地距地表 2 000 m 以内储藏的地热能,相当于 2 500 亿 tce 的热量。

地热能利用可分为两大类,一类是温度在 150 ℃以上的高温地热资源,主要分布于喜马拉雅和台湾两个地热带,以发电为主;另一类为浅层地热能,水温在 50~120 ℃的低温地热资源,分布广泛,适合建筑温室、热水、供暖和温泉等直接利用。地表浅层是一个巨大的太阳能集热器,收集了 47% 的太阳能量,比人类每年利用能量的 500 倍还多,它不受地域、资源等限制,是一种清洁的可再生能源形式。浅层地热能(Geotemperature Energy)是指地表以下一定深度范围内,温度一般低于 25 ℃,在当前技术经济条件下具备开发利用价值的地球内部的热能资源。地球浅层地热温度分布情况如图 6.1 所示。

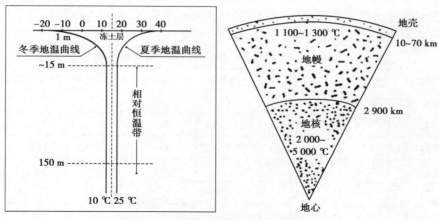

图 6.1 地球浅层地热温度分布情况

目前,中国已发现的水温在 25 ℃以上的热水点(包括温泉、钻孔及矿坑热水)4 000 余处,分布广泛。温泉最多的是西藏、云南、台湾、广东和福建,温泉数占全国温泉总数的 1/2 以上;其次是辽宁、山东、江西、湖南、湖北和四川等省,每省温泉数都在 50 处以上。

为配合落实《中华人民共和国合同法可再生能源法》,建设领域的可再生能源利用要重点是抓好以下几方面的工作:太阳能光热及光电在建筑中的研究与应用;地源热泵、水源热泵在建筑中的推广与应用;热、电、冷三联供技术在城市供热、空调系统中的研究与应用;生物质能发电技术的研究与应用;太阳能、沼气和风能在集镇中的推广与应用;垃圾燃烧在发电、供热中的应用。本章主要介绍太阳能、地热能和空气能的建筑应用。

6.2　建筑可再生能源技术的气候适应性

气候状况是影响建筑用能最基本的环境条件。气候资源是一种可利用的可再生资源,包括太阳辐射、热量、水分、空气、风能等;建筑气候资源是指建筑微环境相关的气候资源。建筑气候决定了建筑能源需求的地域性,表现在建筑节能设计方案选择、建筑节能材料获取、暖通空调节能技术路线筛选等方面。张慧玲等根据中国各地的气候特点,以 HDD18、CDD26 为主要指标,冬季太阳辐射热、夏季相对湿度等为辅助指标,提出了中国建筑节能气候分区,根据全国336个城市HDD18和CDD26的分布情况,将HDD18划分为 4 级,分别代表冬季温暖 0~1 000,冷 1 000~2 000,寒冷 2 000~3 800,严寒 3 800~8 000;将 CDD26 划分为 2 级,分别代表夏季凉爽 0~50,热 50~650。再根据辅助指标对 336 个城市进行分析,将全国划分为 8 个区,即严寒无夏、冬寒夏凉、冬寒夏热、冬冷夏凉、冬冷夏热、冬暖夏热、冬寒夏燥和冬暖夏凉地区。根据各个分区的气候特点确定适用的建筑节能技术。其建筑节能气候分区指标的确定主要考虑的气象要素包括:影响建筑设计的气候要素;影响建筑热工设计的气候要素;影响建筑设备应用与性能的气候要素;其中,重点是影响暖通空调能耗、设备与系统能效比的气候要素。表 6.3 列出了 7 种主要暖通空调技术在建筑节能气候分区的适用情况,表明各地区建筑节能技术的气候适应性和地域特征。

表 6.3　暖通空调技术在各气候区的适用性

技术类型气候区	气源热泵	水源热泵	地源热泵	太阳能供暖	太阳能除湿	蒸发冷却	自然通风
严寒无夏	×	○	×	☆	×	×	○
冬寒夏凉	×	○	×	☆	×	×	○
冬寒夏热	○	○	☆	☆	○	○	☆
冬冷夏凉	○	○	○	×	○	×	☆
冬冷夏热	☆	○	☆	×	☆	×	☆
冬暖夏热	☆	○	○	×	○	×	☆
冬寒夏燥	×	×	○	☆	×	☆	☆
冬暖夏凉	○	○	○	○	○	○	☆

注:×表示不适用,○表示适用,☆表示非常适用。

杨柳通过对建筑气候设计研究,建立了"被动式太阳能设计气候分区",以冬季被动式太阳能时间利用率为主要指标,以夏季热湿不舒适度为次要指标,将全国分为 9 个建筑被动式气候设计区。在被动式气候分区的基础上,确定与地区气候相适应的建筑被动式设计策略和设计原则,为建筑节能设计贯彻"被动优先"理念提供了很好的借鉴,形成基于气候的建筑节能设计地域特色。例如,冬季不同地区采用的建筑保温综合设计原则,建筑防风综合处理原则,充分利用太阳能等原则;夏季有效控制太阳辐射,充分利用自然通风,利用建筑蓄热性能减少室外温度波动的影响,建筑防热设计,干热气候地区利用蒸发冷却降温,利用通风除湿和构筑

"开放型"建筑等原则。这些原则充分体现了建筑节能设计的气候适应性原理,也是节能建筑节能的气候适应性要求,是建筑节能地域特色充分的展示和应用。表 6.4 给出了中国不同建筑气候分区代表城市的基于气候特征的建筑节能技术策略。

表 6.4　不同气候区建筑节能技术设计策略对比

建筑气候分区	代表城市	建筑节能技术被动设计策略	我国民用建筑热工设计规范要求
严寒地区	哈尔滨	冬季:主动式太阳能+被动式太阳能 夏季:自然通风	必须充分满足冬季保温要求,一般可不考虑夏季防热
寒冷地区	北京	冬季:主动式太阳能+被动式太阳能 夏季:自然通风(或蓄热降温)	必须满足冬季保温要求,部分地区兼顾夏季防热
夏热冬冷地区	重庆	冬季:被动式太阳能 夏季:自然通风+隔热+遮阳	必须满足夏季防热要求,适当兼顾冬季保温
夏热冬暖地区	广州	夏季:自然通风+遮阳	必须充分满足夏季防热要求,一般可不考虑冬季保温
温和地区	昆明	冬季:被动式太阳能 夏季:自然通风	部分地区应考虑冬季保温,可不考虑夏季防热

中国建筑能耗由于地区气候差异,表现出很强的地域特征,不同气候地区的建筑节能技术政策和技术策略要与地域环境和气候资源秉性相适应。

6.3　太阳能在建筑中的应用

6.3.1　太阳能在建筑中的应用途径

太阳能在建筑领域中的应用主要有光热利用技术、光电利用技术和自然光利用技术。光热利用技术较为成熟且应用广泛,又分为被动太阳能系统、主动太阳能系统、被动主动复合式系统和太阳能光热发电技术等。太阳能热利用技术的发展历程,是从低温热利用(如热水、干燥、温室等)方面开始,逐步向较高温度和技术较复杂的各领域(如制冷、发电)展开的。在太阳能热水利用方面,我国已成为世界上容量最大、最有发展潜力的太阳能热水器市场,但太阳能供热综合系统在我国发展比较缓慢。

太阳能热水器是直接利用太阳热能的有效途径,国产太阳能热水器性能和质量已达到国际先进水平,与建筑一体化整合设计取得较大的进展,在低层建筑、农村建筑和城市多层建筑应用日益广泛。目前,我国太阳能热水器的销售量是欧洲的10倍,无论是从生产量还是保有量上来看,都居世界第一位。

被动式太阳房无须使用机械设备和动力,通过加强围护结构保温隔热,室内有足够重质材料蓄存热量,有直接受益式、集热蓄热墙式、附加阳光间式、屋顶蓄热式等多种形式,是太阳能丰富的农村、牧区建筑最经济合理利用太阳能的一种方式。主动式太阳房需要用电作为辅助能源,是将太阳能直接转换为某种形式可资利用的热能,为常规供暖系统补充热量,比如,用热水集热式地板辐射供暖兼生活热水供应系统,热风集热式供热系统,太阳能空调系统等;或者利用多种方式进行太阳热能发电,一般在经济较为发达的地区建造。

图6.2是建筑中最常见的两种太阳能利用途径,其中(a)为太阳能光热利用热水供应系统,可作为生活热水或供暖热源;(b)为太阳能光电系统,可供建筑自身分布式电源供电或市政并网供电。

（a）太阳能光热系统

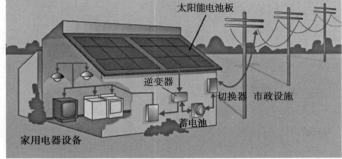

（b）太阳能光电系统

图6.2　太阳能光热系统和光电系统流程示意

上海世博园总建筑量达200万 m^2 左右,加上300多家星级宾馆的用电需求量,能源需求总量巨大。在世博中心、南市电厂和沪上生态家等场馆建立的光电建筑一体化并网发电系统正好解决这一问题。其中,主题馆、中国馆、和谐塔等主要场馆设施,以及部分国家的自建馆,都安装了太阳能设施,与上海主电网并网发送,为城市大规模开发利用太阳能摸索经验。上海世博会还有各种结合太阳能技术应用的景观与展示,如太阳能路灯,太阳能庭院灯、草坪灯,太阳能电子显示屏、雕塑、太阳能喷泉,太阳能售货亭,太阳能公交候车亭和太阳能游船等。

6.3.2　太阳能热水系统

太阳能供暖系统是利用太阳能转化为热能,通过集热设备采集太阳光的热量,再通过热导循环系统将热量导至换热中心,然后将热水导入地板供暖系统,通过电子控制仪器控制室内水温。在阴雨雪天气,系统自动切换至燃气锅炉辅助加热,让冬天的太阳能供暖得以完美实现。春夏秋季可以利用太阳能集热装置生产大量的免费热水。

太阳能热水系统一般包括太阳能集热器、储水箱、循环泵、电控柜和管道等。太阳能热水系统按照运行方式可分为4种基本形式:自然循环式、自然循环定温放水式、直流式和强制循环式,如图6.3所示。

太阳能热水系统运行方式主要有定温循环、温差循环、定温-温差循环3种常用方式。定温循环是指集热系统的温度达到设定值时,上水电磁阀打开上水,集热系统中的热水通过落差到储热系统中,一般用于小型的自然循环加热系统。由于没有泵等外部动力的强迫运行,较多采用定温放水的运行方式。温差循环是指集热系统与储热系统的温差到达设定值时,循环泵启动,进行循环,将集热系统中的热水循环至储热系统中,周而复始,从而不断加热储热装置中的水,多用于间接循环系统。定温-温差循环是指集热系统的温度达到设定值时,上水电磁阀打开上水,集热系统中的热水通过落差到储热系统中,直至储热系统的水满,上水电磁阀关闭,此时启动温差循环方式,即当集热系统与储热系统的温差达到设定值时,循环泵启动,进行循环,周而复始,从而使储热装置中的水升至更高的温度。这种运行方式适用于大型集中供热水系统。

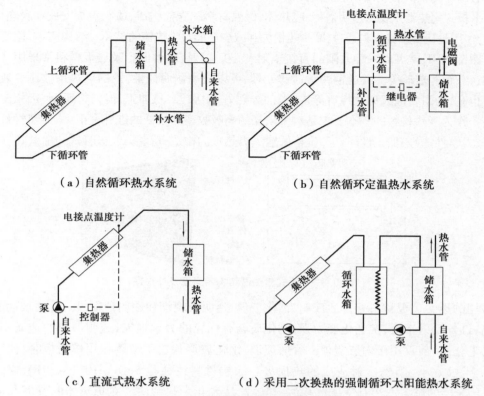

（a）自然循环热水系统　　　　　　（b）自然循环定温热水系统

（c）直流式热水系统　　　　（d）采用二次换热的强制循环太阳能热水系统

图 6.3　太阳能热水系统的 4 种基本形式

目前,我国家用太阳能热水器和小型太阳能热水系统较多采用自然循环式,大、中型太阳能热水系统多采用强制循环或定温放水式。在实际工程中,太阳能热水系统常与辅助热源相结合,以满足在太阳辐照不足时的供热需求。辅助热源可以是电加热、燃气加热或热泵热水装置。电辅助加热采用最多,具有使用简单、容易操作的优点,但对水质和电热水器有较高的要求。在有城市燃气的地方,可以和燃气热水器配合使用,满足热水供应需求。在南方地区,宜优先考虑高效节能的空气源热泵热水器作为辅助加热热源。

太阳能集热器是用来收集太阳能的装置,太阳能的利用都离不开集热装置。太阳能集热器有以下几种类型:

①按集热器的传热工质类型分为:液体集热器、空气集热器;

②按进入采光口的太阳辐射是否改变方向分为:聚光型集热器、非聚光型集热器;

③按集热器是否跟踪太阳分为:跟踪集热器、非跟踪集热器;

④按集热器内是否有真空空间分为:平板型集热器、真空管集热器;

⑤按集热器的工作温度范围分为:低温集热器、中温集热器、高温集热器。

1)平板式集热器

平板式集热器吸收太阳辐射能的面积与其采光窗口的面积基本相等,外形像一个平板,如图6.4所示。平板式集热器主要由透明盖板、吸热体、保温材料和壳体组成,透明盖板安放在吸热板的上方,它的作用是让太阳光辐射透过,减少热损失和减少环境对吸热体的破坏。结构简单,固定安装,不需要跟踪太阳,就可以采集太阳的直接辐射和漫射辐射,成本低。吸热板材料常采用普通钢、不锈钢、铝、铜和玻璃等。普通钢通常镀锌处理,可以提高耐腐蚀性;铝的导热系数比普通钢大,热效率也高,为耐腐蚀起见往往有涂层;铜的导热好、耐腐蚀、易加工,但与普通钢、铝相比,价格相对高。作为吸热材料的基本要求是对太阳光的高吸收率和较低的红外发射率、导热性好、耐腐蚀性好、力学性能好、加工性能好和价格低廉。吸热板的构造有瓦楞式、极管式和扁盒式。

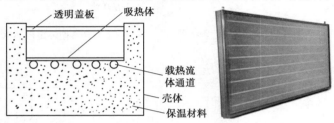

图 6.4　平板式集热器结构示意图及外形图

常用的透明盖板材料有普通玻璃、钢化玻璃、透明玻璃钢和透明塑料等。普通玻璃的透光率较高,红外反射率低,抗老化能力强;钢化玻璃有优异的力学性能;透明塑料的透光率较高,但容易老化,目前仅用于内层盖板。普通玻璃、钢化玻璃和透明玻璃在用作盖板时,往往采用涂膜的方法减少太阳光反射造成的热损失。涂层材料往往是 SnO_2、TiO_2、Ag/TiO_2、$ZnS/Ag/ZnS$ 等。涂层的制备方法有气体沉积法、热喷涂法和化学热解法。在集热器的背面和侧面都装有绝缘材料,它可以减少热损失和提高热效率,同时增加集热器的强度。绝缘材料要求导热系数低,绝热性好,一般采用玻璃棉、矿渣棉和蛭石等。

2)全玻璃真空集热管

全玻璃真空集热管的结构如图 6.5 所示,它由两根同心玻璃管组成,内外圆管之间抽真空。集热管内气体的压强小于 5×10^{-2} Pa,在内管的外表面上沉积选择性吸收涂层,涂层通过吸热实现加热内玻璃管的传热流体。全玻璃真空集热管上的玻璃主要是硼硅玻璃,外管表层制备反射薄膜。

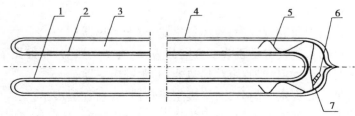

图 6.5　全玻璃真空集热管的结构图

1—内玻璃管;2—太阳选择性吸收涂层;3—真空夹层;4—罩玻璃管;
5—弹簧卡子;6—吸气剂;7—吸气膜

3）聚焦型集热器

利用光学系统,反射式或折射式增加吸收表面的太阳能辐射的太阳能集热器称为聚焦式集热器,相当于在平板式集热器中附加了一个辐射聚焦器,提高了辐射热的吸收,同时也附加了聚焦器的散热损失和光子损失,如图 6.6 所示。聚光镜只能聚焦直射光,所以通常设置跟踪装置,目的是保持聚光镜的采光面与太阳直射相垂直。要提高聚焦型集热器的热效率,必须使接收器具有高吸收率和低发射率,解决的办法是在接收器表面制备选择性吸收涂层。

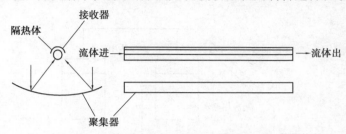

图 6.6　柱状抛物面聚焦器的圆柱形接收器示意图

6.3.3　建筑太阳能热水系统的选用

推广太阳能热水系统,对降低建筑能耗比重、推进建筑节能起到很大的作用。太阳能热水系统主要分为 3 种类型:集中集热–集中储热辅热的集中热水供应系统、集中集热–分散储热辅热的集中-分散热水供应系统、分散集热–分散辅热的分散热水供应系统。集中热水供应系统尤其适合在公共建筑中应用,并可以和大型常规能源集中供热系统结合。此系统适用于低层、多层、小高层和高层等住宅建筑,宾馆、浴池、学校等公共建筑和其他工业用中低温热水,当用于住宅建筑时,存在后期运行收费的问题。集中-分散热水供应系统可用低层、多层、小高层和高层等住宅建筑、宾馆公用建筑。分散热水供应系统多用于住宅建筑。关于辅助能源的类型,在目前的燃油、气、电等常规能源中,从目前的设备成本和燃料成本来看,燃气辅助为第一选择,其设备投资不高,运行费用相对最低。

6.3.4　太阳能制冷系统

实现太阳能制冷有两条途径:①太阳能光电转换,利用电力制冷;②太阳能光热转换,利用热能制冷。前一种途径成本高,以目前太阳能电池价格计算,在相同制冷功率的情况下,造价为后者的 4~5 倍。目前,国际上太阳能空调系统主要采用后一种途径,通过太阳能集热器与除湿装置、热泵、吸收式或吸附式制冷机组相结合来实现。

本节介绍一种利用光热转换效应的太阳能空调供冷热方式——太阳能吸收式空调系统,其工作流程如图 6.7 所示。该系统可以实现夏季制冷、冬季供暖、全年提供生活热水等多项功能,主要由热管式真空管集热器、溴化锂吸收式制冷机、储热水箱、储冷水箱、生活用热水箱、循环水泵、冷却塔、风机盘管、辅助热源等组成。其工作原理为:在夏季,水由自来水管经过滤器进入储水箱,水位达到上限时,自动控制器关闭电磁阀门,水泵驱动水循环流动,将集热管的热量传递到水箱中。当热水温度达到一定值(正常情况下能达到 90 ℃左右)时,由储水箱向吸收式制冷机提供热媒水;从吸收式制冷机流出并已降温的热水流回储水箱,再由太阳能集热器加热成高温热水;从吸收式制冷机产生的冷媒水流到空调箱(或风机盘管),以达到制冷空调的目的。当太阳能不足以提供高温的热媒水时,可以另外启动辅助加热装置(电加热或微型燃油、燃气锅炉)加热。在冬季,太阳能集热器加热的热水进入储水箱,当热水温度达到一定值时,从储水箱直接向空调箱(或风机盘管)提供热水,以达到供热供暖的目的。当太阳能不能满足要求时,也可由辅助系统补充热量。在非空调供暖季节,只要将太阳能集热器加热的热水直接通向生活热水储水箱中的换热器,通过换热器就可将储水箱中的冷水逐渐加热以供使用。

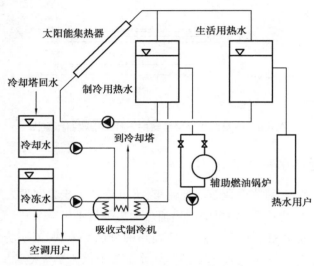

图 6.7 太阳能吸收式空调系统示意图

系统采用太阳能热水器作为高温热源驱动吸收式制冷机,采用燃油锅炉为辅助热源,该系统能同时供制冷用热水和生活用热水,属于冷热一体化系统。一般热源设计温度为 75 ℃,热源水温在 60~65 ℃ 也能稳定制冷,系统 COP(Coefficient of Performance,制冷系数)在 0.4 以上。为了使制冷机组达到更高的性能系数,需要较高的集热器运行温度,通常需要选用在较高运行温度下仍具有较高热效率的集热器。

6.3.5 太阳能一体化建筑

通过建筑朝向、建筑空间布置,以及建筑材料和结构、构造的恰当选择等建筑设计技术将太阳能技术与建筑进行整合,形成被动式太阳能一体化建筑,如太阳房和太阳能通风建筑。太阳能供暖技术直接利用太阳辐射能供暖,也称太阳房(Solar House)。现代技术不断扩展和完善太阳能的功能,新式太阳房具有太阳能收集器、热储存器、辅助能源系统和室内暖房风扇系统,可以节能 75%~90%。

1)直接受益型被动式太阳能建筑

利用温室效应的被动式太阳房主要由集热墙、排气孔、通风孔组成。当太阳照射到集热墙时,墙内的空气在被加热后会由于冷热空气密度不同而产生对流。热的空气由于上升,会源源不断地进入室内,而室内底层的冷空气则被集热墙吸收,形成循环对流后,室内的温度慢慢升高。当没有阳光时,关闭集热墙的通风孔,房屋的四壁和顶篷的保温性得到保障,室温可以保持。当天气炎热时,将集热墙上部通向室内的通风孔关闭,再打开顶部的排气孔,如有地下室还可引入冷空气。这种集热墙将起到抽风作用,使室内的空气加速运动,达到降温的目的。如图 6.8 所示,直接受益型被动式太阳房,将房屋朝南的窗户扩大,或做成落地式大玻璃窗。冬季太阳光通过玻璃窗直接照射到室内地面、墙壁和家具上,大部分太阳辐射能被吸收并转换成热量,从而使室内的温度升高;少部分太阳辐射能被反射到室内的其他表面,再次进行太阳能的吸收、反射过程。温度升高后的地面、墙壁和家具,一部分热量以对流和辐射方式加热室内空气,以达到供暖的目的;另一部分热量则储存起来到夜间再逐渐释放出来,使室内空气继续保持一定温度。墙体采用蓄热性能好的重质材料可以使白天和夜晚的室内温度波动小,在夏季还能起到调节室温、延缓室内温度升高的作用。此外,窗户应具有较好的密封性能,并配备保温窗帘。

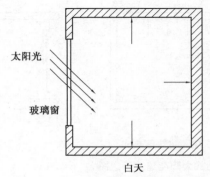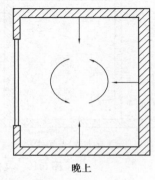

太阳光

玻璃窗

白天　　　　　　　　　　　　晚上

图 6.8　直接受益型被动式太阳能建筑的示意图

2)集热蓄热墙被动式太阳能建筑

这种集热蓄热墙也称特朗勃墙,因由法国科学家特朗勃最先设计出来而得名。根据其结构特点,有实体式和水墙式两种类型,如图 6.8 所示。实体式集热蓄热墙一般设置在朝南的实体墙上,其外部装上玻璃板作为罩盖;墙体的外表面涂以黑色、深棕或墨绿等颜色作为吸热面;玻璃板和墙体之间形成空气夹层;在墙体的上下部开设风口,如图 6.9(a)所示。水墙代替实体墙,水墙上下不再设风口,利用水作为蓄热材料,一般安置在南墙或阳光能照射的房间墙内,水墙的容器可以用塑料或金属制作,如图 6.9(b)所示。水墙式与实体墙式相比,具有加热快、加热均匀和蓄热能力强等优点;同时,主要缺点是运行管理比较麻烦。

3)其他形式的被动式太阳能建筑

附加阳光间式就是在房屋主体南面附加一个玻璃温室,相当于直接受益型和集热蓄热墙式的组合形式,如图 6.10(a)所示。屋顶集热蓄热式是利用屋顶进行集热蓄热,类似于蓄热墙,其集热和储热由同一部件完成,如图 6.10(b)所示。热虹吸式利用虹吸作用进行加热循环,又称对流式,如图 6.10(c)所示。

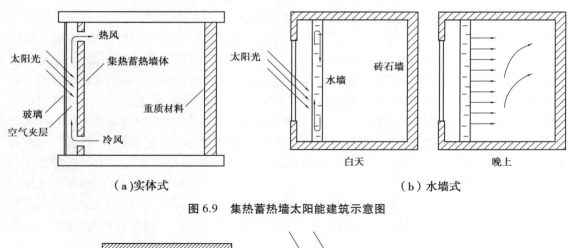

（a）实体式   （b）水墙式

图 6.9　集热蓄热墙太阳能建筑示意图

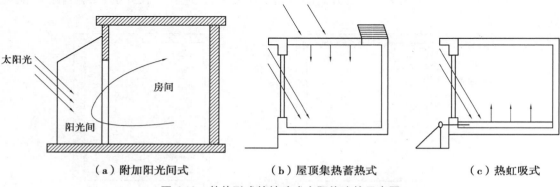

（a）附加阳光间式　　　　（b）屋顶集热蓄热式　　　　（c）热虹吸式

图 6.10　其他形式的被动式太阳能建筑示意图

4）太阳能强化自然通风

基于热压诱导自然通风的原理,利用太阳能烟囱实现建筑被动式冷却,有利于改善建筑室内热环境,其原理如图 6.11 所示。在夏季,南墙下风口和北墙上风口开启,并打开南墙玻璃板上通向室外的排气窗,利用空气夹层的热烟囱作用,将室内热空气抽出,达到降温的目的。

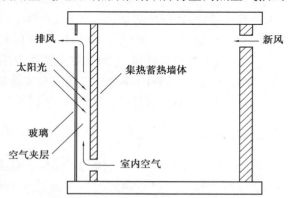

图 6.11　太阳能强化自然通风原理图

被动式太阳能建筑的优点是构造简单、造价低廉、维护管理方便。但是,被动式太阳能建筑也有缺点,主要是室内温度波动较大、舒适度差,在夜晚、室外温度较低或连续阴天时需要辅助热源来维持室温。而主动式太阳能建筑不是自然接收太阳能取暖,而是安装了一套机械系统来实现热循环供暖,通常在建筑物上装设一套集热、蓄热装置与辅助能源系统,实现人类主动地利用太阳能。主动式太阳房本身就是一个集热器,通过建筑设计把隔热材料、遮光材料和储能材料有机地用于建筑物,实现房屋吸收和储存太阳能,从而形成一体化的太阳能建筑。

6.4　地热能在建筑中的应用

地热资源以其运行稳定、可持续利用和环保等优势具有广阔的应用前景。根据《"十四五"可再生能源发展规划》,积极推进地热能规模化开发,包括积极推进中深层地热能供暖制冷、全面推进浅层地热能开发和有序推动地热能发电发展。截至 2019 年底,我国地热能直接利用的装机容量为 40.6 GW,位居世界第一,开发对象主要是水热型地热。全国地热能资源勘查结果显示,我国地热资源约占全球资源量的 1/6。其中,浅层地热能资源量每年相当于 95亿 tce,中深层地热能资源量相当于 8 530 亿 tce,干热岩资源量相当于 860 万亿 tce。在能源消费结构中,地热能利用占比每提高 1%,就相当于替代 3 750 万 tce,减排 9 400 万 tCO_2、90 万 tSO_2、26 万 tN_xO。

综合考虑热流体传输方式,依照赋存状态、埋深和温度将地热资源划分为浅层地热资源、水热型地热资源和干热岩 3 个大类(岩浆型地热资源目前尚无法开采)。蒸汽型和热水型统称为水热型,是目前开发利用的主要对象。常见地热资源分类如表 6.5 所示。

表 6.5　地热资源分类

类　型	分布深度/m	温度/℃	赋存状态	主要利用方式	主要用途
浅层地热	<200	<25	土体或地下/地表水	地源热泵技术	建筑冬季供暖(夏季制冷)
水热型地热	200~3 000	25~150(分高、中、低温 3 级)	以地下水为载体	抽取热水或水汽混合物	直接利用以供暖为主,其次为康养、种植和养殖;间接利用为发电
干热岩型(增强型地热能)	>3 000	>150	基本不含水的地层或岩石体中	人工建造热储、人工流体循环	发电和梯级高效利用

6.4.1　浅层地热能建筑应用发展

1912 年,瑞士 Zoelly 首次提出利用浅层地热能作为热泵系统低温热源。1946 年,美国在俄勒冈州的波兰特市中心区建成第一个地源热泵系统。但直到 20 世纪 70 年代初世界上出现了第一次能源危机,它才开始受到重视,许多公司开始了地源热泵的研究、生产和安装。这一时期,欧洲建立了很多水平埋管式土壤源地源热泵,主要用于冬季供暖。20 世纪 80 年代后期,地源热泵技术已经趋于成熟,更多的科学家致力于地下系统的研究,努力提高热吸收和热传导效率,同时越来越重视环境的污染问题。

浅层地热能是指蕴藏在地表以下一定深度(一般为 200 m)、温度低于 25 ℃范围内的岩土体、地下水和地表水中具有开发利用价值的热能。利用浅层地热能可以部分替代化石能源,用于供暖和制冷,减少温室气体的排放,是节能减排的有效措施。近年来我国浅层地热能的利用增长情况如图6.12所示。

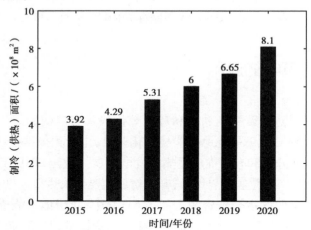

图6.12　我国近年来浅层地热能的利用增长情况(2015—2020年)

为了减少开发风险,取得浅层地热能开发利用最大的社会经济效益和环境效益,保证资源的可持续利用,必须进行浅层地热能勘查评价。浅层地热能勘查包括区域浅层地热能调查和地源热泵工程浅层地热能勘查。浅层地热能的评价是一个环环紧扣、完整的程序,在野外实地勘察、试验的基础上,首先划定地埋管和地下水换热系统适宜区,然后分区计算换热功率、供暖期取热量和制冷期排热量,计算浅层地热容量,再利用取得的上述数据进行地下热均衡评价,可以采用数值模拟预测地下温度场的长期动态变化,评价浅层地热能是否达到动态平衡,论证供暖期取热量和制冷期排热量的保证程度,并进行浅层地热能开发的环境影响评价。评价地下水和地表水换热系统的水循环利用量,还必须满足建设项目水资源论证的要求。只有通过浅层地热能勘查评价,取得利用与保护浅层地热资源所必需的地质资料,才能减少开发风险,取得浅层地热能开发利用最大的社会经济效益和环境效益,并保证资源的可持续利用。

地热能或地表浅层温度四季相对稳定,冬季比环境空气温度高,夏季比环境空气温度低,地源热泵比传统空调系统运行效率高40%。地能温度较恒定的特性,使得热泵机组运行更可靠、稳定,也保证了系统的高效性和经济性。从地源热泵应用情况来看,北欧国家偏重于冬季供暖,而美国则注重冬夏联供。由于美国的气候条件与中国很相似,因此,研究美国的地源热泵应用情况,对我国地源热泵的发展有着借鉴意义。

建筑利用浅层地热的采集方式主要有打井抽取地下水和地埋管方式。水源热泵、地源热泵就是一种利用地表浅层地热资源既能供热又能制冷的高效节能环保型空调系统。地源热泵是以岩土体为冷热源,由水源热泵机组、地埋管换热系统、建筑物内系统组成的供热空调系统。在冬季,把地能中的热量"取"出来,提高温度后,给室内供暖;夏季,把室内的热量"取"出来,释放到地下。在以年为周期内循环的系统内保持热平衡,实现地热和地下水的永续利用。

6.4.2　地源热泵空调系统

热泵是一种能从自然界的空气、水或土壤中获取低品位热,经过电力做功,输出可用的高品位热能的设备,可以把消耗的高品位电能转换为 3 倍甚至 3 倍以上的热能,是一种高效供能技术。热泵技术在空调领域的应用可分为空气源热泵、水源热泵以及地源热泵 3 类。地源热泵(也称地热泵)是利用地下常温土壤和地下水相对稳定的特性,通过深埋于建筑物周围的管路系统或地下水,采用热泵原理,通过少量的高位电能输入,实现低位热能向高位热能转移与建筑物完成热交换的一种技术。地源热泵空调系统主要分为 3 个部分:室外地能换热系统、水源热泵机组系统和室内供暖空调末端系统,如图 6.13 所示。其中,水源热泵机组主要有两种形式:水—水型机组和水—空气型机组。3 个系统之间靠水或空气换热介质进行热量的传递,水源热泵与地能之间换热介质为水,与建筑物供暖空调末端换热介质可以是水或空气。

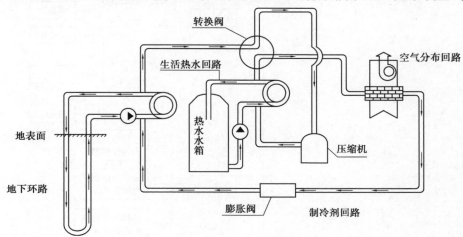

图 6.13 地源热泵工作流程图

1)分类

地源热泵中央空调节能是因为地源热泵技术借助了地下的能量,地下的能量来自太阳能,是可再生能源。按低位热源种类的不同,分地表水热泵、地下水热泵和大地耦合(即土壤源)热泵,每一类型又可以根据换热管的结构、布置形式等进行分类。地源热泵技术包含抽地下水方式、埋管方式、抽取湖水或江河水方式等。只要有足够的场地可埋设管道(地下冷热交换装置)或政府允许抽取地下水的就应该优先考虑选择地源热泵中央空调。

在地表水地源热泵系统中,潜在水面以下的多重并联的塑料管组成的地下水热交换器取代了土壤热交换器,只要地表水冬季不结冰,均可作为低温热源使用。我国有丰富的地表水资源,用其作为热泵的低温热源,可获得较好的经济效益。地表水相对于室外空气是温度较高的热源,且不存在结霜的问题,冬季温度也比较稳定。利用地表水作为热泵的低温热源,要附设取水和水处理设施,如清除浮游生物和垃圾,防止泥沙等进入系统,影响换热设备的传热效率或堵塞系统,而且应考虑设备和管路系统的腐蚀问题。

地源热泵空调系统种类繁多,其分类如图 6.14 所示。

地下水位于较深的地层中,由于地层的隔热作用,其温度随季节变化的波动较小,特别是深井水的温度常年基本不变,对热泵的运行非常有利,是很好的低温热源。但如果大量取用地下水会导致地面下沉或水源枯竭,因此,地下水作为热源时必须与深井回灌相结合,即采用

"冬灌夏用"和"夏灌冬用"的蓄冷(热)措施,保护地下水资源。

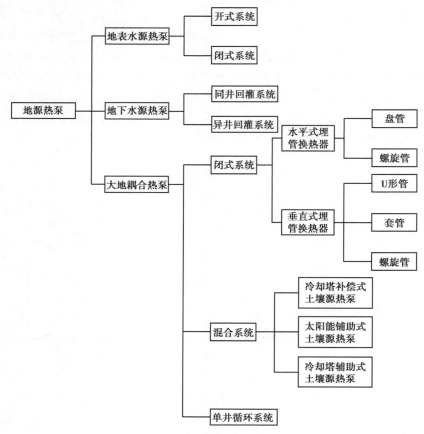

图 6.14　地源热泵的分类

大地耦合热泵又称土壤源热泵。土壤是热泵良好的低温热源。通过水的流动和太阳辐射热的作用,土壤的表层贮存了大量的热能。土壤的温度变化不大,并有一定的蓄热作用。热泵可以从土壤表层吸收热量,土壤的持续吸热率(能量密度)为 $20\sim40$ W/m^2,一般在 25 W/m^2 左右。土壤的主要优点是:①温度稳定,全年波动较小,冬季土壤温度比空气高,因此热泵的制热系数较高;②土壤的传热盘管埋于地下,热泵运行中不需要通过风机或水泵采热,无噪声,换热器也不需要除霜;③土壤有蓄能作用。

2)地源热泵制冷工况

地源热泵系统在制冷状态下,地源热泵机组内的压缩机对冷媒做功,使其进行气—液转化的循环。通过冷媒/空气热交换器内冷媒的蒸发将室内空气循环所携带的热量吸收至冷媒中,在冷媒循环的同时再通过冷媒/水热交换器内冷媒的冷凝,由循环水路将冷媒中所携带的热量吸收,最终通过室外地能换热系统转移至地下水或土壤里。在室内热量通过室内供暖空调末端系统、水源热泵机组系统和室外地能换热系统不断转移至地下的过程中,通过冷媒—空气热交换器(风机盘管),以 13 ℃以下的冷风的形式为房间供冷。

3)地源热泵供热工况

地源热泵系统在制热状态下,地源热泵机组内的压缩机对冷媒做功,并通过四通阀将冷媒流动方向换向。由室外地能换热系统吸收地下水或土壤里的热量,通过水源热泵机组系统内冷媒的蒸发,将水路循环中的热量吸收至冷媒中,在冷媒循环的同时再通过冷媒/空气热交换器内冷媒的冷凝,由空气循环将冷媒所携带的热量吸收。在地下的热量不断转移至室内的过程中,通过室内供暖空调末端系统向室内供暖。

4)地下换热器设计

地下换热器是地源热泵系统的关键设备。地下换热器的设计是否合理直接影响热泵的性能和运行的经济性。地下换热器设计可按以下步骤:

①确定地下换热器埋管形式。地下换热器的埋管主要有两种形式,即竖直埋管和水平埋管。选择哪种方式主要取决于场地大小、当地岩土类型及挖掘成本。在各种竖直埋管换热器中,目前应用最为广泛的是单U形管。

②确定管路的连接方式。地下换热器管路连接有串联与并联两种方式。采用何种方式,主要取决于安装成本与运行费。对竖直埋管系统,并联方式的初投资及运行费均较经济。且为保持各环路之间的水力平衡,常采用同程式系统。

③选择地下换热器管材及竖埋管直径。目前,国外广泛采用高密度聚乙烯作为地下换热器的管材,按 SDR11 管材选取壁厚,管径(内径)通常为 20~40 mm,而国内大多采用国产高密度聚乙烯管材。

④地下换热器的尺寸确定及布置。

a.确定地下换热器换热量。夏季与冬季地下换热器的换热量可分别根据以下计算式确定:

$$Q_{夏} = Q_{o}\left(1 + \frac{1}{COP_{1}}\right) \tag{6.1}$$

$$Q_{冬} = Q_{k}\left(1 - \frac{1}{COP_{2}}\right) \tag{6.2}$$

式中　　Q_{o}——热泵机组制冷量,kW;

　　　　Q_{k}——热泵机组制热量,kW;

　　　　COP_{1},COP_{2}——热泵机组制冷、制热时的性能系数,一般 COP 为 3.5~4.4。

b.确定地下换热器的长度。地下换热器的长度与地质、地温参数及进入热泵机组的水温有关。在缺乏具体数据时,可依据国内外实际工程经验,按每米管长换热量 35~55 W 来确定地下换热器所需长度。

c.确定地下换热器钻孔数及孔深等参数。竖埋管管径确定后,可根据式(6.3)确定钻孔数:

$$n = \frac{4\ 000\ W}{\pi v d_{i}^{2}} \tag{6.3}$$

式中　　n——钻孔数；

　　　　W——机组水流量，L/s；

　　　　v——竖埋管管内流速，m/s；

　　　　d_i——竖埋管管内径，mm。

各孔中心间距一般取 4.5 m。对竖直单 U 形管，埋管深度一般为 40～90 m，孔深 h 可根据式(6.4)确定：

$$h = \frac{L}{2n} \tag{6.4}$$

式中　　n——钻孔数，个；

　　　　L——地下换热器长度，m。

地源热泵系统的运行性能与地下埋管的设计及施工质量有密切关系，因此要提高设计人员的设计能力，并不断完善地下换热器的安装、施工工艺。

5）地埋管的敷设方式

（1）水平地埋管

单层管最佳埋深为 0.8～1.0 m，双层管最佳埋深为 1.2～1.9 m，但均应埋在当地冻土深度以下。水平地埋管［图 6.15（a）］由于埋深较小，换热器性能不如竖直地埋管，而且施工时占用场地大，在实际工程中，往往是单层埋管与多层埋管搭配使用。螺旋管优于直管，但不易施工。由于浅埋水平管受地面温度影响大，地下岩土冬夏热平衡好，因此，适用于单季使用的情况（如欧洲只用于冬季供暖和生活热水供应）。水平地埋管换热器可不设坡度。最上层埋管顶部应在冻土层以下 0.4 m，且距地面宜不小于 0.8 m。

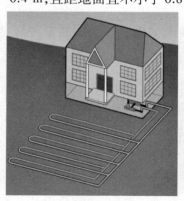

（a）水平地埋管　　　　　　（b）竖直地埋管

图 6.15　地源热泵地埋管敷设方式

（2）竖直地埋管

竖直地埋管［图 6.15（b）］的间距建议为：工程规模较小时，埋管单排布置，地源热泵间歇运行，埋管间距取 3.0 m；工程规模较大时，埋管多排布置，地源热泵间歇运行，埋管间距建议取 4.5 m；若连续运行（或停机时间较少）建议取 5～6 m。再者，岩土体吸、释热量平衡时，宜取小值；反之，宜取大值。当然从换热角度分析，间距大则热干扰小，对换热有利，但占地面积大，埋管造价也有所增加。

按埋设深度不同,理管分为浅埋(埋深≤30 m)、中埋(埋深31~80 m)和深埋(埋深≥80 m)。一般来讲,浅埋管的优点是:投资少,成本低,对钻机的要求不高,可使用普通型承压(0.6~1.0 MPa)塑料管;受地面温度影响,地下岩土冬夏热平衡较好。缺点是:占用场地面积大,管路接头多,埋管换热效率较中埋、深埋低。深埋管的优点是:占用场地面积小,地下岩土温度稳定,换热量大,管路接头少。缺点是:投资大,成本高,需采用高承压(1.6~2.0 MPa)塑料管,对钻机的要求高。中埋管的性能介于浅埋、深埋管之间,塑料管可用普通承压型的。对国内外工程实例进行统计的结果表明,中埋的地源热泵占多数。

在实际工程中是采用水平式还是垂直式埋管以及垂直式埋管的深度取多少,取决于场地大小、当地岩土类型及挖掘成本。如场地足够大且无坚硬岩石,则水平式埋管较经济;当场地面积有限时则应采用垂直式埋管。

6)地源热泵的优缺点

(1)地源热泵的优点

①地源热泵技术属于可再生能源利用技术。它不受地域、资源等限制,真正是量大面广、无处不在。这种储存于地表浅层近乎无限的可再生能源,使得地能也成为清洁的可再生能源的一种形式。

②地源热泵属于经济有效的节能技术。地能或地表浅层地热资源的温度一年四季相对稳定,冬季比环境空气温度高,夏季比环境空气温度低,是很好的热泵热源和空调冷源,这种温度特性使得地源热泵比传统空调系统运行效率要高40%,因此要节能和节省运行费用40%左右。另外,地能温度较恒定的特性,使得热泵机组运行更可靠、稳定,也保证了系统的高效性和经济性。据美国国家环境保护局估计,设计安装良好的地源热泵,平均来说可以节约用户30%~40%的供热制冷空调的运行费用。

③地源热泵环境效益显著。地源热泵的污染物排放,与空气源热泵相比,减少40%以上,与电供暖相比,减少70%以上,如果结合其他节能措施节能减排更显著。虽然也采用制冷剂,但比常规空调装置减少25%的充灌量,属自含式系统,即该装置能在工厂车间内事先整装密封好,因此,制冷剂泄漏的概率大为减少。该装置的运行没有任何污染,可以建造在居民区内,没有燃烧,没有排烟,也没有废弃物,不需要堆放燃料废物的场地,且不用远距离输送热量。

④地源热泵一机多用,应用范围广。地源热泵系统可供暖、空调,还可供生活热水,一套系统可以替换原来的锅炉+空调两套装置或系统;可应用于宾馆、商场、办公楼、学校等建筑,更适合别墅住宅的供暖、空调。一机多用的运行工况如图6.16所示,室外地能换热系统、地源热泵机组和室内供暖空调末端系统3个系统之间靠水或空气换热介质进行热量的传递,地源热泵与地能之间换热介质为水,与建筑物供暖空调末端换热介质可以是水或空气。

⑤地源热泵空调系统维护费用低。在同等条件下,采用地源热泵系统的建筑物能够减少维护费用。地源热泵非常耐用,它的机械运动部件非常少,所有的部件不是埋在地下便是安装在室内,从而避免了室外的恶劣气候,其地下部分可保证50年,地上部分可保证30年。因此,地源热泵是免维护空调,节省了维护费用,使用户的投资在3年左右即可收回。此外,机组使用寿命长,均在15年以上;机组紧凑、节省空间;自动控制程度高,可无人值守。

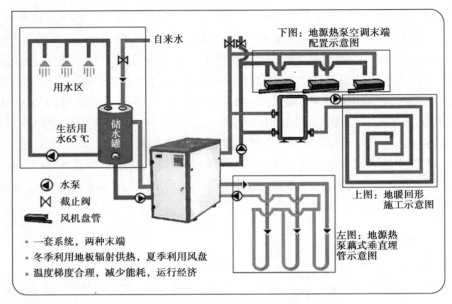

图 6.16　地源热泵一机多用工况接管示意图

（2）地源热泵的缺点

地源热泵应用会受到不同地区、不同用户及国家能源政策、燃料价格的影响；一次性投资及运行费用会随着用户的不同而有所不同；采用地下水的利用方式，会受到当地地下水资源的制约，如果回灌不当，会对水质产生污染；从地下连续取热或释放热量时，难以保证埋地换热器与周围的环境有足够的传热温差，还可能存在全年冷热不平衡等问题。

应用案例：北京世界园艺博览会采用深层地热+浅层地热+水蓄能+锅炉调峰方式，为 29 万 m^2 建筑提供供热制冷服务；北京城市副中心办公区利用地源热泵+深层地热+水蓄能+辅助冷热源，通过热泵技术创建"近零碳排放区"示范工程，为 237 万 m^2 建筑群提供夏季制冷、冬季供暖以及生活热水。北京大兴国际机场地源热泵系统作为"绿色机场"的重要组成部分，为大兴机场 257 万 m^2 建筑提供冷、热能源等。

6.5　空气能热泵应用技术

6.5.1　空气源热泵概述

空气作为低位热源，取之不尽、用之不竭，空气源热泵装置的安装和使用也都比较方便，而且对换热设备无害，所以它成为热泵装置最主要的热源。与地源热泵相比，主要有以下 3 个缺点。

①空气的热容量小，为了获得足够的热量和满足蒸发器传热温差的要求，则需要较大的空气量。当进风干球温度为 10 ℃、相对湿度为 50%时，蒸发器中的热泵工质每吸收 1 kW 的热量，需要温度降为 10 ℃ 的空气流量 360 m^3/h。如果希望降低传热温差以提高热泵的效率，还要进一步加大风量。这就要求风机的容量较大，使空气热源热泵装置的噪声、风机消耗的电量

以及热泵的体积都比较大。

②室外空气的状态参数随地区和季节的不同而有很大变化,这对热泵的容量和制热性能系数影响很大。随着室外温度的降低,热泵的蒸发温度下降,制热性能系数也随之降低。单级蒸气压缩式热泵虽然在-20~-15℃时仍能运行,但此时制热系数大大降低,供热量可能不到额定工况下的50%。与之相反,随着气温的下降,建筑物所需要的供热量上升。这就存在着热泵的供热量与建筑物耗热量之间的供需矛盾。用图 6.17 来表示,曲线 Q 表示某一特定建筑物需要的供热量随室外气温的变化关系,曲线 A、B 分别表示热泵 A、热泵 B 的供热量随室外气温的变化关系,其中,热泵 A 的容量大于热泵 B。曲线 A 和

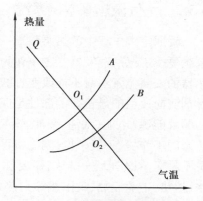

图 6.17　空气源热泵供热特性

B 分别与曲线 Q 相交于 O_1 和 O_2 点,该交点即为平衡点,对应的室外气温称为平衡点温度,它表示在该温度下,某一特定建筑物的需热量与某一容量的热泵系统的供热能力相等。从图中可以看出,对于同一建筑物,热泵容量越大,平衡温度越低。当气温低于平衡点温度时,热泵供热能力不足,需要加入辅助热源供热;反过来讲,如果希望不采用或减少辅助加热,则需要选择较低的平衡温度、加大热泵容量。

③冬季室外温度很低时,室外换热器中工质的蒸发温度也很低。当含有一定水蒸气的空气流经蒸发器时,水蒸气会凝结下来。蒸发器表面温度低于 0 ℃,且低于空气的露点温度时,换热器表面就会结霜。蒸发器表面微量凝露时,可起到增强传热的效果,但空气流动阻力有所增加。结霜不仅使空气流动阻力增大,还会导致热泵的制热性能系数和可靠性降低。所以,空气热源热泵的设计使用时必须要考虑除霜的问题。除霜时,热泵不仅不供热,还要消耗一定的能量用于除霜。关于结霜现象的理论计算和工程实例表明,室外干球温度在-5~+5℃,相对湿度>75%时,热泵空调器结霜严重;而当室外空气温度低于-5℃时,由于湿空气中含湿量减小,其结霜速率减慢。夏热冬冷地区冬季室外温度较高,大部分地区因结霜带来的效率损失并不严重,特别是机组在白天运行时,结霜损失更小。但某些地区的相对湿度大,如长沙地区。因此,在该地区使用的风冷热泵机组,应具有良好的除霜措施,否则将影响冬季的供热效果。

空气作为热泵的低温热源,虽然有许多缺点,但从国外空气热源热泵的运行经验来看,对于气候适中,供暖度日数不超过 3 000 ℃·d 的地区,采用空气热源热泵仍是经济的。我国夏热冬冷地区的供暖度日数(以 18 ℃为基准)基本在 800~2 000 ℃·d,适合于空气热源热泵的应用。从低温天气气温值来看,小于 5 ℃区间的室外平均气温在 1~5 ℃。夏热冬冷地区主要城市冬季室外供暖设计温度均在-3 ℃以上,热泵的供热量一般可达额定值的70%以上。这些地区夏季炎热,建筑物的空调负荷较大,由于该地区冬季室外温度较高,一般同一建筑物的冬季需热量只有夏季耗冷量的50%~70%,甚至更低。因此该地区使用热泵系统进行冷暖空调,可按照夏季供冷需求选取热泵容量,一般均不需加辅助热源就完全能满足冬季供暖要求。这样,由一套系统满足两种功能需求,既节约了能源,又省了投资。

6.5.2 空气源热泵空调系统

暖通空调工程中的热泵装置一般都要求在夏季供冷,冬季作为热泵来供热的。这就要求系统夏季工况的蒸发器在冬季作为冷凝器,夏季工况的冷凝器在冬季作为蒸发器,而这两个换热器的安装位置本身不能改变,此时一般通过改变系统内制冷剂的流向来实现。能够实现制冷剂流向改变的最重要的部件是四通换向阀。热泵系统的组成包括 3 个主要部分:一是热泵的驱动能源(电能、汽油、柴油、煤气、煤等)和驱动装置(电动机、燃料发动机、汽轮机等);二是热泵的工作机,一般来说,制冷机可作为这种热泵系统的工作机,制冷机的冷凝器中释放的热量不是简单地向大气排放,而要加以利用,通过供热系统向用户供热;三是低温热源(空气、水、地热、工业废热、太阳能等),热泵从低温热源吸取热量,使其温度品位升高,转为可利用的热能。使用室外大气作为低位热源向室内供热的空调系统称为空气源热泵空调系统。空气热源热泵空调器的应用形式较多,其外形如图 6.18 所示。

  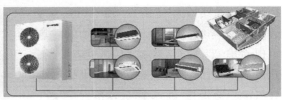

(a)整体式　　　　　(b)分体式　　　　　　　(c)一拖多

图 6.18　不同形式空调器外形图

1)热泵型分体空调器

通过四通换向阀的作用,同一套系统既可为房间提供热量,又可对房间进行制冷。但理论与实践证明对同一系统来说,制冷剂的流量在制冷工况和制热工况时是不同的。在额定工况下,空调器的制热量往往大于制冷量,而制冷剂的质量流量恰好相反。此时,如果冬夏用同一根毛细管就不能实现制冷与制热运行时都有最佳的制冷剂流量。为了解决此问题,在分体热泵空调器中,很多厂商大多采用"双回路"系统。"双回路"系统即在"单回路"系统中增加了一根副毛细管和一个止回阀,制冷时制冷剂只走主毛细管,使其流量达到最佳值;在制热时,由于需要的流量较小,使制冷剂先通过副毛细管后再经过主毛细管节流,从而使制冷剂流量达到设定值。

商用分体热泵机组是指以空气为低位热源或排热源的热泵型单元式空调机组,其形式有立柜式、天花板嵌入式、天花板悬吊式和屋顶空调机等,其制冷和制热量一般为 7~100 kW。随着居民住宅条件的改善,薄型立柜式空调机已经被很多家庭用于客厅的冷暖空调。对于热泵型空调器,由于采用压缩机变频调速控制后,机组可在 40%~120% 的范围内高效运行,这对改善在低温环境下热泵的供热能力与建筑物的热需求之间的矛盾将起到一定的作用。

随着人们居住环境的改善,近年来,多联系统(亦称"一拖多")在我国已得到发展,多联系统分体式空调器是一种只用一台室外机组,带动多台室内机组的系统,它既可减少室外机组的安装位置,又可使多个房间得到舒适的空调,这对居室多的场合非常适用,其安装方式及室内机形式如图 6.19 所示。

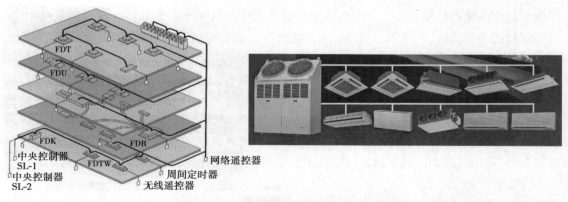

图 6.19 多联机系统安装及室内机形式

VRV 空调机组与 CRV 机组相比,优点如下:负荷变化时系统不停机,变频改变转速,减小 ON/OFF 损失,节能 25%;平均 COP 和 EER 大幅度提高;减小启动电流对电网的冲击;低频启动,启动时间短,启动噪声小;风机、压缩机均变频,部分负荷时保证除湿能力;热泵系统冷热均可达到最佳特性。变频 VRV 空调机组的优点:高效、节能,蒸发温度较高;便于个别控制,负荷变化差别越大越有优势;可同时供冷供热,有效进行热回收;压缩机容量可以减小;结构紧凑,节省建筑空间。变频 VRV 空调存在的问题:系统稳定性问题;制冷剂分配问题;小负荷运行问题(30 Hz 以下);制冷剂泄漏问题等。

2)风冷热泵冷热水机组

风冷热泵冷热水机组和热泵空调器的原理基本相同,所不同的是室内侧换热器为水/制冷剂换热器,在夏天制取 5~7 ℃的冷冻水,冬天制取 45 ℃左右的热水。由于水的比热容和密度都比较大,用它作为冷热量的输送介质,可以为空调房间输送较多的冷热量,所以这种机组的容量比较大,被广泛用作中央空调的冷热水机组。它的主要优点是:使用方便,插上电源即可使用;不需要冷却水系统,可以节约用水量;一般可安装在建筑物顶层或室外平台,省去了一般中央空调的主机机房;在夏热冬冷地区,一套系统能同时满足夏季供冷和冬季供热的需求,节约了初投资。因此,这种热泵系统自 20 世纪 90 年代以来,在我国得到了较快的发展,其中,较小容量的(制冷量 7~35 kW)也被作为较大面积的单户住宅或小范围的办公及商用空调的冷热源。

根据机组采用的压缩机类型,风冷热泵冷热水机组主要有往复式压缩机和螺杆式压缩机两种;按照机组的组成形式,也可分为两类:一类是组合式,即由多个独立回路的单元机组组成的一种机型,每个单元机组由一台压缩机、一台空气侧换热器和一台水侧换热器组成,几个单元组合起来以后将水管连接在一起组成一台大的机组,这种机组一般采用往复式压缩机,图 6.20 为组合式风冷热泵冷热水机组的外形图;另一类是整体式,由一台压缩机或多台压缩机为主机,但共用一台水侧换热器。采用一台压缩机时,多采用螺杆式;采用多台压缩机时,一般采用往复式。从空气侧换热器的排列形式和通风方式上看,大部分机组都采用了轴流风机顶吹式,小型机组也有采用侧吹方式的;换热器一般都采用铝刺片套铜管组成的排管,其排列方式有直立式、V 型、L 型和 W 型多种,W 型主要用于大型机组。对于水侧换热器,目前大容量机组基本上都以壳管式换热器为主,有单回路、双回路和多回路等形式,多回路共用一个壳程,回路数由制冷压缩机数量确定。水侧换热器在制冷工况都属于干式蒸发器。在小型机组中,也有采用板式换热器的,其体积小、质量小,但在防冻方面应有较高的要求。在一些产品中考虑了利用热泵进行热回收的方案,即安装一台壳管式水换热器作为辅助冷凝器,在机组制冷时回收冷凝热,为用户提供 45~65 ℃ 的热水,显然,采用这种方案的系统节能效益更为显著。目前多数产品为制冷和制热工况安装容量不同的两个膨胀阀,在中小型机组中,有的只安装一只膨胀阀,在制热时串联上一只毛细管来达到减小制冷剂流量的目的。随着技术的发展,人们开发出了电子膨胀阀和双向热力膨胀阀。采用电子膨胀阀的系统,控制精度高,反应灵敏,工况稳定,在大容量的机组中已越来越多地取代了安装两只热力膨胀阀的方案。

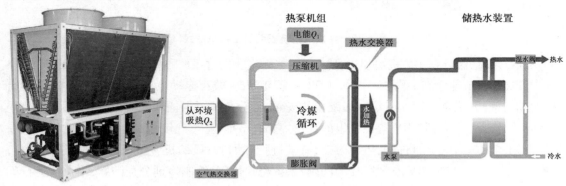

(a)外形图　　　　　　　　(b)空气源热泵热水系统原理图

图 6.20　风冷热泵冷热水机组

空气源热泵机组的工作性能要受到环境的影响,包括两个方面,一是室外空气,一是水侧换热器中的水,主要是室外空气的温湿度和热泵机组的出水温度。它们实际上是通过影响制冷循环的蒸发温度和冷凝温度来影响热泵的工作性能的。当热泵系统处于制热工况时,随着出水温度的提高,热泵的制热量减少;当室外空气温度降低时,热泵的制热量减少。热泵的输入功率随出水温度的升高而增加,随室外空气温度的降低而减少。综合而言,出水温度升高和室外温度降低都会导致热泵的效率降低。热泵系统按制冷工况时,出水温度升高使制冷量和耗功量增加,总的来说,系统的效率是升高的;室外空气温度降低,系统的制冷量增加,耗功量减少,系统的效率增高。可见,蒸发器的温度条件对热泵效率的影响更为显著。所以,在使用中改善蒸发器的工作条件是使热泵系统节能的重要手段。

6.5.3　空气源热泵热水系统

通过压缩机系统运转工作,吸收空气中的热量制造热水,即压缩机将冷媒压缩,压缩后温度升高的冷媒,经过水箱中的冷凝器制造热水。空气能热泵在运行中,蒸发器从空气中的环境热能中吸取热量以蒸发传热工质,工质经压缩机压缩后,压力和温度上升,高温蒸气通过冷凝器冷凝成液体时,释放出的热量传递给了空气源热泵贮水箱中的水。冷凝后的传热工质通过膨胀阀返回到蒸发器,然后再被蒸发,如此循环往复,制备热水,其工作原理如图 6.21 所示。

空气能(热泵)热水器按工作方式分为直热式、循环式、分体直热式。第一代是直热式,冷水直接进入主机加热到 55 ℃ 的热水后送到保温水箱保存,热水从水箱下面出来。第二代是循环式,冷水直接进入保温水箱后在循环泵的作用把水拉回到主机中进行热交换加热后再送回到水箱中,分层加热,热水从下面出去。第三代是空气能热水器分体直热式,冷水直接进入保温水箱后直接与水箱中的换热器进行热量交换加热,热水从上面出去,这样既不要用循环泵,热水也不要经过任何路径,热损失最小,热效率最高。

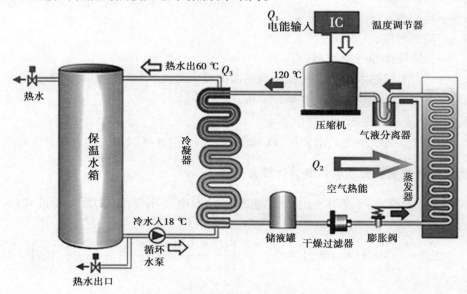

图 6.21　空气源热泵热水器的工作原理

注:Q_3(热水获得能量)= Q_1(压缩机电能输入)+Q_2(空气热能)

空气能(热泵)热水器可以用于以下场合:工业生产用热水;工厂洗浴用热水、饮用热水预热、医院洗涤、洗浴用热水;学校或私人学生宿舍、公司员工宿舍淋浴用热水;酒店、宾馆、招待所大量中央集中供热水,洗浴中心、餐厅饭店厨房用热水;美容美发业用水、幼儿园学校饮用水预热;家庭淋浴、浴缸、浴缸使用热水,尤其适合中高层、别墅住户、及大热水量用户;家庭地板式、散热片式、风机式供暖用热水;洗车、洗涤等所有生活用热水等。

6.6　建筑可再生能源利用潜力

6.6.1　建筑可再生资源利用潜力评估方法

1)太阳能光热资源开发利用潜力计算方法

在规划设计阶段,基于需求侧出发的城区建筑可利用太阳能光热利用计算如式(6.5)和(6.6)所示。

$$E_{sth} = \sum_{i=1}^{12} \min[E_{hwp}, E_{hwd}] = \sum_{i=1}^{12} \min\left[\frac{Q_0 \times \lambda_{sth} \times \gamma_{sth} \times \eta_{sth} \times \upsilon \times A_e}{\upsilon/\rho}, E_{hwd}\right] \quad (6.5)$$

$$E_{hwd} = L_{hw} \times (\upsilon \times A_e) \quad (6.6)$$

式中　E_{sth}——太阳能光热利用资源量,kJ;

E_{hwp}——太阳能光热热水产生量,kJ;

E_{hwd}——生活热水实际需求量,kJ;

Q_0——太阳能年辐射量,kJ/($m^2 \cdot a$);

υ——容积率;

ρ——建筑密度;

λ_{sth}——屋顶面积可使用率;

γ_{sth}——太阳能热水集热器面积与水平面的面积之比;

η_{sth}——太阳能集热器光热效率;

A_e——建筑用地面积,m^2;

L_{hw}——单位面积生活热水能耗,kJ/m^2。

2)太阳能光伏资源开发利用潜力计算方法

在规划设计阶段,基于需求侧出发的建筑光伏发电利用资源潜力评估,按式(6.7)和式(6.8)计算。

$$E_{spv} = \sum_{i=1}^{12} \min[E_{PV}, E_{ed}] = \sum_{i=1}^{12} \min\left[\frac{Q_0 \times \lambda_{PV} \times k \times \eta_{PV} \times \upsilon \times A_e}{\upsilon/\rho}, E_{ed}\right] \tag{6.7}$$

$$E_{ed} = L_e \times (\upsilon \times A_e) \tag{6.8}$$

式中　E_{spv}——太阳能光伏利用资源量,kJ;

E_{PV}——太阳能光伏发电资源量,kJ;

E_{ed}——建筑实际电耗量,kJ;

Q_0——太阳能年辐射量,kJ/($m^2 \cdot a$);

υ——容积率;

ρ——建筑密度;

λ_{PV}——屋顶面积可使用率;

κ——太阳能光电效率修正系数;

η_{pv}——太阳能集热器光热效率;

A_e——建筑用地面积,m^2;

L_e——单位面积生活热水能耗,kJ/m^2。

3)城区风力发电资源量计算方法

风力发电量可根据场地的风功率密度分布情况规划风能资源密度和可开发利用面积,结合场地年可发电小时数,对场地风力发电资源量进行估算,计算方法如式(6.9)所示。

$$E_w = A \times \eta_w \times P_V \times T_V \times 10^{-3} \tag{6.9}$$

式中　E_w——某高度风力发电机的年发电量,kW·h;

A——风能资源分布面积,m^2;

η_w——可开发面积率;

P_V——在有效风速 v 下风功率密度,W/m^2;

T_V——场地有效风速 v 下的年累计小时数,h。

以某城市为例,陆地 70 m 高度年平均风功率密度≥200 W/m² 的城区面积约为 900 km²,可开发面积率约为 1%,年可发电小时数约为 2 000 h,则该城市的 70 m 高度风力发电机的年发电量约为 3 600 GW·h。

6.6.2　建筑太阳能利用的地域性问题

1)与建筑一体化设计的协调问题

建筑太阳能利用的系统性。从太阳能利用产品技术角度来看,目前市场上太阳能热利用产品质量和性能参数,特别是系统及其主要部件的安全性、可靠性差,不能满足建筑规范的抗风、抗雪、抗震、防水、防雷等要求,系统的集成与外观还不能适应建筑一体化的要求。从太阳能热利用工程技术角度来看,目前建筑设计院较少参与太阳能系统设计,一般由太阳能企业凭经验完成,难以做到系统优化,再加上房屋建成后安装太阳能系统是后置部件,安装与建筑设计不和谐,对建筑的使用功能和城市风貌都有负面影响。因此,城市建筑利用太阳能作为热源提供生活热水、供暖和空调,需要解决太阳能系统与建筑的一体化问题,通过整体设计、整体施工,才能发挥太阳能系统的技术效益。

2)资源地域分布的不平衡性问题

太阳能分布的自然地域性。被动式供暖太阳房是建筑被动式光热利用的最常见形式,投资少、经济实用,但受太阳能不稳定影响大,是边远、贫困地区的学校、乡镇住宅冬季供暖的传统技术;经过改进,若与常规供暖系统相结合形成新型被动太阳能供暖方式,对于北方农村建筑冬季室内热环境的改善也是一种适宜技术的途径。城市建筑密度大,单位建筑面积的太阳能可利用容量有限,需要通过城市能源系统的合理规划,系统研究在城市发展太阳能建筑利用系统的技术途径,同时还要考虑工程建设的经济性和政策环境等因素。

太阳能资源是全人类共同拥有的财富,开发利用太阳能也要考虑由此导致的社会公平问题。我国 2006 年 1 月 1 日起施行的《中华人民共和国可再生能源法》第十七条对我国太阳能利用的法律地位作了明确规定。国家鼓励单位和个人安装和使用太阳能热水系统、太阳能供热供暖和制冷系统、太阳能光伏发电系统等太阳能利用系统。对已建成的建筑物,住户可以在不影响其质量安全的前提下安装符合技术规范和产品标准的太阳能利用系统(当事人另有约定的除外)。尽管太阳能可以免费使用,但获取太阳能并利用太阳能为建筑供冷热电却要支付高昂的费用,系统利用规模越大,投资费用越高,需要通过区域太阳能利用的合理规划,解决好季节蓄能技术、全年综合利用技术等关键问题。

6.6.3　浅层地热能利用的地域性问题

1)建筑地热利用的标准化、规范化问题

地源热泵技术是建筑地热能利用的主要途径,不同地域的不同建筑对地下换热系统、热泵机组和末端的匹配有不同要求,没有统一设计标准。从工程角度看,目前还存在一些问题:系统能效偏低,项目管理空白,设计规范缺乏可操作性,施工工艺有待总结,初投资偏高,系统运

行模式不尽合理等。作为一项地域性很强的技术,地源热泵技术要充分发挥地热利用的潜力,就需要从产品设计、系统设计、施工工艺到过程管理的所有环节做到因地因时制宜,才能作为一项建筑节能的适宜技术发挥其综合效益。

2)建筑地热利用的环境问题

建筑节能技术的地域性表明,地源热泵技术大规模利用地热对生态环境产生重要影响,甚至导致资源开发利用不公平的社会问题。在水源热泵系统的推广应用中,如何协调合理抽取和回灌地下水是保护水资源的重大课题;土壤源热泵在人口密集城市应用时,需要研究冬夏冷热负荷不均导致地温变化引发生态问题的可能性。

浅层地热利用工程中存在的难题主要有:①系统腐蚀结垢严重,地下水回灌困难。腐蚀结垢问题严重影响整个换热系统的效率、运行效果、系统使用寿命和尾水回灌率,从而导致周边水量逐年下降和水质恶化等环境问题;②地层冷热平衡失调,导致区域性生态平衡遭到破坏。在河南、河北和山东等地,每年冬季供暖和夏季制冷时长基本差不多,提取地层热能和通过地层吸收空气热能时间相同,短期内不会对地层冷热平衡问题造成危害,而在东北、内蒙古等北方地区或者在南方,每年的供暖期和制冷期时间相差较多,特别是南方城市,夏季制冷周期远远超过冬季供暖周期,该区域地层中的热能逐年叠加,导致冷热平衡被破坏,造成区域性土壤和地下水的热污染,最终导致区域性生态环境的破坏。

3)建筑地热利用的集成问题

地源热泵复合能源系统是建筑地热利用适宜技术路径之一。根据各地区气候、地理资源特点,采用复合能源系统弥补单一热泵技术系统形式的不足,可以更充分地发挥热泵的节能性能。例如,太阳能与地热热泵、土壤热泵与地表水或地下水热泵结合,气源热泵与水源热泵结合等组成不同类型的高效复合能源系统,通过技术集成和系统优化,为可再生能源高效利用提供更大的空间。

中国地热资源分布具有3个特征:①浅层地热资源遍布全国;②中低温地热资源分布于沉积盆地和隆起山区;③高温地热资源分布于喜马拉雅地热带和台湾。地热能的开发利用是一门涉及多学科、多领域、多行业的综合性技术。从技术服务领域来看,主要包括地热制冷、地热供暖、地热发电、地热康养、地热养殖、地热温室、地热干燥及地热梯级(综合)利用等。从技术内容来看,主要包括资源勘查与评价、钻完井、储层压裂改造、尾水回灌、梯级利用、换热和保温、防腐防垢、热泵和发电、地面工程、运行管理等技术。行业关注较多的有:地源热泵系统相适应的压缩式热泵技术,吸收式热泵技术;废弃矿井改造为地热井技术;地热水回灌技术,地热水(采出液)水质处理技术等新工艺与方法;管路防腐蚀技术,结垢防治技术;地热井增产、增效技术等。在地热能高效利用领域,目前主要涉及的技术内涵主要包括深井直接换热技术(换热设备和介质)、高效热泵技术(提升热泵 COP 值,提高热泵的效能)。

本章小结

　　本章主要讲述了可再生能源的应用现状,太阳能、地热和空气能等可再生能源在建筑中的应用途径,可再生能源的应用地域性等。

　　本章的重点是太阳能光热、浅层地热和空气能等可再生能源在建筑中的应用途径,介绍了系统及主要设备形式及特点。

思考与练习

　　1.什么是可再生能源? 建筑中可再生能源主要有哪些类型?

　　2.中国气候资源的特征是什么? 按照不同气候分区,各地区的可再生能源技术应用重点有何不同?

　　3.太阳能在建筑中的应用途径有哪些? 影响太阳能光热利用的效率的因素有哪些?

　　4.地热能在建筑中的应用有哪些途径? 地源热泵技术在建筑中的应用对建筑能耗有什么影响?

　　　　　　　　　　　?不同气候地区的适应性如何?

　　　　　　　　　　应用的关键技术问题有哪些? 请查阅文献并结合校园具体建筑,

提　　　　　　　　　案。

7
建筑减碳新技术与可持续发展

教学目标

本章主要讲述建筑碳排放、减碳技术和减碳信息化管理等概念。通过学习,学生达到以下目标:

(1)了解碳排放和减排的相关概念。

(2)熟悉建筑领域的减碳技术途径。

(3)了解信息技术在节能减排中的应用与建筑可持续发展趋势。

教学要求

知识要点	能力要求	相关知识
建筑碳排放	(1)能理解碳排放相关概念 (2)会进行建筑碳排放计算	(1)碳排放 (2)碳源、碳汇 (3)温室气体
建筑减碳技术	(1)熟悉建筑节能减排技术 (2)了解建筑碳排放影响因素	(1)全生命周期减碳 (2)低碳清洁能源 (3)绿色低碳材料 (4)碳足迹与行为减排
信息技术在节能减排中的应用	(1)了解建筑节能减排全过程信息化管理技术 (2)熟悉BIM在建筑节能减排中的发展前景	(1)建筑能源与碳排放信息化管理 (2)智慧建筑的节能减碳
建筑可持续发展	(1)理解可持续发展的内涵 (2)了解建筑可持续发展的要求	(1)可持续发展理念 (2)可持续建筑

 **基本概念**

建筑碳排放;碳排放量计算;温室气体;全球变暖潜力值;碳排放因子;计算边界;建筑碳汇;零碳建筑

引 言

    2015 年,近 200 个国家参加了第 21 届《联合国气候变化框架公约》缔约方会议,并签署了《巴黎协定》,协定中提出"把全球平均气温升幅控制在工业化前水平以上低于 2 ℃之内,并努力将气温升幅控制在工业化前水平以上 1.5 ℃之内"。虽然各国承诺采取各种措施,包括大幅度减少温室气体排放,但依旧存在巨大的缺口——按照当前的承诺,截至 2100 年,即便各国做出最大努力,全球温升幅度仍将达到 2.4～3.8 ℃(Carbon Action Tracker,2018 年)。习近平总书记提出我国 CO_2 排放力争于 2030 年前达到峰值,努力争取 2060 年前实现碳中和。《中共中央 国务院关于完整准确全面贯彻新发展理念做好碳达峰碳中和工作的意见》和《国务院关于印发 2030 年前碳达峰行动方案的通知》,明确了减少城乡建设领域降低碳排放的任务要求。建筑碳排放是城乡建设领域碳排放的重点,通过提高建筑节能标准,实施既有建筑节能改造,优化建筑用能结构,推动建筑碳排放尽早达峰,将为实现我国碳达峰碳中和做出积极贡献。

7.1 碳排放概述

7.1.1 基本概念与术语

    碳排放是人类生产经营活动过程中向外界排放温室气体的过程。温室气体(Green House Gases,简称 GHGs)是指大气中由自然或人为产生的,能够吸收和释放地球表面、大气本身和云所发射的陆地辐射谱段特定波长辐射的气体成分,该特性可导致温室效应。温室气体主要包括二氧化碳(CO_2)、水汽(H_2O)、氧化亚氮(N_2O)、甲烷(CH_4)和臭氧(O_3)等。此外,大气中还有许多完全由人为因素产生的 GHGs,如《蒙特利尔协议》所涉及的卤烃和其他含氯和含溴物,《联合国气候变化框架公约京都议定书》(以下简称《京都议定书》)将六氟化硫(SF_6)、氢氟碳化物(HFC)和全氟化碳(PFC)定义为 GHGs。

    根据《建筑碳排放计算标准》(GB/T 51366—2019)术语解释,建筑碳排放(Guilding Carbon Emission)是指建筑物在与其有关的建材生产及运输、建造及拆除、运行阶段产生的温室气体排放的总和,以二氧化碳当量表示。二氧化碳当量(Carbon Dioxide Equivalent,CO_{2e})是指在辐射强度上与某种温室气体质量相当的二氧化碳的量,等于给定温室气体的质量乘以它的全球变暖潜值。全球变暖潜值(Global Warming Potential,GWP)是指在固定时间、范围内(通常指100 年)1 kg 物质与 1 kg 二氧化碳的脉冲排放引起的时间累积辐射力的比率。

    建筑碳排放计算边界是指与建筑物建材生产及运输、建造及拆除、运行等活动相关的温室气体排放的计算范围。碳排放因子(Carbon Emission Factor)是指将能源与材料消耗量与二氧化碳排放相对应的系数,用于量化建筑运行阶段相关活动的碳排放。建筑碳源(Carbon Source of Buildings)是指建筑项目在建造和使用过程中建筑材料和能源消耗向空气中释放的二氧化碳量。建筑碳汇(Carbon Sink of Building)是指在划定的建筑物项目范围内,绿化、植被从空气中吸收并存储的二氧化碳量。建筑碳中和(Carbon Neutrality)是指建筑领域在规定时期内二氧化碳的人为移除与人为排放抵销。碳足迹(Carbon Footprint)是指在人口、系统或活动的空间和时间边界内的所有相关来源、汇总和储存,用来衡量特定人口、系统或活动的二氧化碳和甲烷的排放总量,并利用 100 年全球升温潜能值(GWP100)计算二氧化碳当量。

零碳建筑(Zero Carbon Building)是指充分利用建筑本体节能措施和可再生能源资源,使可再生能源二氧化碳年减碳量大于等于建筑全年全部二氧化碳排放量的建筑,其建筑能耗水平应符合现行国家标准《近零能耗建筑技术标准》(GB/T 51350—2019)的相关规定。低碳建筑以减少碳排放量为设计出发点,是对单一物质元素进行控制的建筑设计思路。节能建筑以减少建筑全生命周期能耗,尤其是运行能耗为目标,是对综合能源消耗进行控制的建筑设计思路。在建筑评估范畴上,节能建筑只专注于节能领域,而低碳建筑则是关注节能、节材、废弃物处理等较广范畴。简而言之,低碳建筑虽仅以碳排放作为衡量标准,却比节能建筑更能揭露建筑全生命周期中的各类影响冲击。建筑领域的减碳已成为我国实现碳达峰、碳中和目标至为关键的一环,实施建筑用能和碳排放总量控制是实现能源消费总量控制和碳排放达峰的重要内容。

7.1.2 碳排放现状

1977 年,美国经济学家威廉·诺德豪斯最先提出全球 2 ℃的温升控制目标,2015 年,《巴黎协定》正式提出到 20 世纪末将全球平均温升控制在工业化前水平(2 ℃)以内。但 2018 年,联合国政府间气候变化专门委员会(IPCC)历时 2 年完成的《全球温升 1.5 ℃特别报告》指出,将全球温升控制在 1.5 ℃比控制在 2 ℃更能够有效降低地球气候风险。2021 年,联合国气候变化大会达成决议将"控制全球温升 1.5 ℃"作为确保人类能够在地球上永续生存的目标之一。2020 年 9 月,中国在第 75 届联合国大会上承诺"将努力实现二氧化碳排放于 2030 年前达到峰值,力争于 2060 年前实现碳中和"。

从国际上来看,建筑领域的碳排放占比超过 1/3。2021 年我国民用建筑建造相关的碳排放总量约为 16 亿 tCO_{2-eq},主要包括建筑所消耗建材的生产运输用能碳排放(77%)、水泥生产工艺过程碳排放(20%)和建造过程中用能碳排放(3%)。尽管这部分碳排放被计入工业和交通领域,但其排放是由建筑领域的需求拉动的,所以建筑领域也应承担这部分碳排放责任,并通过减少需求为减排做贡献。除二氧化碳外,建筑中制冷空调热泵产品所使用的含氟制冷剂也是导致全球温升的温室气体。基于清华大学建筑节能研究中心 CBEEM 模型估算结果,2019 年中国建筑空调制冷所造成的制冷剂泄漏相当于排放约 1.1 亿 tCO_{2-eq},2020 年排放约 1.3 亿 tCO_{2-eq},约占我国建筑运行所导致的二氧化碳排放总量的 6%,主要来自家用空调器的维修、拆解过程和商用空调的拆解过程。

7.2 碳排放量计算方法

《IPCC 第四次评估报告》及 IPCC《气候挑战:2014》分别指出,不同温室气体的全球暖化程度不同,其中二氧化碳总体贡献值为 76%,甲烷总体贡献值为 14.3%,氧化亚氮总体贡献值为 7.9%,其他温室气体总体贡献值小于 2%;21 世纪末期及以后时期的全球平均地表变暖主要取决于累计的二氧化碳排放,即使停止二氧化碳排放,气候变化的诸多方面仍将持续许多世纪。由此可见,二氧化碳是造成全球变暖的主要影响因子,其他影响因子中也以含碳的一氧化碳、甲烷及氢氟碳化合物为主。相关研究表明,一氧化碳和甲烷等气体的全球暖化潜力特征化系数分别为二氧化碳的 1.57 倍和 23 倍(表 7.1)。因此,可将各类温室气体的环境影响转化为以二氧化碳当量($kgCO_{2e}$)为统一衡量标准的评估指标,以便评估指标和影响类别之间的关系能够得到更加直观的体现。

表 7.1　温室气体全球暖化特征化系数

全球暖化潜力 GWP 相关气体(来源)	特征化系数($kgCO_{2-eq}$)
二氧化碳(生物造成)	0
二氧化碳(化石燃料)	1.00
一氧化碳(生物造成)	0
一氧化碳(化石燃料造成)	1.57
甲烷(生物造成)	23
甲烷(化石燃料造成)	23

建筑生命周期碳排放计算以单一指标为计算对象,是一种能综合反映建筑节能、节材以及持续发展等方面环境影响效益的评估方法,既体现了建筑全生命周期内节能、减排及循环利用等绿色建筑核心设计理念,又可检验绿色建筑技术的有效性。

建筑运行阶段碳排放计算范围应包括暖通空调、生活热水、照明及电梯、可再生能源在建筑运行期间的碳排放量,计算范围应为建筑运行阶段能源消耗产生的碳排放量和可再生能源的减碳量。国家标准《建筑节能与可再生能源利用通用规范》(GB 55015—2021)为全文强制性工程建设规范,其中包括建筑碳排放计算作为强制要求,自 2022 年 4 月 1 日起实施。从本质上来讲,终端用电折算方法是电力的能耗和碳排放在发电、输配和使用端之间的分配。

建筑运行阶段碳排放量应根据各系统不同类型能源消耗量和不同类型能源的碳排放因子确定,建筑运行阶段单位建筑面积的总碳排放量(C_M)应按下列公式计算:

$$C_M = \frac{\left[\sum_{i=1}^{n} (E_i EF_i) - C_P \right] y}{A} \tag{7.1}$$

$$E_i = \sum_{i=1}^{n} (E_{i,j} - ER_{i,j})$$

式中　C_M——建筑运行阶段单位建筑面积碳排放量,$kgCO_2/m^2$;

　　　E_i——建筑第 i 类能源年消耗量,a;

　　　EF_i——第 i 类能源的碳排放因子,按标准附录取值;

　　　$E_{i,j}$——j 类系统的第 i 类能源消耗量,a;

　　　$ER_{i,j}$——j 类系统消耗由可再生能源系统提供的第 i 类能源量,a;

　　　i——建筑消耗终端能源类型,包括电力、燃气、石油、市政热力等;

　　　j——建筑用能系统类型,包括供暖空调、照明、生活热水系统等;

C_p——建筑绿地碳汇系统年减碳量,$kgCO_2/a$;

y——建筑设计寿命,a;

A——建筑面积,m^2。

暖通空调系统中由于制冷剂使用而产生的温室气体排放,应按式(7.2)计算:

$$C_r = \frac{m_r}{y_e}GWP_r/1\,000 \qquad (7.2)$$

式中　C_r——建筑使用制冷剂产生的碳排放量,tCO_{2e}/a;

r——制冷剂类型;

m_r——设备的制冷剂充注量,kg/台;

y_e——设备使用寿命,a;

GWP_r——制冷剂 r 的全球变暖潜值。

7.3　建筑减碳集成技术路径

建筑减碳集成技术体系主要包括建筑产品前期决策和勘测设计、建造施工、使用和运营、拆除等阶段的减碳技术、建筑能耗与碳排放分析及建筑能源管理技术等。在建筑全生命周期内,建筑材料和建筑运行中排放的二氧化碳最多。建筑材料减碳技术包括水泥、绿色高性能混凝土、新型墙体材料、节能门窗、新型玻璃,以及屋面、地面、楼板及楼梯间隔墙等的节能技术;建筑运行减碳技术主要包括建筑供热空调与制冷系统和建筑设备节能、建筑照明节能,以及可再生能源在建筑中的应用、合理利用自然资源等技术。

7.3.1　建筑低碳管理技术

政策引导建筑零碳化。近年来,国家和多地政府纷纷出台激励政策与发展引导政策,鼓励绿色近零能耗建筑的发展。住房和城乡建设部于 2015 年 11 月发布《被动式超低能耗绿色建筑技术导则(试行)》,2019 年 1 月 24 日发布了"关于发布国家标准《近零能耗建筑技术标准》(GB/T 51350—2019)(以下简称《标准》)的公告"。该《标准》将被动房和零能耗建筑的指标体系进行整合,为形成我国自有近零能耗建筑体系、指导行业发展提供了有力支撑,助力建筑领域快速实现碳中和。

完善政策支持和保障机制。现有政策引导在建筑领域绿色低碳发展上起到很大作用,但未来进一步完善政策支持和引导,建立保障机制,是促进建筑领域绿色低碳发展的关键环节。具体可从以下几点进一步开展工作。

①建筑供给端上要坚持"房住不炒"的宏观调控政策,大力发展租赁房和保障房制度;充分发掘空置房和烂尾楼,加大对既有建筑的绿色改造力度。

②制定和完善建筑绿色低碳发展的法律法规,实施绿色建筑统一标识制度,深化执法体制改革,加强管理能力建设和执法能力建设。

③加强建筑业绿色低碳发展的培训和宣传,开展绿色建筑应用示范工程建设,形成良好的争创绿色低碳的行业风气。

④统一建筑领域的能源统计数据核算方法与体系,并能与国际通用模式接轨。

⑤鼓励建筑业绿色低碳发展新技术,提倡装配式建筑施工方式及建筑低碳运行等新技术。

绿色建筑与互联网融合,运用物联网、云计算、大数据等技术,提高节能、节水、节材的效果,降低温室气体排放,真正把"绿色"融入建筑全生命周期,实现建筑与环境和谐统一。通过将楼宇自控、能耗监管、分布式发电等系统进行集成整合,实现各系统之间数据互联互通,打造智能建筑管控系统,实现数字化、智能化的能源管理;通过运用物联网、互联网技术,实时采集、统计、分析建筑用能数据,优化空调、电梯、照明等用能设备控制策略,实现智慧监控和能耗预警,提高能源使用效率;同时,推动有条件的公共机构建设能源管理一体化管控中心。

7.3.2　建材低碳化技术

建材生产阶段的碳排放占比较大,2020 年,中国水泥产量 23.77 亿 t,约占全球的 55%,排放 CO_2 约 12.30 亿 t,约占全国碳排放总量的 12.1%;钢材产量 13.24 亿 t,钢铁行业碳排放量约占全国碳排放总量的 15%。建材端减碳的路径主要有:

①调整优化产业产品结构,推动建筑材料行业绿色低碳转型发展。

②加强低碳技术研发,推进建筑材料行业低碳技术的推广应用。

③防止大拆大建,采用工业废弃物、烧结黏土等逐步取代传统矿物。

④研发并应用以 CO_2 作为生产原料的建材或应该够吸收 CO_2 的建筑材料。

⑤加大建筑垃圾循环利用率,从建筑垃圾分类、回收处理、再生处理、资源化利用和产品应用 5 个步骤促进建筑垃圾资源回收利用。

⑥大力发展 CO_2 的收集、储存、利用技术并推广应用。

7.3.3　可再生能源建筑应用与建筑电气化

加大太阳能、风能、地热能等可再生能源和热泵、高效储能技术推广力度,大力推进太阳能光伏、光热项目建设,提高可再生能源的消费比重。因地制宜地推广利用太阳能、地热能、生物质能等能源和热泵技术,满足建筑采暖和生活热水需求。充分利用建筑屋顶、立面、车棚顶面等适宜场地空间,安装光电转换效率高的光伏发电设施。鼓励有条件的公共机构建设连接光伏发电、储能设备和充放电设施的微网系统,实现高效消纳利用,推广光伏发电与建筑一体化应用。

电气化供暖、生活热水及空调的电气化与使用化石燃料提供同样服务相比,能够为用户在电器的全生命周期内节约成本并能减少碳排放量。随着电力系统中可再生能源占比的提高,电力需求弹性的价值也很有可能会提高。用户通过智能设备实现电力需求弹性的能力,还能够进一步降低电气化的全生命周期成本。建筑电气化的技术路径包括:建筑用能需求的减少;用电设备的能效提升;用热需求的经济高效电能替代等。通过建筑电气化可减少建筑运行期的碳排放,助力建筑领域尽早实现碳达峰。

7.3.4　建筑施工低碳化技术

建筑施工企业应依靠信息化技术来指导低碳生产管理的落实,以大量动态参数作为数据支撑,将设备配置、使用数量、施工进度、人员信息等全部录入数据库,以达到整体管理,从而实现人、机、料、法、环各因素优化配置,达到效率高、能耗低和排放少的效果,同时,还能加快工程进度的推进。积极采用节能照明灯具和光能装置,设置过载保护系统以提高能源使用效率;科学管理施工现场优化配置建材资源;设立低碳发展领导机构、制度体系、考核监督体系,设定周期性低碳减排目标以及奖罚机制,以促进建筑施工过程绿色低碳开展。

7.3.5 建筑固碳、碳汇技术

加大小区绿化和城市绿地面积,提高项目基地固碳、碳汇能力。对建筑单体或建筑项目,除场地景观绿化外,还可进一步考虑屋面绿化、垂直绿化、阳台绿化以及室内绿化等措施提升碳汇能力,实现建筑自身的碳中和。发挥植物固碳作用,采用节约型绿化技术,提倡栽植适合本地区气候土壤条件的抗旱、抗病虫害的乡土树木花草,采取见缝插绿、身边添绿、屋顶铺绿等方式。

7.4 建筑碳排放信息化管理新技术

建筑碳排放可以按建材生产、建材运输、建筑施工、建筑运营、建筑维修、建筑拆解、废弃物处理 7 个环节构成全生命周期排放。在建筑全生命周期碳排放中,运行阶段占最大比例,占 60%~80%;其次是建材生产的碳排放,占 20%~40%;施工过程仅占 10%左右。因此,绿色建筑的全生命周期管理的重点环节是建材生产、建筑物运营阶段。但同时也应看到,实现绿色建筑需实现对各环节一体化的全生命周期管理,从最初规划、设计到施工建造再到验收完成正式运营,最后拆解处理结束,每个环节缺一不可。这就要求绿色建筑的实施必须要有一体化的工程项目全生命周期信息化管理系统来支撑管理。

符合绿色建筑项目管理要求的一体化全生命周期信息化管理系统,应是将数字化、智能化、标准化的管理能力覆盖绿色建筑的全生命周期管理,同时采用云计算、物联网、大数据、AI、BIM 等先进技术实现管理水平的提升。管理方利用绿色建筑工程项目全生命周期管理系统,"绿色低碳建筑"从最初规划阶段,标准化引用所产生的信息数据,到设计阶段的工程建筑设计相关信息,再到施工阶段产生的实际生产数据,验收完工后建筑物运行阶段数据信息,到最后建筑物拆解产生的收尾处理数据,都可在系统平台上实现业务数据上下贯通,流通无碍;提供统一的可视化分析输出,方便多方协同,统一管控,从而保证绿色建筑标准化应用。

BIM 和"云"技术通过工程项目全生命周期各阶段的信息集成、储存和共享,支持不同阶段各参建方之间的信息交流和共享,提升建筑项目全生命周期管理效率,为建筑碳排放管理提供了一个新的思路和工具。

1)建筑物化阶段碳排放核算范围

建筑物化阶段的碳排放包含两个方面:一是建筑材料,构件和设备生产制造和运输过程中的碳排放,其中建筑材料包括砂、石、水泥、混凝土、玻璃、陶瓷和钢材等,构件包含预制的混凝土构件和钢构件等,设备包括生产水泥的立窑和砖窑、土方工程机械、起重机和钢筋切割机等;二是施工过程中因消耗能源而产生的直接碳排放,如汽油、柴油和煤等化石类能源的消耗。基于 BIM 技术进行建筑物化阶段碳排放的测算可以参考建筑工程造价的测算方法,将建筑各分部分项工程所消耗的建筑材料和能源归结为建筑材料生产过程中的耗能、建筑材料运输过程中的耗能和施工机械设备工作过程中的耗能三大部分。

2)建筑物化阶段碳排放管理体系设计

(1)系统工作原理

在建筑物化阶段,不同参建方通过 BIM 数据层获取所需要的建筑项目进度和碳排放等方面的相关数据信息,通过访问层实现应用层建筑项目进度、成本、安全和碳排放等方面的管理需求。建筑物化阶段碳排放协同管理系统的实现,首先,要确定建筑项目物化阶段碳排放系统范围和边界,在 IFC 标准的基础上对建设项目物化阶段碳排放信息建立统一的编码体系,并进行信息分类,存储数据,实现建设项目阶段碳排放信息的存储和快速读取。其次,通过数据接口和交换标准,实现模型数据共享与转换,满足建筑项目物化阶段碳排放信息数据采集、存储和转换,在 BIM 模型中实现建筑项目物化阶段不同参建方应用软件的无缝对接,实现碳排放信息在不同参建方之间的传递、共享和协同管理。

(2)BIM 和"云"技术原理

在"云"技术环境下,需求服务自动化、网络访问便捷化的特点可以吸引工程项目各阶段的资源有效聚集,将建筑全生命周期各阶段、各专业、各参建方统一到"云"技术平台上,通过"云"平台终端进行查询、修改、删除、储存和批注等操作,形成各参建方协同工作机制。在"云"端充分发挥 BIM 技术的优势,减少信息的不对称和传递的不准确。建筑物化阶段各相关企业和部门基于"云"技术平台,通过 BIM 模型进行建筑物化阶段碳排放协同管理工作,如图7.1 所示。

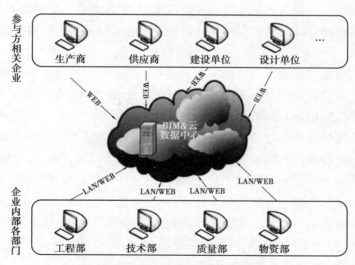

图 7.1 BIM 和"云"技术协同管理组织关系

(3)建筑物化阶段碳排放管理体系架构

基于 BIM 和"云"技术构建的建筑项目物化阶段碳排放管理体系如图 7.2 所示。

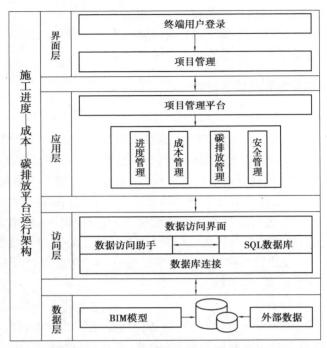

图 7.2 基于 BIM 技术的建筑项目物化阶段碳排放管理体系架构

①数据层。BIM 协同管理系统数据分为 BIM 数据和外部数据,并随着工程项目建造过程持续动态更新。其中,BIM 模型数据包括构件的物理属性、几何属性和管理属性,包含产品组成、功能和行为数据信息;而外部数据则包括工程项目的进度信息、成本信息、安全信息和碳排放信息等异构信息。所有数据信息均保存在数据库中,实现数据共享和动态的集成管理,解决 BIM 数据与建筑项目物化阶段其他资料信息数据的优化、分类和集成,便于碳排放管理的检索和使用。

②访问层。访问层主要负责与数据库进行连接,通过数据访问助手和 SQL 数据库,完成业务逻辑层发出的有关数据操作指令,完成数据读取、查询、删除、翻译和新增等操作,并将数据处理完成的结果返回给业务逻辑层。

③应用层。应用层是根据建筑项目物化阶段碳排放管理需求,将建设项目物化阶段分为进度管理、成本管理、碳排放管理和安全管理平台,并根据建设项目成本、进度和碳排放控制要求,选择原材料,确定分部工程的施工工艺,实现建筑项目物化阶段碳排放管理的各种功能。

④界面层。界面层是基于互联网和云技术,主要负责系统与终端用户之间进行交互,使用户在不同的用户权限内进行操作。建筑项目物化阶段各参与方通过用户登录,在获取相关身份认证后,进入系统根据不同的权限对数据信息的查询、录入、修改和批注等操作。

(4)建筑项目物化阶段碳排放协同管理

基于 BIM 碳排放协同管理系统进行碳排放信息的沟通和交流,实现建筑项目物化阶段过程信息的完整记录,极大地减少建筑项目物化阶段碳排放量。

①建设单位。建设单位通过系统用户权限可以随时查看建筑物化阶段碳排放和进度三维可视化模型,通过系统平台可以随时查看建筑物化阶段建筑碳排放和进度信息。通过系统平

台可进行合同文档的提取,查看碳排放协同管理参建方碳排放管理的目标、内容、责任制度和协作方式,并在工程变更时,依据建筑碳排放合同管理要求,及时查看碳排放信息变更,通过BIM 4D碳排放虚拟施工,对关键工程的碳排放进行监控管理。

②设计单位。设计单位通过系统平台可以直观分析和监测建筑物化阶段的碳排放,与设计碳排放对比,进行纠偏,并辅助建设单位和施工单位等多方之间的沟通与协作,从而优化建筑物化阶段碳排放量,提升碳排放管理效率;通过系统平台根据建筑碳排放设计合同要求,对建筑物化阶段施工单位的碳排放进行监控,对工程变更、地基处理、隐蔽工程施工和交工验收等环节进行碳排放管理。此外,还可以通过系统监测建筑物化阶段的施工质量,使设计要求和施工质量二者相互契合。

③施工单位。施工单位建筑项目碳排放管理工作覆盖施工现场的平面布置、施工方案设计、低碳施工管理和实时在线监控等各个方面。施工单位在碳排放的限额设计下,基于BIM信息模型技术,测算建筑材料工程量、优化分部分项工程施工技术方案与资源配置,组织开展低碳施工,便于工程项目建造过程中碳排放精细化和协同管理要求。对于施工过程中工程设计变更,发挥BIM技术数据库分布式的特征,实时更新、共享材料碳排放数据,施工各部门和工程项目各参与方可以快速获取数据,进行分析和决策,确定最优方案。

④监理单位。监理单位通过本系统平台审核建筑物化阶段施工单位低碳施工规划与施工技术方案设计,并制订低碳施工监理方案,做好工作记录,通过系统对施工单位和建设单位建筑材料的碳排放进行回复和反馈,实时在线监测施工过程中建筑材料碳排放的当前数据。设计单位/建设单位通过本系统查看施工单位低碳施工方案,对多重方案进行直观性对比分析。建筑材料碳排放和低碳施工日常管理工作,通过系统对各单位进行反馈和回复,并实时在线监测施工过程中建筑材料碳排放的当前数据。

3)建筑运行阶段的碳排放管理平台

建筑要做到节能减排的突破,实现绿色、智慧化是碳管理的关键,是通过"信息化""数据化""智能化"的技术手段。依托于"云、网、边、端"一体化的架构设计,解决目前建筑存在的数据孤岛问题,使建筑内所有用电设备可管、可控,利用物联网平台,打通照明、通信、暖通等各个独立系统,实现建筑全域数据互联互通、自由流转和统一规范化使用。同时,实现数据统一采集、分析后,引入各类PaaS组件和自动化控制技术、空调精密控制、智能照明组合策略和精密控制等,实现建筑内设备智能化管理,比如,人走灯灭,空调等用电设备自动关闭,进而降低能耗。图7.3所示的是青云双碳智慧建筑解决方案架构。

青云双碳智慧建筑解决方案以双碳和能耗"双控"为核心,能提供针对不同应用场景的多种管理系统。其中,综合能源管理系统可以通过青云的能源模型和实时状态监测功能,对建筑碳排放作出复合预测,进行定量化分析;碳排放管理系统可依托碳监测和溯源模块、碳模型、碳汇、碳足迹、碳中和市场等功能,实现建筑碳管理闭环,赋能楼宇、园区等各类建筑全面减排;智慧建筑可视化系统作为零碳建筑的报告中心、指挥中心和统一入口,对建筑运营状态实现可视化管理,为管理者提供数据化运行的基础;智慧建筑运营中台具备状态监测(楼层平面图、列表、拓扑)、风控管理、指标对比、设备台账、资产建模等功能,同时提供众多智能办公场景,能支持智能会议室、智慧工位、智慧停车、门禁管理、健康空气等运营能力。

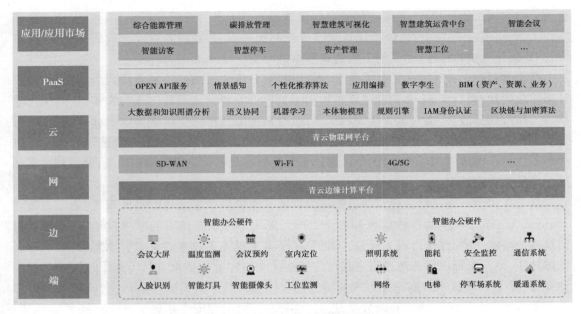

图 7.3　青云双碳智慧建筑解决方案架构

7.5　建筑节能与可持续发展

当代著名的绿色设计建筑师 William MoDonoug 说:"如果我们理解设计是人类意图的展现,如果我们创造事物是为了使生育我们的土地更为圣洁和荣耀,那么我们制造的东西,必须也只能从地上产生,再回到地下去。土归土,水归水,没有伤害到任何生灵。地球给予我们的万物也能自由地归复于地球。这就是生态,这就是好的设计。"生命万物的繁衍促使生态系统的繁荣和持续演进,生态系统的各种规律对建筑的生态化都有重要的提示和引导作用,如食物链规律,物质循环规律,生态系统的能量流动和转化规律,生命系统的环境适应性原则、趋异原则和多样性原则等。本章基于绿色发展理念,从历史观和自然观维度分析建筑与环境的关系,探索建筑节能的发展轨迹。

龙惟定教授指出,建筑节能步入 2.0 时代,其最典型的特征就是:在经济新常态和城镇化新形势下,建筑能效提升的重点在于以人为本、技术的综合利用、能耗总量和强度的双控、可再生能源和能源互联网等新技术的利用,并把绿色与节能理念融入建筑规划、设计、建造、运行和改造的全过程之中。建筑节能工作的开展需要放在特定的历史时期,与社会发展和社会需求相适应。建筑节能发展的根本目的,就是在人居环境的升级和迭代过程中更好地促进建筑与环境的关系,服务于人的需求。

7.5.1　基于历史观的建筑节能可持续发展

从"建筑—人—环境"的三元关系分析入手,建筑是建立在人与环境的关系基础上,由人建造并为人服务的。建筑既是人类适应环境的结果,也是人类发展自身的必然要求。建筑与环境的关系决定了人的自然需求满足程度,也制约着人的社会功能拓展。建筑与人的关系是人与环境关系的核心内容,是人们根据环境的约束建成环境,是建筑文化的表达。建筑节能的发展,正是基于"建筑—人—环境"三元关系,有着内在演变机制,是建筑业发展的必然。

　　人类的出现,在自然的环境中产生了社会环境,人类的活动进而在社会环境中产生了建筑环境,而受自然环境制约。从这个意义上说,建筑环境是社会环境的组成部分,是最核心的、决定性的组成部分。建筑—人—环境的关系可以表示为如图 7.4 所示。

图 7.4　建筑—人—环境的关系

　　室内环境以满足人的需求为目的,是相对于建筑室外环境而言的。建筑环境是人工环境的一部分,由人建造而形成。社会环境是人的各种社会活动和社会关系的综合,与人的活动密切联系。而自然环境是相对于社会环境和人工环境而言的,既是人类生理循环的归属,也是人类心理发展的追求。人融入环境,人与环境的协调包含了 4 个层次的关系:一是室内环境是满足人的安全、健康、舒适和高效生活与生产的保障,以人为本的原则就是要求基于人的发展产生的合理需求的满足;二是建筑环境或人工环境,是通过建筑内外环境的合理调控来为人类活动提供适宜的空间,拓展了人类适应社会和自然环境的能力,适应不同时期人类发展的需求;三是社会环境则充分考虑人的社会属性,是由人类活动而产生的各种关系,融合社会经济、文化、法律、道德等要素,规制人类活动,形成特定时期的规范和准则;四是自然环境提供了建筑与人类发展关系的回归,是人工环境演变的内在机制,体现在进化过程中的共生关系。

　　从外部来看,即从建造者、工程发展角度,建筑与环境的关系经历了 3 个阶段:改造环境—利用环境—适应环境。而从建筑到城市的演变过程来看,正经历着从单体建筑到建筑群,再到城市环境的空间延伸。作为基地的单体建筑,其外部环境和空间的叠加,从而生成社会、经济、地理、人文的城市空间环境,从物理尺度的延伸到社会关系的复合,进而演化出建筑领域新的科学、工程与技术相关问题。从室内环境营造角度划分,建筑发展历史经历了从被动适应到主动调节,再到被动设计基础上的主动适应性调节,体现了发展理念的转变。

　　从内部来看,居住者、用户需求满足角度经历 3 个阶段:庇护所—安居—宜居。安居工程解决的是住房的基本需求问题,人们对居住环境质量的要求体现在 3 个方面。

　　①基本生理方面的内容:户外空间、绿化、空气、日照和噪声等要素。户外空间要更多地为老年人和儿童着想,保证儿童安全成长的室外环境是住宅区规划设计的重点之一,室外的无障碍化和考虑老年人生活的室外环境也是至关重要的问题。

　　②基本生活方面的内容:商店、学校、邻里关系和景观等要素。如今的社区建设中,体育健身和文化活动设施也成为生活中非常重要的一部分。应从居民基本需求入手,站在满足人们多样化的价值观与生活方式居住要求上,来建设配置各种公共设施,并重视促进人际交往互助和社区的建设。

　　③基本卫生与安全方面的内容:给排水、火灾、交通、安全等要素。环境优质的卫生与安全的住区,不仅要以整合的方法提供环境无害化的基础设施和服务,以增进人口的总体健康,还要通过精心设计避免对人的健康影响和不良的环境伤害。

　　在安居的基础上,宜居更强调建筑室内环境适宜居住,即对安全、健康有保证,适合居住功能要求,满足居住者需求,对内外环境协调一致的一种关系或状态,其核心就是健康建筑环境的营造。从安居到宜居,再到康居,体现了对居住环境的不同需求层次的递进,是社会历史发展到不同时期的必然产物。

根据世界卫生组织(WHO)的定义,健康住宅是指能够使居住者在身体上、精神上、社会上完全处于良好状态的住宅,有 15 项标准:

①会引起过敏症的化学物质的浓度很低。

②为满足第一点的要求,尽可能不使用易散的化学物质的胶合板、墙体装修材料等。

③设有换气性能良好的换气设备,能将室内污染物质排至室外,特别是对高气密性、高隔热性来说,必须采用具有风管的中央换气系统,进行定时换气。

④在厨房灶具或吸烟处要设局部排气设备。

⑤起居室、卧室、厨房、厕所、走廊、浴室等要全年保持在 17～27 ℃。

⑥室内的湿度全年保持在 40%～70%。

⑦二氧化碳要低于 0.1%。

⑧悬浮粉尘浓度要低于 $0.15\ mg/m^2$。

⑨噪声要小于 50 dB。

⑩一天的日照确保在 3 h 以上。

⑪设足够亮度的照明设备。

⑫住宅具有足够的抗自然灾害的能力。

⑬具有足够的人均建筑面积,并确保私密性。

⑭住宅要便于护理老龄者和残疾人。

⑮因建筑材料中含有有害挥发性有机物质,所有住宅竣工后要隔一段时间才能入住,在此期间要进行换气。

以上标准表明,"健康"的概念包括生理、心理和社会适应 3 个方面,即生理上包括人的躯体和器官健康,身体健壮、无病;心理上体现在精神与智力正常;社会适应方面应有良好的人际交往和社会适应能力。住宅既应在物质方面,又在精神方面反映出居住者对健康的需求。1989 年,WHO 把"道德健康"纳入健康的范畴,强调一个人不仅要对自己的健康负责,而且要对他人的健康负责,道德观念和行为应合乎社会规范,不以损害他人的利益来满足自己的需要。只有生理、心理、社会适应和道德等 4 个层次都健康,才算是完全的健康。

由中国建筑科学研究院、中国城市科学研究会、中国建筑设计研究院有限公司会同有关单位制定的中国建筑学会标准《健康建筑评价标准》(T/ASC 02—2016),自 2017 年 1 月 6 日起实施。该标准的编制和实施,旨在保障居住者可持续健康效益角度,系统定量地评价和协调,影响住宅健康性能的环境因素,将由设计师和开发商主导的健康住宅建设,转化为以居住者健康痛点,或者健康体验为主导的健康住宅全过程控制。《健康建筑评价标准》定位于绿色建筑多维发展的深化方向,以使用者的"健康"属性为核心,在我国绿色建筑领域尚属先例。该标准力求满足人们当前日益增长的健康需求,从与建筑使用者切身相关的室内外环境、空气品质、水、设施、建材等方面入手,将建筑使用者的直观感受和健康效应作为关键性评价指标,着眼于令使用者真正成为绿色健康建筑的受益群体。

7.5.2　建筑可持续发展走向与自然的融合

　　建筑发展的价值伦理,根基于安全、健康、高效、可持续原则,对环境影响和能源消耗的反思。环境污染、资源短缺迫使我们不得不深刻地反思自身与自然的关系。建筑如何与自然协调,如何维系生态系统,如何减少资源能源消耗,如何营造绿色健康的人居环境,都成了建筑可持续发展需要应对的大问题。因此,从生态观角度研究建筑节能,也是对建筑对社会与自然环境关系的回应。

　　生态建筑(Eco-build)有多种称谓,如"绿色建筑""可持续发展建筑""永续建筑""健康、节能建筑""自然建筑"等。"生态"比"绿色"有着更广泛的含义。因为生态学学科的内容包括个体生态学、种群和群落生态学、生态系统生态学、景观生态学、绿色环保和可持续发展。生态建筑学的定义为,运用生态学原理、自然经济的规律,体现自然、生态整体有机和平衡理念,并通过设计、组织建筑的各种物质因素,以实现健康舒适的环境,资源有效利用以及与自然环境的和谐统一[4]。

　　用生态环境学的思想诠释建筑与自然环境的关系,主要包括4个基本自然要素,即气与大气环境,火与能源,土与土地,水与水资源。建筑与环境的相互作用归根结底在于基本元素的交换。建筑也是通过这些元素对环境施加压力,例如,建筑需要占用大量土地;建筑材料需要消耗地球的资源;建筑运转需要消耗地球的能源,也会污染水资源。生态自然观跨越了人类文明漫长的发展阶段。在西方,早在古希腊时,希伯格拉底便著有《空气、水和场地》,它对西方的"自然环境决定论"有着深远的影响。自然环境决定论认为,物质文化和技术受到的环境影响最大,不同地区的人们以各种方式来表达对自然力的敬畏和服从,这种心理也被表现在建筑中。西北的窑洞、内蒙古的毡篷、南方的干栏式民居都是对地方资源和气候条件合理运用下的产物。传统民居的中庭和天井从南到北不断加大的走向,体现出民居建筑对地域阳光条件的被动式应变策略。以遵循自然的理念,民居为我们展现了地方生态建筑各种有效的"原型"。

　　从语言学上看,"活"用于生物体,有生、生命、生存之意;用于非生物体有活动、流动、灵活、通达之意。《诗·卫风·硕人》曰:"河水洋洋,北流活活"。唯有生机、灵活之事物方可有生意和生命。可见"活性"与有机和生机几乎具有同等的意义,而"体系"往往强调整体性,那么,"活性体系"便意味着整体的有机性。风水学、有机建筑理论、新陈代谢派、建筑仿生学、盖娅运动、生态设计从各自的角度表达了建筑的"活性"观。

　　著名的盖娅运动将地球视为具备有机生命特征的实体,就像古希腊神话中的大地女神盖娅。人类是盖娅的有机组成部分,而不是它的统治者。这个以大地女神命名的绿色运动推出了"盖娅住区宪章",认为盖娅式的建筑是舒适和健康的场所,并提出"为和谐愉悦而设计;为精神的安宁而设计;为身体的健康而设计"[5]。John Todd、Nancy Todd 在《生态设计——从生态城市到活着的机器》中,他们公开宣称生命世界是所有设计的母体。日本新陈代谢派认为建筑和城市也同有机体一样能进行新陈代谢、生长和繁衍。

　　1962年,蕾切尔·卡逊在《寂静的春天》中昭示了全球环境污染问题的严重性;1968年,罗马俱乐部《增长的极限》告诫人们,人类的发展不是无极限的,它受到资源有限性的制约。建筑领域中,L.麦克哈格出版了《设计结合自然》,探讨景观设计对生态学原则的运用;1969年,保罗·索勒里在《城市建筑、生态学:人类想象中的城市》一书中积极地探讨了城市建筑资源的高效运作模式。保罗·索勒里首次把 Ecology（生态）与 Architecture（建筑）组合成"Archeology"（生态建筑学）这个名词；1969 年, J.托德在《从生态城市到活的机器：生态设计的原则》一书中提出城市生物多样性的设计原则。20 世纪 70 年代, 环境保护的呼声越来越高。1972 年, 联合国斯德哥尔摩会议《人类环境宣言》提升了全球对环境污染的重视；1985 年, J.拉乌洛克《盖娅：地球生命的新视点》推动"盖娅"运动的蓬勃发展；1981 年, 华沙 UIA 大会发表"华沙宣言", 提出环境建筑学时代的到来；1989 年, D.皮尔森著《自然住宅手册》倡导人类健康和生态的建筑运动。20 世纪 70 年代, 各国开展了对太阳能建筑、气候节能建筑、覆土建筑、健康建筑等的试验性研究。20 世纪 80 年代以来, 可持续发展观把生态建筑的理论提到一个新的高度。1987 年, 联合国第 42 届大会《我们共同的未来》正式提出可持续发展的模式。1992 年, 联合国在里约热内卢召开联合国环境与发展大会, 发表《关于环境与发展宣言》, 制定《21 世纪议程》《全球气候变化纲要公约》。1995 年, 马来西亚建筑师杨经文在《设计结合自然》中提出建筑生态设计的理论框架。1997 年, 在日本东京的"联合国京都世界气候会议"制定了"京都协议", 呼吁全球协作保护大气环境, 并制定二氧化碳交换制度。1999 年, 第 20 次 UIA 大会通过《北京宣言》, 明确指出"可持续发展的思想推动了新建筑艺术形式", "丰富了建筑领域的内容"。

人类探究建筑与自然生态关系的第一步, 是通过"模拟"来实现的。远古人造屋源于对自然事物的模仿。比如, "巢居"和"穴居"都是模拟"鸟巢"与"兽穴"而成。土拨鼠通过基因形成遗传本能, 能睿智地选择和适应环境, 而人类进化而形成因地域择居的天赋和本能。

杨经文指出："传统建筑设计主要从建筑美学、空间利用、形式、结构、色彩来考虑建筑, 然而, 生态建筑则从生态的角度来看待建筑。这意味着建筑不能仅仅作为非生命元素来对待, 而应把它看作生态循环系统的有机组成部分。"建筑应变气候通常存在两种现象, 即"空间维度上的应变"和"时间维度上的应变"。其一, 建筑灵活地应对地域气候, 表现出体系的静态品质；其二, 建筑对气候的周期性变化有相应的调节手段, 体现出体系的动态品质。乡土建筑是长期与气候环境的不断磨合中形成的, 最终表现为形态在地域上的差异性和多样性。植物对环境湿度变化通过表皮的气孔大小和构造来调适；向日葵的花盘可以随太阳的起落而转动；某些动物通过冬眠和增厚毛羽和皮下脂肪, 来提高其保温性能；人体可以通过调整表层血液的流量和流速, 以减少与外界的热交换。动植物和人体的这些自动调节机制给建筑设计带来许多遐想。"皇帝对土地的粗糙坎坷十分不满, 下令它所有的土地土都应铺上柔软的皮毛。而智者建议, 以一种更简单的方式可以达到同样的效果, 即割下一小块皮捆绑在脚下。从而, 最早的鞋子产生了。"这就是与环境充分融合的适宜技术。

可见, 建筑与环境的关系, 可以分为两个方面, 一是从自然属性来看, 建筑本体适应自然环境气候条件而形成的气候适应性建筑来认识；二是从社会属性来看, 建筑功能在不同社会经济发展阶段的历史建筑演变和形式拓展来认识。特定的自然条件和社会历史时期, 形成特定时空的地域性建筑, 建筑融入环境是建筑与环境关系的核心, 而地域建筑回归自然可促进建筑的可持续发展。

建筑应充分融入环境, 把建筑看成环境系统的有机组成部分, 建筑的能源消耗应符合环境系统内部的运行机制, 建筑的边界取决于环境系统内部子系统关系的确立。这也是研究建筑"活性"在建筑节能中的内在机制, 作为应对气候和环境危机的意义所在。

　　自然界中的活性体系存在着作为个体的有机体和作为整体的生态群落系统。个体生态学有两个内容对建筑设计最有意义:第一,研究生态环境因子包括温度、光照、水分、土壤对生物的作用,以及生物对它们的适应方式和类型;第二,研究赋予生物体适应能力的结构和特征。

　　活性体系概念可以从以下4个方面来定义:第一,活性的建构体系是一个有机整体的体系;第二,活性体系观是考察建筑全生命周期物质与能量的理论;第三,生态建筑场所应是一个活性应变环境的体系;第四,生态建筑自身是一个活性的拟态体。

　　在自然界中,物质循环的规律是物质来源于地球,也要归复于地球。自然的体系里没有废物的概念,废物也是食物。物质中的元素以不同的形式出现,存在于永不间断的"消解"和"重生"的过程中。达尔文认为,世界上的很多动物都有多样化的结构和复杂性,因为在种类变得复杂起来的时候,它们便开辟新的途径增加其复杂性。这就是达尔文的趋异原则,一个被掩盖在"物竞天择、适者生存"理论光环下,常常被人忘记的观点。文化的多样性与气候环境的多样性共同作用于建筑的进化。建筑对气候、资源和文化的差异适应,使每一类甚至于每一栋建筑都成为是其特定环境的产物。

　　依据生态系统的能量规律,自然体系的能量总是从低级(太阳能)流向高级,而且所有能量都来自"当前的收入",不会向过去和未来索取。生态系统的能量规律提示我们,建筑应尽量使用低级能源,特别是太阳热辐射能、光辐射能、风能,地热,水利等低级可再生能源,减少电能等高级能源的消耗。气候要素中的热辐射、光辐射和风能等都是低级的能源,因此,在建筑设计中,应全面调动外界气候的有利因素,利用气候中的低级能源。此外,煤、石油和天然气等化石能源是自然界对过去太阳能的储蓄。只有减少对化石能源等不可再生能源的消耗,建筑才不会过多地向过去或未来索取。高效用能体系、对低级能源和当前能源的利用是自然经济体系的规律。高效用能是自然系统生命力的标志,也是生态设计的目标。

7.5.3　基于生物气候适应性的建筑可持续发展机制

　　生物的适应性包括应对气候环境、食物获取、逃生安全、寄生等多方面。气候资源在生物系统中被认为是关键要素之一,生物系统吸收气候资源的能量并将其转化产生成自我生存的能量,同时又能够"生物性"地记录和存储对外界气候信息的规律,从而产生各种行为和形态的季节性变化,趋利避害。针对气候因子如光、温度、风、湿度等的适应,我们称之为生物气候适应性。生物气候适应性是指在外界气候条件变化的情况下,保持自身状态在一定范围内的稳定,而实现对气候变化的适应特。生物的适应性过程会发生在植物、动物和人类身上,而且这一过程既可以发生在长期的进化过程中,例如,沙漠环境下植物叶从扁平、圆筒又到鳞片状,最后完全消失的仙人掌;也可以发生在短期气候条件改变的适应过程中,通常被称为生物的应激性,例如,向日葵花盘随阳光的转动即是向光性的表现,而保证这一过程的是生物所具备的特性——内稳态机制。从生物活性体系角度分析建筑构造和建成环境,可以更直观地认识建筑与气候环境的关系,如图7.5所示。

　　回顾科技发展的历史,在人类主要居住环境还没有充斥人造品的史前时代,动物们利用周遭环境并让其与自己融为一体的策略,已经至少有5亿年。探索自然的奥秘,例如,黑猩猩用细长的棍子制成狩猎工具,从蚁丘中掏出白蚁,并用石头砸开坚果;蚂蚁在花园中放养蚜虫,种植菌类。高达2 m的坚硬的土墩是白蚁的殖民地,其运作起来就像是昆虫的外部器官,因为土墩内温度可控,出现破损的地方会得到修复,连干燥的泥土本身似乎都有生命;同样,蜂窝内部的蜡状结构和用细枝建造的鸟巢也以同样的方式发挥作用,可以将鸟巢或蜂巢看作动物修建的身体,而非自然长成。许多生物都学会了建造结构,这些结构让生物突破了生理的限制。对比动物与人类,巢穴和建筑,按照"科技是思想延伸出来的形体"这一思想,我们可以从一个新的维度认识建筑和建筑节能可持续发展的未来趋势。

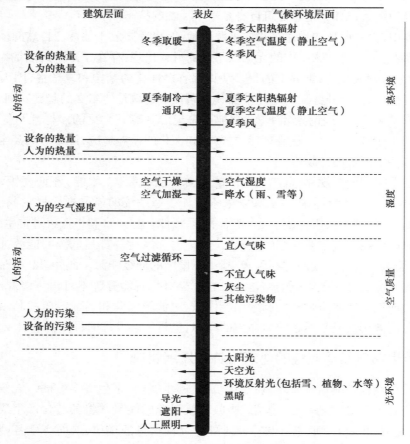

图 7.5   建筑表皮的基本功能对照

7.5.4   从绿色建筑到可持续城市概念

1)绿色建筑的发展史

凯文·凯利在《科技想要什么》一书中,推论科技进化的方向跟生命一样,追求更有效率、更多机、更高的曝光率、更高的复杂度、更多样化、更特化、更加无所不在、更高自由度、更强共生主义、更美好、更有知觉能力、更有结构和更强的进化能力。建筑是城市系统的单元,是城市的细胞。科技的发展推动建筑节能走向城市节能,按照系统原则和生态法则,必然走向思想智慧化、管理协同化和技术多样化。

1992 年,巴西里约热内卢联合国环境与发展大会以来,中国政府相继颁布了若干相关纲要、导则和法规,大力推动绿色建筑的发展。2004 年 9 月,建设部(现为住房和城乡建设部,下同)"全国绿色建筑创新奖"的启动标志着中国的绿色建筑发展进入了全面发展阶段。2005年3月召开的首届国际智能与绿色建筑技术研讨会暨技术与产品展览会(每年一次),公布了"全国绿色建筑创新奖"获奖项目及单位;同年发布了《建设部关于发展节能省地型住宅和公共建筑的指导意见》。2006年,建设部正式颁布了《绿色建筑评价标准》;同年3月,国家科学技术部、建设部签署了"绿色建筑科技行动"合作协议,为绿色建筑技术发展和科技成果产业化奠定基础。2007年8月,住房和城乡建设部又出台了《绿色建筑评价技术细则(试行)》和《绿色建筑评价标识管理办法》,逐步完善适合中国国情的绿色建筑评价体系。2008年,住房和城乡建设部组织推动绿色建筑评价标识和绿色建筑示范工程建设等一系列措施;同年3月,成立中国城市科学研究会节能与绿色建筑专业委员会,对外以中国绿色建筑委员会的名义开展工作。2009年8月27日,全国人大常委发布了《全国人大常委关于积极应对气候变化的决议》,提出要立足国情发展绿色经济、低碳经济;11月底,在积极迎接哥本哈根气候变化会议召开之前,中国政府做出决定,到2020年单位国内生产总值二氧化碳排放将比2005年下降40%~45%,作为约束性指标纳入国民经济和社会发展中长期规划,并制定相应的国内统计、监测、考核。

2009年,中国建筑科学研究院环境测控优化研究中心成立,协助地方政府和业主方申请绿色建筑标识,2009年、2010年分别启动了《绿色工业建筑评价标准》《绿色办公建筑评价标准》编制工作。随着中国绿色建筑政策的不断出台、标准体系的不断完善、绿色建筑实施的不断深入及国家对绿色建筑财政支持力度的不断增大,中国绿色建筑在未来几年将继续保持迅猛的发展态势。2012年5月,财政部、住房和城乡建设部发布《关于加快推动我国绿色建筑发展的实施意见》。2013年1月6日,国务院发布《国务院办公厅关于转发发展改革委　住房城乡建设部绿色建筑行动方案的通知》提出"十二五"期间完成新建绿色建筑10亿m²,到2015年年末,20%的城镇新建建筑达到绿色建筑标准要求;同时还对"十二五"期间绿色建筑的方案、政策支持等予以明确。中国绿色建筑进入规模化发展时代。截至2015年年底,中国取得绿色建筑标志的项目达3 979项,总建筑面积达到4.6亿m²,其中,设计标识项目3 775项,建筑面积为43 283.2万m²,占总数的94.9%;运行标识项目204项,建筑面积为2 686.4万m²,占总数的5.1%。中国绿色建筑评价标识项目数量得到了大幅度的增长,绿色建筑技术水平不断提高,呈现出良性发展的态势。

"十三五"规划提出:"绿色"作为一种理念,是指人类按自然生态的法则,创造有利于大自然生态平衡,实现经济、环境和生活质量之间协调发展的理念。我国老子提出的"人法地,地法天,天法道,道法自然"的"法自然"思想就是中国古代留下的一些朴素的绿色思想。绿色建筑的基本人文理念,概括为"天人和谐、持续发展;安全健康、经济适用;地域适应、节约高效;以人为本、诗意安居"四句话,即"和谐""持续"两个一级理念和"适用""节约""安居"3个二级理念,对建筑节能理念的形成和发展起到了导向作用。

建筑绿色化发展已成为共识,绿色建筑理念发展到现在体现为资源节约、环境友好、节能高效、和谐共生。总结近10余年绿色建筑与建筑节能大会的主题以及相关报告题目(表7.2),我们可以看到近年来对绿色建筑和建筑节能的认识不断深化。

表7.2　历年绿色建筑大会主题

年份/年	大会主题	报告题目
2005	从这里起步……	智能绿色建筑与中国建筑节能的策略
2006	绿色智能,通向节能省地型建筑的捷径	建立五大创新体系,促进绿色建筑发展
2007	推行绿色建筑,从建材结构到评估标准的整体创新	我国推行建筑节能的主要障碍与基本对策
2008	推广绿色建筑,促进节能减排	建筑节能三要素:专项检查、评价标识和组织机构
2009	贯彻落实科学发展观,加快推进建筑节能	从专项检查到财政补贴,建筑节能工作总结与展望
2010	加快可再生能源应用,推动绿色建筑发展	我国建筑节能潜力最大的六大领域及其展望
2011	绿色建筑,让城市生活更低碳、更美好	进一步加快绿色建筑发展的步伐
2012	推广绿色建筑,营造低碳宜居环境	我国绿色建筑发展和建筑节能的形势与任务
2013	加强管理,全面提升绿色建筑的质量	全面提高绿色建筑质量
2014	普及绿色建筑,促进节能减排	普及绿色建筑的捷径——装配式住宅
2015	提升绿色建筑性能,助推新型城镇化	新常态,新绿建
2016	绿色化发展背景下的绿色建筑再创新	老旧小区绿色化改造——我国绿色建筑发展的新领域
2017	提升绿色建筑质量,促进节能减排低碳发展	立体园林——体现人文精神的绿色建筑
2019	升级绿色建筑,助推绿色发展	我国绿色建筑回顾与展望
2020	升级住房消费——健康绿色建筑	疫后复兴,"旧改"再出发
2021	聚焦建筑碳中和,构建绿色生产生活新体系	中国(30.60)路径
2022	拓展绿色建筑,落实"双碳"战略	城市"双碳"战略与绿色建筑

2)绿色城市发展

纵观城市理论发展史,与生态城市相关的几个概念,包括田园城市、山水城市、健康城市、绿色城市、低碳城市和可持续发展城市等,这几个概念之间既有联系,又有区别。

"田园城市"理论被认为是现代生态城市思想的起源。田园城市是 1898 年英国社会活动家霍华德在《明日的田园城市》一书中提出的,描绘出了"青山绿水抱林盘,大城小镇嵌田园"的城市美景。他提倡的"社会城市"开创了区域规划、城乡结构形态、城市体系探索,开始了围绕旧城中心建设卫星城,用快速交通联系旧城与新城等新的规划模式的思考。现代城市规划的奠基人之一 P.盖迪斯在 1909 年出版的《城市之演进》一书中,倡导综合规划的概念,用哲学、社会学与生物学的观点揭示城市在空间与时间发展中所展示的生物与社会方面的复杂性;提倡"区域观念",周密分析地域环境的潜力和限度,对居住布局形式与地方经济体的影响关系,突破城市的常规范围,强调把自然地区作为规划的基本框架,重视城镇密集区,同时把城市乡村纳入视野;提出有机规划的概念,反对形式主义与专家规划,是人本主义的综合规划的代表人物。

　　"山水城市"是具有中国特色的生态城市,注重强调人与自然的协调发展。1984 年,我国著名生态环境学家马世骏教授结合中国实际,提出以人类与环境关系为主导的社会—经济—自然复合生态系统理论。这一理论20 多年来已渗透各种规划和决策程序中,为城市生态环境问题研究奠定了理论和方法基础。"山水城市"概念的正式提出,并见诸文字是钱学森 1990年 7 月 31 日给吴良镛的一封信。信中有一段大家都很熟悉的话:"我近年来一直在想一个问题:能不能把中国的山水诗词、中国古典园林建筑和中国的山水画融合在一起,创立'山水城市'的概念?"下面又说"人离开自然又要返回自然。"吴良镛院士认为:"山水城市"中的"山水",广而言之,泛指自然环境,"城市"广而言之,泛指人工环境。"山水城市"是提倡人工环境与自然环境协调发展,其最终目的在于"建立人工环境"(以"城市"为代表)与"自然环境"(以"山水"为代表)相融合的人类聚居环境。

　　从现代医学角度提出的"健康城市",从生命个体与环境的关系来看待城市;强调城市居民生理上的健康和环境关系的协调,把城市视为一个有机生命体,健康也是生态城市的特征之一。

　　生态城市的一个明显标志是可持续发展,健全的绿地系统是生态城市存在的基本条件和客观保证。生态城市面向人—自然的二元整合与均衡发展,强调城市系统内部的有机联系,绿地系统只是生态城市自然子系统中的组成部分之一。生态城市还强调社会人文和经济生态的和谐和健康,强调其内部系统的结构合理、功能高效和关系协调。而自然保护主义提出的绿色城市是通过简单的增加绿色空间,单纯追求优美的自然环境;田园城市过分地强调城市的田园性质,而违背了城市发展的集聚要求。钱学森先生倡导的"山水城市"更注重强调城市建设的"形",对城市的社会和经济属性论述较少,内涵相对狭窄;而生态城市从生态系统的角度来考察城市,强调的是人—自然系统整体的健康,同时强调城市建设的"神",包括自然生态化、经济生态化和社会生态化,内涵相对宽泛。

　　1987 年,苏联城市生态学家杨尼特斯基(O.Yanitsky)认为生态城市是一个理想城市模式,其中技术与自然充分融合,人的创造力和生产力得到最大限度的发挥,居民的身心健康和环境质量管理得到最大限度的保护,物质财富、能量、信息高效利用,生态良性循环的一种理想栖境。我国城市规划专家黄光宇认为,生态城市是根据生态学原理,综合研究社会—经济—自然复合生态系统,并应用生态工程、社会工程、系统工程等现代科学与技术手段而建设的社会、经济、自然可持续发展,居民满意、经济高效、生态良性循环的人类居住区。

　　2006 年,成都提出建设世界田园城市的目标;2007 年,无锡提出打造集"绿色""园林""生态"为一体的"田园无锡";2008 年,石家庄提出了建设具有燕赵山水风格的田园城市。随后,许多城市在"十二五"规划中,纷纷加入了山水田园城市建设的行列。

3)数字城市与智慧城市

　　数字城市是数字地球的重要组成部分,是传统城市的数字化形态。数字城市是应用计算机、互联网、3S、多媒体等技术将城市地理信息和城市其他信息相结合,数字化并存储于计算机网络上所形成的城市虚拟空间。数字城市建设通过空间数据基础设施的标准化、各类城市信息的数字化整合多方资源,从技术和体制两方面为实现数据共享和互操作提供了基础,实现了城市 3S 技术的一体化集成和各行业、各领域信息化的深入应用。数字城市的发展积累了大量的基础和运行数据,也面临诸多挑战,包括城市级海量信息的采集、分析、存储、利用等处理问题,多系统融合中的各种复杂问题,以及技术发展带来的城市发展异化问题。新一代信息技术的发展使得城市形态在数字化基础上进一步实现智能化成为现实。依托物联网可实现智能化感知、识别、定位、跟踪和监管;借助云计算及智能分析技术可实现海量信息的处理和决策支持。现代信息技术在对工业时代各类产业完成面向效率提升的数字化改造之后,逐步衍生出一些新的产业业态、组织形态,使人们对信息技术引领的创新形态演变、社会变革有了更真切的体会,对科技创新以人为本有了更深入的理解,对现代科技发展下的城市形态演化也有了新的认识。

2008 年 11 月,在纽约召开的外国关系理事会上,IBM 提出了"智慧地球"这一理念,进而引发了智慧城市建设的热潮。2009 年,迪比克市与 IBM 合作,建立美国第一个智慧城市。利用物联网技术,在一个有 6 万居民的社区里将各种城市公用资源(水、电、油、气、交通、公共服务等)连接起来,监测、分析和整合各种数据以做出智能化的响应,更好地服务市民。迪比克市的第一步是向所有住户和商铺安装数控水电计量器,其中包含低流量传感器技术,防止水电泄漏造成的浪费。同时搭建综合监测平台,及时对数据进行分析、整合和展示,使整个城市对资源的使用情况一目了然。更重要的是,迪比克市向个人和企业公布这些信息,使他们对自己的耗能有更清晰的认识,对可持续发展有更多的责任感。2010 年,IBM 正式提出了"智慧的城市"的愿景,希望为世界和中国的城市发展贡献自己的力量。IBM 经过研究认为,城市由关系到城市主要功能的不同类型的网络、基础设施和环境 6 个核心系统组成:组织(人)、业务/政务、交通、通信、水和能源。这些系统不是零散的,而是以一种协作的方式相互衔接。而城市本身,则是由这些系统所组成的宏观系统。

2014 年 8 月 29 日,经国务院同意,发展改革委、工业和信息化部、科学技术部、公安部、财政部、国土资源部、住房城乡建设部、交通运输部等 8 部委印发《关于促进智慧城市健康发展的指导意见》,要求各地区、各有关部门落实本指导意见提出的各项任务,确保智慧城市建设健康、有序地推进。意见提出,到 2020 年,建成一批特色鲜明的智慧城市,聚集和辐射带动作用大幅增强,综合竞争优势明显提高,在保障和改善民生服务、创新社会管理、维护网络安全等方面取得显著成效。

研究机构对智慧城市的定义为,通过智能计算技术的应用,使城市管理、教育、医疗、房地产、交通运输、公用事业和公众安全等城市组成的关键基础设施组件和服务更互联、高效和智能。从技术发展的视角,李德仁院士认为智慧城市是数字城市与物联网相结合的产物。胡小明则从城市资源观念演变的视角论述了数字城市相对应的信息资源、智能城市相对应的软件资源、网络城市相对应的组织资源之间的关系。值得关注的是,一些城市信息化建设的先行城市也越来越多地开始从以人为本的视角开展智慧城市的建设,例如,欧盟启动了面向知识社会创新2.0的 Living Lab 计划,致力于将城市打造成为开放创新空间,营造有利于创新涌现的城市生态。

对比数字城市和智慧城市,存在以下 6 个方面的差异。

①当数字城市通过城市地理空间信息与城市各方面信息的数字化在虚拟空间再现传统城市,智慧城市则注重在此基础上进一步利用传感技术、智能技术实现对城市运行状态的自动、实时、全面透彻的感知。

②当数字城市通过城市各行业的信息化提高了各行业管理效率和服务质量,智慧城市则

更强调从行业分割、相对封闭的信息化架构迈向作为复杂巨系统的开放、整合、协同的城市信息化架构,发挥城市信息化的整体效能。

③当数字城市基于互联网形成初步的业务协同,智慧城市则更注重通过泛在网络、移动技术实现无所不在的互联和随时、随地、随身的智能融合服务。

④当数字城市关注数据资源的生产、积累和应用,智慧城市更关注用户视角的服务设计和提供。

⑤当数字城市更多地注重利用信息技术实现城市各领域的信息化以提升社会生产效率时,智慧城市则更强调人的主体地位,更强调开放创新空间的塑造及其中的市民参与、用户体验,及以人为本实现可持续创新。

⑥当数字城市致力于通过信息化手段实现城市运行与发展各方面功能,提高城市运行效率,服务城市管理和发展,智慧城市则更强调通过政府、市场、社会各方力量的参与和协同实现城市公共价值塑造和独特价值创造。

智慧城市不但广泛采用物联网、云计算、人工智能、数据挖掘、知识管理、社交网络等技术工具,也注重用户参与、以人为本的创新2.0理念及其方法的应用,构建有利于创新涌现的制度环境,以实现智慧技术高度集成、智慧产业高端发展、智慧服务高效便民、以人为本持续创新,完成从数字城市向智慧城市的跃升。智慧城市将是创新2.0时代以人为本的可持续创新城市。

智慧城市是在生态文明与城市发展理论基础上,与当代社会经济文化发展要求相适应,并具有显著地域环境特征形态的绿色城市,突出"人本性、可持续性、高效性、系统性、地域性、多样性"这"六性"一体化特征,城市建筑是一个复杂的有机的巨系统。

(1)人本性

生态城市具有合理的、健康的生态结构,追求城市生态系统的健康与社会关系的和谐,其价值核心就是以人为本。在城市环境中,人是城市建设的主体,同时也是城市发展服务的对象,应以人为基准,体现人性,表达人情。人的活动总是多种多样的,并且与年龄、性别以及社会经历、文化层次、生活方式等多种环境因素息息相关,不同的环境对人产生不同的影响。要求人体活动与城市环境协调一致、密切相依,既是城市建设的重要功能表现,也是人与自然协调发展的必然要求,构成城市人性化发展的基本目标。

(2)可持续性

可持续性包括自然、社会和经济的持续发展,是指经济增长、社会公平、具有更高的生活质量和更好的环境的城市,其中自然持续发展是基础。可持续城市的基本标准:减少对水和空气的污染,减少具有破坏性的气体产生和排放;减少能源和水资源的消耗;鼓励生物资源和其他自然资源的保护;鼓励个人作为消费者承担生态责任;鼓励工商农业采用生态友好技术,开发、销售生态友好产品;鼓励减少不必要出行的城市交通,提供必要的公共交通设施。城市可持续性以满足城市中当代人和未来各代人的需求为目标,其本质就是要从整体上把握和解决社会—经济—自然子系统之间,以及城市系统与周边区域等外部系统之间的协调发展问题,实现城市复合生态系统的最优化发展,最终提高人们的福利水平和生活质量。

(3)高效性或智慧性

高效智慧城市的特征是发展高速、能耗降低、能效提升。通过城市软环境建设,体现知识经济最大限度地减少对自然资源的消耗,物质财富的增长成为经济的主要增长点。城市规划通过智慧城市顶层设计,城市智慧运行,提高城市基础设施和公共服务的智能化和便捷化,更好地满足城市居民的各方面需求。利用无线城市、智能产业工程、教育卫生信息化、智慧农业、互联网工程等,以新科技新理念渗透社会,实现全境"互联互通",逐日改变城乡生产生活品质,高效服务人民生活。

(4)系统性或整体性

系统是由相互依存、相互作用的若干元素构成并能完成某一特定功能的统一体,具有整体性、关联性、层次性、目的性、稳定性等特征。城市系统是20世纪50年代以后城市地理研究中广泛引用的术语,也称城市体系,是指不同地区、不同等级的城市结合成为有固定关系和作用的有机整体。城市系统基于生态学原理建立的社会—人—自然复合的开放生态系统,各子系统在"生态城市"这个大系统整体协调下均衡发展,是自然和谐、社会公平和经济高效的复合生态系统,强调城市与人、城市与社会、城市与自然、城市与文化、城市与科技等的互惠共生和相互协调。系统性体现了城市建设系统的有机性和复杂性特征。

(5)地域性或区域性

地域性是指某一地域所属的地理状态,地域形态变化万千,有平原、沟谷、高山、丘陵、沙漠和雪地等,特定的地域形态和历史文化赋予生长于这块土地上的人特定的精神面貌和个性品质。这种精神品质千百年来逐渐积淀、聚合,形成地域精神的内核。城市由于受自然条件因素(如山脉、河流、田地阻隔等)的影响或在人为因素的作用下(主要是规划和控制),建成区以河流、农田或绿地为间隔,形成具有一定独立性的众多团块状城市地域形态,称为组团式城市。城市地域性就是以一定区域地理环境为依托的城乡综合体,全域全境城乡融合的一体化,依托山水田园的自然形态建造城乡人工聚居环境,凸显地域特色。

(6)多样性或复合性

横向看,城市多样性来自建设主体和建设机制的多样性。纵向看,城市多样性来自历史积淀,不同时期有不同的社会、政治、经济、技术等背景,这些都会写在城市和建筑中,穿梭于不同年代的街区和园区,就像在阅读城市的历史和故事。现代城市发展的多样性要求改变传统工业城市的单一化、专业化分割,其多样性不仅包括生物多样性,还包括文化多样性、景观多样性、功能多样性等。复合性是指城市社会—经济—自然各子系统的统一性,城市复合生态系统强调辨识系统和子系统内部秩序,尊重各级子系统的运转规律,包括能量流动、物质转换、信息反馈等;强调系统间的配合与制约关系,保证复合生态系统的整体正常运行,经济、自然、社会3个子系统在城市的发展中各自起着不可替代的作用。

7.5.5 绿色城市的节能体系

城市化建筑节能与五大支撑要素之间的关联模型,如图7.6所示。

在城市建筑节能与智慧化建设过程中,政策影响、科技推动、市场导向、资金保障和文化促进这5个方面的支撑条件缺一不可,相互联系。市场环境为城市发展提供导向,同时按照经济规律接纳和吸收新型产业创新产品和服务,实现现代城市发展的市场价值。资金环境是城市转型发展的前提和保障条件,确保技术创新投资的经济效益。科技环境是推动技术创新的基本社会环境因素,要求城市建设的创新科技成果适应市场开发新产品或服务的需要,同时确保科技成果进入特色与优势产业的渠道畅通。政策环境是国家和政府引导城乡规划、工程建设等企业进行技术创新的调控手段,促进企业内部创新机制的形成和技术创新体系的建立,同时优化建设企业外部技术创新环境的优化。而文化环境是现代城市系统健康发展的重要方向,积极的文化环境有利于促使生态产业主体的价值选择和行为习惯符合社会道德、风俗、习惯和价值观等,才能使生态技术的推广应用得到社会的普遍认同。

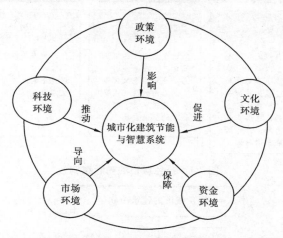

图 7.6　城市建筑节能与智慧化系统与要素之间的关联模型

　　与各支撑要素的关联性还表现在 3 个方面:第一,社会环境向技术研发企业或机构输入负熵流,减少系统内部的不确定性,为技术系统的自组织进化提供必要的外部条件;第二,社会环境对工程技术创新提供正确导向,基于人的需求适应性要求,城市建设与创新者及时对社会环境信息进行反馈,正确选择技术创新策略;第三,社会环境可以借助管理、经济等手段对相关企业技术创新提供有力的支持,激发企业潜在的技术创新能力,使城市发展的市场环境、资金环境、科技环境、政策环境和文化环境等因素共同作用,形成现代城市系统运行的健康机制。城市建筑节能与智慧化规划目标及内容的五大支撑要素的关联关系还要求城乡发展应符合与人文环境共生的原则,包括符合人性化的健康原则和对地域文化的尊重等。

　　2014 年 3 月 16 日,中共中央、国务院印发《国家新型城镇化规划(2014—2020 年)》(以下简称《规划》)。《规划》把生态文明理念全面融入城镇化进程,着力推进绿色发展、循环发展、低碳发展,节约集约利用土地、水、能源等资源,强化环境保护和生态修复,减少对自然的干扰和损害,推动形成绿色低碳的生产生活方式和城市建设运营模式。中国人民大学国家发展与战略研究院研究员许勤华认为,绿色城市应是最大限度地节约资源(节能、节地、节水、节材等),保护环境和减少污染,为人们提供健康、适用和高效的使用空间及与自然和谐共生的城市。《规划》采用绿色城市概念,其理念高于低碳城市。从单体建筑到建筑群,再到城市建筑,绿色城市发展将节能建筑推向可持续建筑,从建筑系统与环境的适应性发展出发,实现建筑—人—环境的融合。

　　绿色城市的构建与技术体系框架如图 7.7 和图 7.8 所示。

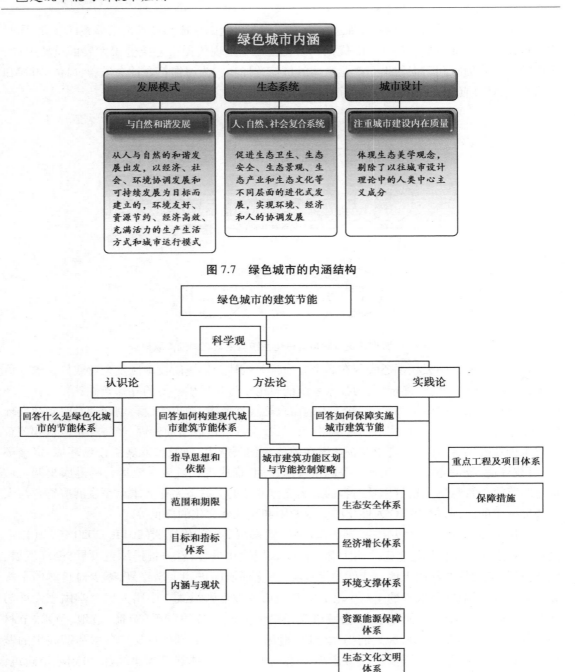

图 7.7　绿色城市的内涵结构

图 7.8　绿色城市的节能体系与技术路线

　　建筑绿色化是建设绿色城市的基本单元,也是建筑节能可持续发展的必然结果。从节能建筑到绿色建筑,从建筑节能到城市节能,仿生建筑节能作为保证生态平衡的一种手段,既是中国建筑"天人合一"理想的一种表达,又是建筑节能和绿色建筑走向可持续发展的必然选择。未来建筑节能将以仿生学、人工智能和系统控制为指导,将实现建筑能源系统智能化与智慧环境营造,赋予传统建筑以生命,使之能够适应自然环境和气候变化,使节能建筑和绿色建筑走向绿色、智慧城市。

　　绿色城市更注重城市内、外与自然、环境的协调、永续发展,即生态文明的体现。城市外部方面,在新城镇化过程中,新城市选址将会选择一些更适合人类生存的区域,例如,一些发达国家均采用集中居民居住圈,优化生态。城市内部方面,能源供给更多地采用可再生能源以及提高能效。例如,居民、商业和公共建筑加大节能建筑的比例,交通领域统一高燃料标准,采用更多的新能源汽车等。绿色城市能够从系统工程治理的角度治理目前突出的环境问题,从空气、用水、土壤和垃圾处理进行全幅度综合管理。

本章小结

　　本章主要讲述了建筑碳排放基本概念、建筑碳排放计算方法和建筑领域的减碳技术,以及信息技术在建筑减碳管理中的应用等。

　　本章的重点是建筑减排的计算方法、建筑可持续发展要求的主要减排措施、碳中和技术和建筑碳排放信息化管理。

思考与练习

1.什么是温室气体? 建筑中碳排放源主要有哪些?

2.建筑碳排放如何计算? 哪些因素会影响建筑碳排放因子?

3.降低建筑碳排放的途径有哪些? 各有什么特点?

4.简要叙述建筑碳管理的主要内容以及 BIM 技术如何应用于建筑碳管理。

5.以校园为例,简要分析绿色低碳校园建设和可持续发展实现的路径。

8

建筑节能的技术经济分析

教学目标

本章主要讲述建筑节能的技术经济分析方法,包括生命期评价方法、㶲分析方法、建筑节能项目相关的动态和静态技术经济评价指标等。通过学习,学生应达到以下目标:

(1)熟悉建筑节能技术生命期评价的概念。

(2)了解建筑节能的㶲分析方法。

(3)熟悉主要的建筑节能技术经济评价指标。

(4)了解建筑节能项目技术方案的比较方法。

教学要求

知识要点	能力要求	相关知识
建筑节能生命期分析	(1)了解生命期分析方法的内涵 (2)掌握建筑节能生命期分析步骤	(1)生命期分析方法 (2)建筑生命期能耗
能源效率与㶲分析	(1)掌握能源效率的概念 (2)了解能源服务的内涵 (3)了解㶲分析方法	(1)能源效率 (2)能源服务 (3)㶲分析
技术经济评价指标	(1)熟悉不同指标的定义 (2)了解不同指标的计算方法	(1)投资回收期和投资利润率 (2)净现值、内部效益率和动态投资回收期

 **基本概念**

生命期分析方法;建筑生命期能耗;能源效率;能源服务;㶲分析;投资回收期;投资利润率;净现值;内部效益;动态投资回收期

引 言

对于建筑节能的技术经济评价,探讨较多的是生命期评价理论。广义的生命期对建筑而言,包括建筑原材料的获取,建筑材料的制造、运输和安装,建筑系统的建造、运行、维护以及最后的拆除等全过程。生命期评价就是对全过程周期内各种建筑材料构件生产、规划与设计、建造与运输、运行与维护、拆除与处理全循环过程中物质能量流动所产生的对环境影响的经济效益、社会效益和环境效益的综合评价。对于建筑节能项目方案的技术经济评价,包括对单一方案的绝对效果的评价,考察方案是否在经济上可行,也包括对多个方案相对效果的检验,以优选出最佳方案。绝对指标用于单个方案的经济可行性评价,也是为多方案对比进行初选。在对独立方案进行技术经济评价指标时,通常采用的指标有投资收益率、投资回收期、净现值、内部收益率;相对指标用于多个互斥方案的比选,常用的经济效果评价指标有净现值、增量内部收益率、净年值,因为以增量投资内部收益率进行评价的结果总是与按净现值指标评价的结果一致,而净年值指标评价与净现值指标评价也是等价的。

在实施建筑节能技术方案时,要考虑技术因素、经济因素和环境因素,做到技术上可行、经济上合理,环境上可持续。其中,经济性评价不仅能真实反映节能项目方案的经济合理性,还可以提高节能建筑评估的有效性,具有重要的理论意义和现实意义。

8.1 建筑节能生命期评价方法

8.1.1 生命期评价方法简介

1969 年美国中西部研究所受可口可乐委托对饮料容器从原材料采掘到废弃物最终处理的全过程进行的跟踪与定量分析。生命期评价(Life Cycle Assessment, LCA)便起源于此。LCA 已经纳入 ISO 14000 环境管理系列标准而成为国际上环境管理和产品设计的一个重要支持工具。根据 ISO 14040:1999 的定义,LCA 是指对一个产品系统的生命期中输入、输出及其潜在环境影响的汇编和评价,具体包括互相联系、不断重复进行的 4 个步骤:目的与范围的确定、清单分析、影响评价和结果解释。生命期评价是一种用于评估产品在其整个生命期中,即从原材料的获取、产品的生产直至产品使用后的处置,对环境影响的技术和方法。生命期评价的 4 个步骤具体如下。

(1)目标与范围定义

该阶段是对 LCA 研究的目标和范围进行界定,是 LCA 研究中的第一步,也是最关键的部分。目标定义主要说明进行 LCA 的原因和应用意图,范围界定则主要描述所研究产品系统的功能单位、系统边界、数据分配程序、数据要求及原始数据质量要求等。目标与范围定义直接决定了 LCA 研究的深度和广度。鉴于 LCA 的重复性,可能需要对研究范围进行不断调整和完善。

（2）清单分析

清单分析是对所研究系统中输入和输出数据建立清单的过程。清单分析主要包括数据的收集和计算,以此来量化产品系统中的相关输入和输出。首先,根据目标与范围定义阶段所确定的研究范围建立生命期模型,做好数据收集准备。然后,进行单元过程数据收集,并根据数据收集进行计算汇总得到产品生命期的清单结果。

（3）影响评价

影响评价的目的是根据清单分析阶段的结果对产品生命期的环境影响进行评价。这一过程将清单数据转化为具体的影响类型和指标参数,更便于认识产品生命期的环境影响。此外,此阶段还为生命期结果解释阶段提供必要的信息。

（4）结果解释

结果解释是基于清单分析和影响评价的结果识别出产品生命期中的重大问题,并对结果进行评估,包括完整性、敏感性和一致性检查,进而给出结论、局限和建议。

作为新的环境管理工具和预防性的环境保护手段,生命期评价主要应用在通过确定和定量化研究能量和物质利用及废弃物的环境排放来评估一种产品、工序和生产活动造成的环境负载;评价能源原材料利用和废弃物排放的影响以及评价环境改善的方法。

8.1.2　建筑生命期能耗模型

基于生命期评价方法对建筑节能进行评价的目的是建立建筑生命期建筑节能评价模型,并应用评价模型对各种类型的建筑能耗进行评价,得出评价结果,为房屋购买者、建筑开发部门以及政府部门等提供参考。建筑生命期分为原材料的生产、建筑材料运输、规划设计、施工建设、运行维护及改造、拆除和建材回收等不同阶段。从不同阶段的能耗特点来看,可以划分为建筑原材料的开采与加工、设计与施工（包括建造和拆除）、建筑物使用维护、废弃物回收处理4个阶段,不同阶段划分如图8.1所示。建筑能耗相应地分成以下4个阶段能耗:材料开采、加工能耗,建筑设计、施工能耗,建筑物使用、维护能耗和建筑材料运输能耗等,用公式(8.1)表示:

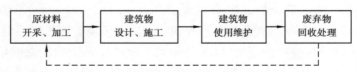

图8.1　建筑全生命周期阶段划分

$$E_T = E_g + E_m + E_o + E_t \tag{8.1}$$

式中　E_T——建筑生命周期能耗,MJ;

　　　E_g——原材料开采、加工能耗,MJ;

　　　E_m——建筑设计、施工能耗,MJ;

　　　E_o——建筑物使用、维护能耗,MJ;

　　　E_t——建筑材料运输能耗,MJ,包括建筑施工所需建筑材料从生产地到施工现场的运输过程能耗和建筑废弃时处理建筑垃圾所耗用的能耗。

①第一阶段能耗:原材料开采、加工能耗,其公式为

$$E_g = \sum_{i=1}^{n} W_i \times (1 + \beta_i) \times T_i \tag{8.2}$$

式中　W_i——建筑所用的第 i 种建材的使用量,kg;

　　　β_i——第 i 种建材的损耗系数;

　　　T_i——第 i 种建材的固化能耗值,MJ;

　　　n——建材使用种类个数,种。

②第二阶段能耗:建筑设计、施工能耗,其公式为

$$E_m = (1 + \varphi) \sum_{i=1}^{n} E_i \tag{8.3}$$

式中　E_i——建造过程中主要设备的运行能耗,MJ;

　　　φ——建筑拆除能耗相对建造施工能耗的折换系数。

③第三阶段能耗:建筑物使用维护的能耗,其公式为

$$E_o = E_c + E_h \tag{8.4}$$

式中　E_c——建筑生命周期内空调运行能耗,MJ;

　　　E_h——建筑生命周期内供暖所需能耗,MJ。

④第四阶段能耗:建筑材料运输能耗,其公式为

$$E_t = \sum_{i=1}^{n} W_i \cdot E_i \cdot L_i \tag{8.5}$$

式中　L_i——第 i 种建材在施工和垃圾处理过程中所要经历的所有路程,km;

　　　E_i——第 i 种建材单位运输能耗值,MJ/(kg·km);

　　　W_i 和 n 意义同式(8.2)。

8.1.3　计算实例分析

1)建筑描述

坡屋面建筑的尺寸为 11 000 mm×8 000 mm×3 600 mm。建筑结构为砖混框架结构,承重部分为 490 mm 的实心黏土砖墙体,非承重部分用草砖填实,其间用钢筋网拉接;窗户为单层铝合金—塑料薄膜保温窗。其建筑平面如图 8.2 所示。

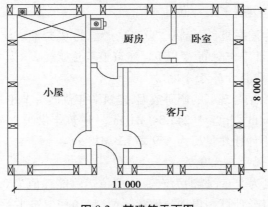

图 8.2　某建筑平面图

2)建筑生命期能耗清单分析

根据工程的实际情况,建筑生命期能耗清单如图 8.3 所示。

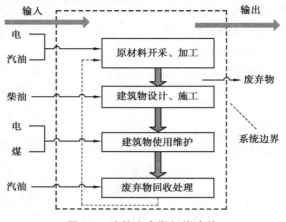

图 8.3　建筑生命期耗能清单

3)建筑生命期能耗计算及分析

（1）原材料开采、加工能耗计算及分析

建筑材料使用量计算过程中已分别考虑了各种建筑材料的损耗系数,故在计算建筑材料总内含能量值时 β_i 取 0,所以原材料开采、加工生产阶段总能耗即为材料的固化能耗。各种建筑材料用量及单位固化能耗值如表 8.1 所示,将其代入式（8.2）中,得到原材料加工生产阶段总能耗 E_g 为 387 902.1 MJ。

表 8.1　建筑主要材料用量及单位固化能耗值

材料名称	草砖	实心黏土砖	水泥	砂	钢筋	PVC	木材	玻璃
用量/m³	25.7	35.8	4.3	12.9	0.36	0.648	5.6	0.19
单位固化能耗/（MJ·kg⁻¹）	2	2.5	2.3	0.6	26	80	1.8	12.7

（2）建筑设计、施工能耗计算及分析

施工现场设备主要为挖掘机、推土机、打草机,燃油为 $0^{\#}$ 柴油。建筑物拆除能耗按照建设施工能耗的 90% 计算,累计工作时间为 12 h。建筑施工总能耗 E_m 为 44 643.3 MJ。

（3）建筑物使用维护能耗计算及分析

根据当地的气候条件,结合现场的调研数据,建筑的年供暖季节平均热负荷为 22.36 W/m²,供暖季累计 68.15 kW·h/m²,相当于 245.34 MJ/m²。建筑年供暖季节累计耗热量为 17 625.2 MJ。建筑生命期供暖季累计耗热量 E_o 为 469 273.2 MJ。

（4）建筑材料运输能耗计算及分析

整个过程中运输工具为卡车（燃油为汽油）,单位运输能耗值为 0.8×10^{-3} GJ/（t·km）,建筑垃圾量按建筑材料的 80% 计算。根据当地实际情况,各种建筑主要建筑材料从加工厂到建造现场的距离如表 8.2 所示。

表 8.2　建筑主要材料运输距离

单位:km

材料名称	草砖	实心黏土砖	水泥	砂	铝合金	钢筋	木材	玻璃
运输距离	0	50	200	200	200	200	50	100

将建筑材料使用量和运输距离的数据代入式(8.5),即可得出建筑材料运输能耗 E_t 为 13 654.7 MJ。因此,根据式(8.1),建筑生命期能耗 E_t 为 915 473.3 MJ。

从上述计算结果可以看出阶段三,即建筑物使用维护阶段能耗在建筑生命期中所占的份额最多,约占 51.3%(图 8.4);其次是阶段一,即建筑原材料开采加工阶段能耗(42.4%);最少的是阶段四(1.5),即运输阶段能耗;虽然建筑设计施工和运输阶段总能耗在建筑生命期中只占7%左右,但却是最不可忽视的一部分,其优劣直接关系到建筑物使用维护阶段的能耗,最大限度地反映了建筑物生命期能耗的高低。

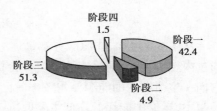

图 8.4　各阶段能耗计算百分比/%

8.2　能源效率、能源服务与㶲分析

8.2.1　能源效率

世界能源委员会对能源效率的定义为"减少提供同等能源服务的能源投入"。我国学者也对能源效率进行了定义,从物理学角度来看,能源效率是指能源利用中发挥作用的与实际消耗的能源量之比。从经济学角度来看,能源效率是指为终端用户提供的服务与所消耗的能源总量之比。中国是一个能源消耗大国,能源消耗总量位居世界第二,而能源效率目前仅为 33%,能耗强度大大高于发达国家及世界平均水平,约为美国的 3 倍,日本的7.2倍。而中国人口众多,能源相对缺乏,人均能源占有量仅为世界平均水平的 40%。如何提高能源利用效率,已经成为中国政府在中国未来经济发展中一个紧迫的问题。能源加工转换效率是指在一定时期内,能源经过加工、转换后,产出的各种能源产品的数量与同期内投入加工转换的各种能源数量的比率。该指标是观察能源加工转换装置和生产工艺先进与落后、管理水平高低等的重要指标。2019 年,全国万元国内生产总值能耗比上年下降 2.6%,规模以上工业单位增加值能耗下降 2.7%。重点耗能工业企业单位电石综合能耗下降 2.1%,单位合成氨综合能耗下降 2.4%,每吨钢综合能耗下降 1.3%,单位电解铝综合能耗下降 2.2%,每千瓦时火力发电标准煤耗下降 0.3%。

8.2.2　能源服务

从能源工程整个过程观察,消耗能源的目的是取得一种服务,即能源服务,例如,对一个物体进行加热或制冷,把物体从一个地方移到另一个地方,将一个房间照亮,等等。这些能源服务都需要通过技术设备对终端使用能源的转换来得到。从能源服务角度将能源分为 3 类:移动力、热力和电力。由能源服务引申出有用能源的概念,如图 8.5 所示。

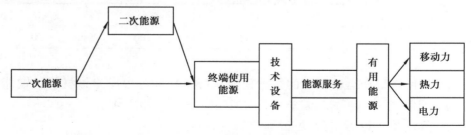

图 8.5　能源的分类及概念

从图 8.5 可知,能源服务都是通过技术设备来完成的,如电能通过灯泡或者电动机,油品通过内燃机,热力通过锅炉等。一台机器一旦安装上,一个电厂一旦建成,一座新楼一旦入住,它们在生命期内的能源使用效率就已基本确定。移动力主要是交通运输消耗能源,以石油产品为主,运输中能耗的高低主要取决于交通设备的技术和交通基础设施的好坏;热力大多都是在静止的系统中消费,如炉灶、锅炉等,并且消费大都发生在建筑物内,所有能源都可产生热力;电力则是整个能源消费系统的核心,电力的消费都必须通过电器或电子设备,其中电动机一项就占了很大的比例。电力的生产与消费系统性很强,需要网络运输,因不可大量储存而需要在生产和消费环节实现实时平衡。所有可以转换为热能的燃料都可转化为电能,电能也可以不通过热能的中间形式来生产,如水电、太阳能光伏发电、燃料电池等。能源的消耗量不仅取决于技术设备的效率,还取决于设备的运行时间和设备运行主体的操控行为等。能源系统的利用效率就和技术设备的运行管理和更新改造紧密相关,能源消耗量的大小就不仅仅受制于设备的技术水平,还与能源服务水平和能源服务环境要素密切相关。

8.2.3　㶲的概念

在周围环境条件下,任意形式的能量中理论上能够转变为有用功的那部分能量称为该能量的㶲或有效能,能量中不能够转变为有用功的那部分能量称为该能量的㶲或无效能。所谓有用功是指在技术上能够利用的输给功源的功。在设备或系统的热力过程中,㶲效率定义为被利用或收益的㶲与支付或消耗的㶲的比值,按下式计算:

$$\eta_e = \frac{E_{gain}}{E_{pay}} \tag{8.6}$$

根据热力学第二定律,任何不可逆过程都要引起㶲损失,但系统或过程必须遵守㶲平衡原则。㶲损失按下式计算:

$$E_1 = E_{pay} - E_{gain} \tag{8.7}$$

定义㶲损失系数:

$$\xi = \frac{E_1}{E_{pay}} \tag{8.8}$$

㶲效率是耗费㶲的利用份额,反映㶲的利用程度,而㶲损失系数是耗费㶲的损失份额,它们的关系为:

$$\eta_e = \frac{E_{pay} - E_l}{E_{pay}} = 1 - \frac{E_l}{E_{pay}} = 1 - \xi \qquad (8.9)$$

一些热力设备的能效率和㶲效率如表 8.3 所示。

表 8.3　一些热力设备的能效率和㶲效率

设　备	能效率/%	㶲效率/%
大型蒸气锅炉	88～92	49
家用煤气炉	60～85	13
家用煤气热水器(水加热到 339 K)	30～70	12
家用电阻加热器(加热温度为 328 K)	100	17
家用电热水器(水加热到 339 K)	93	16
家用电炊具(烹调温度为 394 K)	80	22.5

8.2.4　能源㶲分析

1)燃料㶲

燃料㶲是燃料的化学㶲的简称,用 E_f 表示,是指燃料在与氧气一起稳定流经化学反应系统时,以可逆方式转变到完全平衡的环境状态所能做的最大有用功。化学反应系统的㶲平衡方程式为:

$$E_f + n_{O_2} E_{O_2} = W_{A,max} + \sum_i n_j E_j \qquad (8.10)$$

式中　E_f——燃料的摩尔㶲;

n_{O_2}, E_{O_2}——1 mol 燃料完全氧化反应所需氧的摩尔数和氧的摩尔㶲;

$W_{A,max}$——最大有用功;

n_j, E_j——1 mol 燃料各生成物的摩尔数和摩尔㶲。

一般情况下,对于液体和固体燃料可以用燃料的高位发热量近似计算燃料的化学㶲:

$$E_f \approx Q_h \qquad (8.11)$$

对于 2 个以上碳原子构成的气体燃料:

$$E_f \approx 0.95 Q_h \qquad (8.12)$$

2)能源的品质因子

定义不同能源对外所能做的功和其燃料㶲的比值为能源的品质因子,用 β 表示。

$$\beta = \frac{W}{E_f} \qquad (8.13)$$

式中　E_f——该种形式能源的燃料㶲,kJ;

W——燃料㶲中可以转化为功的部分,kJ。

能量不但有量的大小,还有质的高低。在用能的过程中,不但要注重量的保证,还要注重质的匹配。能源的品质因子是衡量能源品质的重要指标,常见能源的品质因子如表8.4所示。

表8.4　一些常见能源的品质因子

能量形式	品质因子
机械能	1.0
电能	1.0
化学能	约1.0
核能	0.95
太阳光	0.9
热蒸气(600 ℃)	0.6
区域热(90 ℃)	0.2~0.3
房间内热空气(20 ℃)	0~0.2
地表热辐射	0

8.3　建筑节能的经济性评价指标

　　建筑节能的经济评价就是研究工程项目所需的投入(如人力、财力、物力)与其可能得到的效益相比较的方法,即分析工程项目的投入与产出关系的方法。建筑节能经济评价的目标主要有两类:一类是对某一节能技术改造项目进行评价,计算其经济上是否合理,或从几个技术方案中选择一种最优方案;另一类是对关键的能源设备的更新项目进行技术经济评价,为设备更新提供决策依据。基于经济学的投入产出分析方法,在满足一定的评价前提下,有静态和动态两种评价方法。

8.3.1　经济性比较的前提

　　建筑节能工程项目在规划、设计、施工和运行管理各个阶段,都有不同的方案可供比较和选择。对项目方案经济性比较应满足一定的前提条件。

　　①满足技术要求的可比性。各比较方案应满足系统相同的客观要求,技术指标相同。如不同制冷方案的比较必须在产生相同制冷量的前提下;不同照明方案的比较必须在满足相同照度的要求;不同建筑围护结构的改造方案应在满足相同室内环境热舒适和总传热系数前提下;不同送风方式应在满足相同室内环境品质下进行比较等。

　　②满足费用与价格的可比性。建筑节能项目的费用包括一次性造价和经常性运行费用两部分,不同方案的比较应将初投资和运行费用之和进行比较。不同方案的投资费用计算要在同一价格体系进行比较,并且计算期也应一致。

　　③满足时间的可比性。不同方案的建设期不同,各年投资的比例也可能不同,生产期各年收益与年运行费用也不相同。比较不同方案时,必须把各年的投资、运行费用和效益收入,按规定的社会折现率或利率统一折现到计算基准年,求出各方案的总现值或平均年值,然后进行

不同方案的比较。

④满足环境保护、生态平衡等要求的可比性。不同方案在建筑建设、运行和改造阶段,都要符合国家对环境保护、生态平衡方面的要求,使经济效益与环境效益和社会效益相协调。

8.3.2 静态评价指标

在评价项目投资的经济效果时,如不考虑资金的时间因素,即称为静态评价。静态评价的指标主要包括投资回收期和投资利润率等,这类指标计算简单,适用于数据不完备和精度要求较低的短期投资项目。

增额投资回收期是以节能住宅使用过程中的总体节能收益抵偿节能住宅总增额投资所需要的时间。按下式计算:

$$T = \frac{\Delta I}{\Delta C} = \frac{I_2 - I_1}{C_1 - C_2} \tag{8.14}$$

式中 T——增额投资回收期;

I_1, I_2——不同方案的投资费用;

C_1, C_2——不同方案的年运行费用;

$\Delta I, \Delta C$——节能住宅的增额投资与年节约运行费用。

8.3.3 动态评价指标

动态评价指标不仅要考虑资金的时间价值,还通过贴现现金流分析,按资金运行规律来评价项目的优劣程度,主要指标包括差额净现值、内部收益率和全生命周期费用等。

1)差额净现值

差额净现值反映节能建筑在生命期内节能收益能力的动态评价指标,其计算依据是节能措施实施后的年实际节能收益额与后期费用的差额,按选定的折现率,折现到评价期的现值,与初始增额投资求差额,若大于零,方案可行。差额净现值按式(8.15)计算:

$$\Delta NPV = \Delta I - NPV \tag{8.15}$$

$$NPV = \sum_{t=0}^{n} \left[C_{It} - C_{ot} \right] a_t \tag{8.16}$$

式中 ΔNPV——节能建筑差额净现值;

ΔI——节能建筑的增额投资;

NPV——节能建筑的年运行节约费用的净现值;

C_{It}——t 年的现金流入量(收益);

C_{ot}——t 年的现金流出量(支出);

a_t——t 年折现率的折现系数。

2)内部收益率

内部收益率又称资本内部回收率,建设项目投资方案在全生命周期内净现值等于零的折现率,即项目投资实际能达到的最大盈利率,按下式计算:

$$\sum_{t=0}^{n} \left[C_{\text{It}} - C_{\text{ot}} \right] a_{\text{t}} = 0 \tag{8.17}$$

内部收益率一般采用试算法计算,即先取一个折现率,若试算出累计净现值为正数,就再取一个试算出累计净现值为负数,收益率在两者之间。如果内部收益率大于基准收益率或银行贷款利率,则方案可行。内部收益率计算公式为:

$$i_{\text{r}} = i_1 + \frac{NPV_1(i_2 - i_1)}{NPV_1 + NPV_2} \tag{8.18}$$

式中　i_{r}——内部收益率;

i_1——净现值为正值时的折现率;

i_2——净现值为负值时的折现率;

NPV_1——折现率为 i_1 时的净现值(正);

NPV_2——折现率为 i_2 时的净现值(负),以绝对值表示。

3)全生命周期费用

全生命周期费用的评价法是计算出节能建筑与非节能建筑等多方案每年的使用费用,并把初始投资按复利的资金还原,在使用年限内等额回收。两项费用的总和是方案的全生命周期中每年的总费用,以此为基础比较各方案的经济效果,选择总费用最小者为最优方案。计算公式为:

$$L = R + N \cdot D = R + N \left[\frac{i(1+i)^n}{(1+i)^{n-1}} \right] \tag{8.19}$$

式中　L——年总费用;

R——年使用费用(运行费用);

D——资金还原系数;

N——初始投资(建设成本);

i——贴现率;

n——该方案建筑物的使用生命,a。

建筑节能技术经济性评价主要分为3部分:一是对采用节能技术的建筑与传统建筑在造价方面进行对比;二是运用差额对比法对项目的净现值和投资回收期两项指标进行估算;三就是对节能关键技术选取的多方案评价与选择。建筑采用节能技术可能会增加初投资,但从能量效率和效益方面分析,节能建筑可能有客观的年节能收益,可在一定年限内收回节能投资。节能收益与节能投资平衡后,节能建筑就进入纯收益期,在全生命周期内将节约大量费用。采用差额净现值和增额投资回收期这两项新指标,可以了解建筑节能技术是否经济可行,并衡量其经济效益的大小。表8.5为国外不同节能改造技术的经济分析。

表8.5　国外不同节能改造技术的经济分析

改造技术	改造投资/美元	改造收益/美元	投资回收年限
提高运行管理水平	1	10~20	1~2 月
更换风机、水泵	1	0.8~1.0	1~1.2 年

改造技术	改造投资/美元	改造收益/美元	投资回收年限
增加自动控制系统	1	0.3~0.5	2~3 年
系统形式的全面更新	1	0.2~0.4	3~5 年
建筑材料更换	1	0.1~0.05	5~10 年

新建居住建筑节能投资和既有建筑节能改造成本约为 80~120 元/m²,一般可通过产生的节能效益在 5 年左右得到回收。公共建筑由于能源费用要高得多,尽管单位建筑的节能投资会高一些,但其节能效益却更为显著。

在建筑全生命周期过程中,需要支付的费用主要分为两部分:一部分是为了建造建筑而支付的费用;另一部分是为了使用和运行建筑而支付的费用。前者被称为建设成本,后者被称为运行成本,建筑全生命周期费用应该是两者之和,而其与建筑的技术功能更加密不可分。节能建筑初始投资与所有关键技术后期费用的净现值之和可被认为是某一特定的功能水平下的全生命周期费用。如图 8.6 所示,在一般情况下,建设成本随技术功能水平的提高而上升,运行成本随技术功能水平的提高而下降,生命期成本随技术功能水平的变化而呈开口向上的抛物线形变化。综合经济分析的目的是确定节能建筑在一个适当的功能水平下,该建筑的全生命周期费用最低,即寻求建筑节能、环保效果与投资成本的最佳契合点。

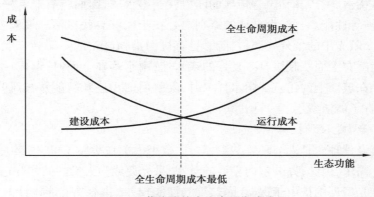

图 8.6 节能建筑全生命周期成本

8.4 建筑节能技术先进性与综合效益评价

建筑节能是一项系统工程,技术先进性是建筑节能设计的必要条件。建筑节能强调在其全生命周期中的每一环节采用先进的技术,从技术上保证建筑安全、可靠与高效地实现各项功能和性能,保证建筑全生命周期全过程具有很好的节能特性。

8.4.1 建筑节能技术理念

1)建筑节能全过程设计理念

规划设计师确定最佳的小区布局方式、最佳的建筑体型方案和户型布局,结合当地的气候特征和资源状况,设计合理的通风、采光方案和能源方案,最大可能地优化建筑物的能源性能,实现被动优先的设计理念;协助设备工程师确定最佳的空调系统方案、最佳的控制策略,找到建筑全年能耗最低的方案;重视生命期综合设计过程这个新观念。

2)建筑节能适宜技术理念

(1)外墙应采用复合结构的观念

在推进墙体材料革新时,一定要考虑、分析原有传统墙材构成的墙体的诸功能的新墙体中均能得到落实,而且能有效结合,形成整体工作。国内外实践均表明应走复合结构之路。

(2)正确对待门窗功能的观念

窗这种透明的围护结构在当代建筑的外围护结构中所占比例不断加大,如今的节能门窗设计种类很多。能保温的真空玻璃是基于"保温瓶原理"发展而来的新一代节能玻璃。将两片平板玻璃四周密封起来,将其间隙抽成 0.1~0.2 mm 宽的准真空,形成"暖瓶效应",由于其夹层内空气极其稀薄,热传导和声音传导的能力就变得很弱,因而具有非常好的隔热、保温性能和防结露、隔声等性能。自洁净玻璃的特别之处在于能够自我保洁。玻璃表面镀有氧化物纳米膜层,经过太阳光中的紫外线照射,能够将有机污染物高效地降解为二氧化碳和水,而无机污染物不易附着在上面。膜层具有良好的亲水性,雨水落在上面时,形成一层很薄的水膜,均匀地冲刷掉浮在玻璃上的污迹。雨水稀少时,降解后的污迹颗粒能够被风吹掉。使用这种玻璃,大大地节省了清洁费用。

(3)玻璃幕墙节能设计技术观念

如今的建筑设计理念是人与环境共生、融合,仅把人关在黑屋子里,依靠人工灯光,不符合人的工作及居住需求,因此,办公室内良好的景观、采光便成为人们的向往和追求。一般来说,玻璃幕墙这种透光型外围护由于保温、隔热等的性能较差,并不受节能设计的青睐,但现在的玻璃幕墙也是一种科技技术,它所带来的节能问题完全可以运用科技进步来解决。例如,华贸中心的写字楼也采用玻璃幕墙技术,但其节能系数必须达到国内外最先进的技术标准。它综合镀膜玻璃反射率、透光系数、光污染比值,找到相应的平衡点,用双层 Low-E 玻璃里面存在的惰性气体,来减少换热、辐射热及热传导,保证隔热。

3)制冷供暖空调系统节能一体化技术理念

(1)独立控制空调系统

办公室中每个人对温度、湿度的要求不尽相同,"个性化送风工位"实现了个人身边温湿度自定。在写字楼里的每个"格子间"多出一个莲蓬式的风口,使用者根据自己的喜好调节送风方式、改变局部的温湿度。同时,工位隔板内还暗藏一根根类似"辐射吊顶"的充水细管,用以调节温度,能满足个性化的需求。

（2）太阳能空调系统

在地板上采用太阳能调节温度和送风功能的技术是一种"相变蓄能地板"，是将特殊的相变材料作为蓄热体填充到常规的活动地板中。冬季，蓄热体白天可以储存照进室内的太阳光热量，晚上又向室内放出储存的热量，使室内昼夜温差不超过 6 ℃，节省了冬季供暖能源。蓄热地板中有几块表面布满小孔，被称为"送风地板"，它能把户外的新鲜空气送到室内，并根据室内人数决定送风的多少。比起从天花板送风，它的好处是可以更快、更直接地到达人的活动区域。

8.4.2 我国可再生能源应用市场化发展机制

按照《中华人民共和国可再生能源法》要求，根据《中华人民共和国国民经济和社会发展第十四个五年规划和 2035 年远景目标纲要》和《"十四五"现代能源体系规划》，我国制定了《"十四五"可再生能源发展规划》，明确提出了完善可再生能源市场化发展机制的要求。

（1）健全可再生能源开发建设管理机制

完善风电、光伏发电项目开发建设管理办法，建立以市场化竞争配置为主、竞争配置和市场自主相结合的项目开发管理机制。开展生物质发电项目竞争性配置，逐步形成有效的市场化开发机制，推动生物质发电补贴逐步退坡。探索水风光综合基地市场化开发管理机制，推动各类投资主体积极参与水风光综合开发。加强风电、太阳能、生物质能、地热能项目开发建设统计和非电利用生产运行信息统计，推进可再生能源行业统计体系全覆盖。发挥全国统一电力市场体系价格信号引导作用，通过市场机制优化可再生能源开发建设布局。

（2）完善可再生能源全额保障性收购制度

落实可再生能源法，进一步完善全额保障性收购制度，做好可再生能源电力保障性收购与市场化交易的衔接。逐步扩大可再生能源参与市场化交易比重，对保障小时数以外电量，鼓励参与市场实现充分消纳。

（3）完善可再生能源价格形成和补偿机制

完善风电和光伏发电市场化价格形成机制，促进技术进步和成本下降，稳定投资预期。建立完善有利于分布式发电发展、可再生能源消纳利用的输配电价机制。完善抽水蓄能电站价格形成机制，提升抽水蓄能电站开发建设积极性，促进抽水蓄能大规模、高质量发展。建立完善地热能发电、生物质发电价格机制。

（4）构建可再生能源参与市场交易机制

完善可再生能源参与电力市场交易规则，破除市场和行政壁垒，形成充分反映可再生能源环境价值、与传统电源公平竞争的市场机制。推动可再生能源与电力消纳责任主体签订多年、长期购售电协议，推动受端市场用户直接参与可再生能源跨省交易。完善可再生能源参与现货市场相关机制，充分发挥日内、实时市场作用。完善电力辅助服务补偿和分摊机制，体现调峰气电、储能等灵活性调节资源的市场价值，促进区域电网内调峰和备用资源的共享。完善分布式发电市场化交易机制，规范交易流程，扩大交易规模。

8.4.3　建筑节能技术的环境、社会效益评价

1)环境效益

建筑生命期环境效益指建筑系统全循环过程中输入输出对宏观和微观环境造成的生态后果,主要包括以下 3 个方面。

（1）宏观环境效益

现代建筑对地球环境破坏有余、建设不足,而自然环境不能用通常意义的价格概念来表示。因此,在建筑节能的设计上应综合节能、使用耐久的建筑材料、设备产品以延长建筑使用寿命,减少生命期内建筑环境负荷,建设可持续发展的建筑。建筑节能有限度地使用常规能源,尽可能使用太阳能等可再生的绿色能源,在建筑生命期的各个阶段中全方位地采用有效的节能技术,减少能源的使用量,提高能源效率,使其在生命期中的耗能量最少。同时,尽可能地减少不可替代资源的耗费,控制可替代和可维持资源的利用强度,保护资源再生所需的环境条件。尤其要注重节地、节水,充分使用可循环、可重复和可再生材料。

（2）微观环境效益

可持续建筑设计应将环境视为一个活跃的、具有一定功能的生态系统,生态系统的组成部分应因地制宜,兼顾景观及生态敏感性,选择对局部环境破坏最小的施工方式。建筑节能可减轻对自然环境的破坏,减少对环境的污染。建筑节能生命期中产生的建筑垃圾、固体与气体污染物、污水等废弃物最少,带来的环境负荷最小。

（3）室内环境和健康效益

室内环境和健康效益主要涉及与人类健康密切相关的室内环境质量等因素。建筑节能设计中对生产者、直接和间接使用者的损害要趋于零,生产条件应安全、卫生,使用环境应健康、舒适。尤其要选用无害化、无污染的绿色环保型建材,保证室内环境品质。

2)社会效益

建筑的社会效益是指环境在与人类互动中对其产生的生理、心理健康影响,包括使用者的健康、相关者的健康、示范作用、对树立可持续发展观的正面促进作用等。

建筑节能技术的社会属性体现在能源系统与外界进行物质转换、信息传输过程中产生的各种社会关系以及能源系统内部形形色色的社会关系,主要包括能源与社会文明、社会变迁的关系,能源的开发、消费与人类社会可持续发展的关系,能源利用与全球环境变化的关系,能源与国家政治、经济、社会安全的关系,能源社区与能源组织中各种关系以及未来能源与未来社会的关系等。

建筑节能活动所涉及的技术和工艺实践既要服从自然科学和技术科学规律,同时又需要从社会的观点去分析其社会属性。随着人类对各类能源开发与利用的规模、水平的不断提高,能源系统与社会系统之间的关系越来越复杂,矛盾越来越突出,与能源相关的社会问题也越来越尖锐,这就需要利用能源社会学理论来分析和解决问题。建筑节能技术主体要认识建筑能源系统与社会系统协调运转的机制与规律,探讨促进人与自然、环境的协调发展,促进能源资源的可持续利用的途径与措施。

　　能源的供应在许多国家被视为公共服务,尤其对建筑领域的能源消费,具有更显著的社会属性。建筑活动是一项工程活动,是有目的、有计划、有组织开展的社会活动,具有显著的社会性。建筑能源服务的对象不仅是自然的人,而且是社会的人;不仅要满足人们物质上的要求,而且要满足他们精神上的要求。由于提供建筑能源服务过程中不可避免地存在着温室气体排放等对环境的影响,能源节约成为一个关乎社会公平的问题之一。

　　中华民族在漫长的历史发展过程中形成了自己的历史文化传统,并通过建筑这一载体展示了独具特色的智慧。纵观建筑的构造史,我们能从建筑布局的向阳与遮阳、采光与遮光、保温与隔热、通风与避风、蓄水与排水等措施中看到古代人们"天人合一""顺物自然"的自然生态理念,反映了人与自然和谐共生、人与自然结合为一体的朴素的科学理念,是建筑生态社会文明的主要体现。

本章小结

　　本章主要讲述了建筑节能的生命期的评价方法,建筑能源的㶲分析,建筑节能的技术经济评价指标及相关节能技术理念和政策等。

　　本章的重点是建筑节能的技术经济评价方法和指标。

思考与练习

1.什么是建筑节能的生命期评价方法? 建筑项目全过程各阶段是如何划分的?

2.能源效率的内涵是什么? 建筑能源利用效率如何计算?

3.㶲分析的实质是什么? 如何计算㶲效率?

4.建筑节能的技术经济评价指标有哪些? 各适用于什么场合?

5.建筑节能的技术经济评价新指标有哪些? 其发展特点是什么?

6.查阅文献,选择一个具体建筑项目案例,说明其建筑节能技术经济评价指标包括哪些内容,如何进行综合效益的评价。

建筑节能工程与低碳项目案例

教学目标

本章主要讲述典型的建筑节能工程与低碳项目案例,通过学习,学生应达到以下目标:
(1)了解典型节能低碳建筑的技术集成方法。
(2)会进行建筑节能低碳案例的系统分析。

教学要求

知识要点	能力要求	相关知识
建筑节能低碳技术集成	(1)了解典型工程不同节能低碳技术的集成途径 (2)熟悉建筑节能低碳适宜技术的评价方法及应用分析	(1)建筑节能低碳技术集成 (2)建筑节能低碳适宜技术评价

 基本概念

绿色建筑标识;多元价值;适宜技术;技术集成;低碳改造;低碳建筑;零碳建筑

引 言

绿色建筑是在全生命期内,节约资源,保护环境,减少污染,为人们提供健康、适用、高效的使用空间,最大限度地实现人与自然和谐共生的高质量建筑。节能建筑与绿色建筑示范项目一般通过围护结构节能、用能系统节能、可再生能源应用、蓄冷(热)、余热废热利用、被动式节能节水(自然通风、自然采光、综合遮阳、屋顶和垂直绿化、雨水利用等)等技术应用或集成;采用新型、高效、安全的节能新材料新设备;同时应用建筑信息模型(BIM)技术设计建设绿色建筑;而农村建筑常采用节能保温、装配式设计建设和可再生能源、风能、生物质能等绿色、节能技术应用或集成。2022 年 8 月 18 日,科技部、国家发改委、住建部等九部门印发《科技支撑碳达峰碳中和实施方案(2022—2030 年)》,要求建设好低碳零碳建筑示范工程,重点建设规模化的光储直柔新型建筑供配电示范工程、长距离工业余热低碳集中供热示范工程、核电余热水热同输供热示范工程、高性能绿色建筑科技示范工程。本章主要介绍绿色建筑、节能建筑和低碳建筑的项目案例。

9.1 深圳建科大楼建筑节能技术的综合实践

9.1.1 建筑概况

深圳建科大楼地处深圳市福田区梅坳三路,占地面积 3 000 m²,总建筑面积 18 170 m²,地下 2 层,地上 12 层,于 2009 年 4 月竣工投入使用,并于同年获得国家绿色建筑设计评价标识三星级及建筑能效标识三星级。建筑功能包括实验、研发、办公、学术交流、地下停车、休闲及生活辅助设施等。建筑设计采用功能立体叠加的方式,将各功能块根据性质、空间需求和流线组织,分别安排在不同的竖向空间体块中,辅以针对不同需求的建筑外围护构造,从而形成由内而外自然生成的独特建筑形态,如图 9.1 所示。

图 9.1 深圳建科大楼外部及内部实景

资料分析表明,该实践案例成功的主要基础是在建筑节能规划、设计、建造和使用过程中践行建筑节能工程观,将绿色建筑理念融入工程实践的全过程,充分利用建筑节能技术的系统特性,通过适宜技术策略的整体优化与集成实现了建筑运行节能高效和建成环境绿色与低碳。

9.1.2 建筑节能工程多元价值的实践分析

建科大楼从规划设计、建造到运营使用的整个过程,通过新技术与适宜技术的集成创新,体现了从建筑节能工程理念到绿色建筑理念的跨越,实现了工程的多元价值目标。

1)主体全过程参与,建成环境和谐共享,体现建筑节能工程的人本价值

建筑设计过程是共享参与权的过程,设计的全过程体现了权利和资源的共享,关系人共同

参与设计。建科大楼作为一个有机的生命系统,绿色建筑本身也是作为社会的建筑,其社会性在建筑细部设计、功能分区等方面将人与自然共享、人与人共享和生活工作共享平台得以充分实现;通过与城市公共空间融合的建筑形态和开放的展示流线,以积极的态度向每一个到来的市民展示绿色、生态、节能技术的应用和实时运行情况,以更直观、"可触摸"的方式普及、宣传绿色建筑,使绿色、生态、可持续发展理念和绿色生活方式深入人心。建科大楼的设计也遵循人与自然共享的目标,在一个只有 3 000 m² 用地的高密度的办公楼里,营造了远远超过 3 000 m²的"花园",回馈给自然和工作在这里的人们;公共交流面积达到40%左右,层层设置的茶水间,成为大楼空中庭院的一部分;通过"凹"字形平面设计将南北两部分的办公空间通过中央走廊联系起来,集中形成宽大的空中庭园。除了办公空间,大楼里分布着各种"非办公"的功能和场所,有屋顶菜地、周末电影院、咖啡间、公寓、卡拉 OK 厅、健身房、按摩保健房、爬楼梯的"登山道"、员工墙、心理室等。建科大楼已成为大楼员工共同创造事业与共享生活的场所。

从建科大楼绿色人文理念的实践中可以看出,将以人为本作为其核心的价值理念,通过建筑设计实现了人与自然的有机统一,认为自然界是一切价值的源泉。人是地球生态大家庭中的普通成员,通过绿色建筑技术将人、建筑与自然社会的关系协调起来,将节约资源、保护环境和以人为本有机结合在一起,通过环境友好地展示出来。

2)多元技术的优化集成体现建筑节能工程的技术创新价值

从设计到建设,建科大楼采用了一系列适宜技术,共有 40 多项(其中被动、低成本和管理技术占 68%左右),每一项技术都是建科大楼这一整合运用平台上"血肉相连"的一部分。它们并非机械地对应于绿色建筑的某单项指标,而是在机理上响应绿色建筑的总体诉求,是在节能、节地、节水、节材诸环节进行整体考虑并满足人们舒适健康需求的综合性措施。从方案创作开始,整个过程都定量验证,并大量应用新的设计技术,利用计算机对能耗、通风、采光、噪声、太阳能等进行模拟分析。楼体的竖向布局与功能相关联,材料、通风、自然采光、外墙构造、立面及开窗形式等各方各面的确立也都经过优化组合。在节能设计上,通过采用节能外围护结构、绿色照明降低空调冷负荷需求,并针对不同楼层采取 4 种节能空调系统,充分利用热回收、新风可调和变频技术提高空调系统能效,并加大可再生能源利用,强化能源管理等技术手段等,使不同节能措施充分协调优化,形成建筑能源系统的整体高效低耗。

在技术集成过程中,既有传统技术的继承,也有新技术的吸纳;既有规划设计节能技术,也有运行管理节能技术;既考虑了工程技术的自然地域适宜特性,又充分体现了工程技术的社会经济和文化方面的社会地域适宜性;既充分发挥了规划设计师、建造师、设备师等专业技术人员的智慧,又体现了公众参与工程设计过程、公众共享建成环境的技术社会价值。

3)建成环境的节能低碳体现建筑节能工程的生态价值

大楼节能技术体系主要包括节能围护结构、空调节能系统、低功率密度照明系统、新风热回收、CO_2 控制通风、自然通风和规模化可再生能源利用等,其建筑设计总能耗为国家批准或备案的节能标准规定值的 75.3%。建科大楼作为全面资源节约型建筑,遵循生态学法则,最大限度地减少不可再生能源、土地、水和材料的消耗,追求最小的生态和资源代价,充分利用自然资源,发挥自然通风与自然采光的环境效益。根据室外风场规律,进行窗墙比控制,然后研究各个不同立面采用不同的外窗形式(平开、上悬、中悬窗等),结合采用遮阳反光板;同时外窗朝向和形式考虑外部噪声影响。在建筑平面上,采用大空间和多通风面设计,实现室内舒适通风环境,开窗的各种功能需求自然地确定出大楼的建筑外围护构造选型,即由功能需求决定形式。

通过建筑生态设计,以资源能源环境指标为依据,考虑建筑整体的全生命周期过程的负面影响,将建筑与生态环境相协调,发挥工程师的专业智慧,在工程受益者的需求与环境承载力之间、经济效益与环境成本之间、环境现状与环境优化之间进行权衡判断,为大楼的生态环境优化探索了一条出路。

4)建成环境体现建筑节能工程的经济价值

建科大楼以本土、低成本绿色技术集成平台为指导探索共享设计理念,做到绿色建筑三星级和 LEED 金级要求,工程单价约为 4 200 元/m²;经测算分析,每年可减少运行费用约 150 万元,其中相对常规建筑节约电费 145 万元,建筑节水率 43.8%,节约水费 5.4 万元;节约标煤600 t,每年可减排 CO_2 1 600 t。2009 年 7 月至 2010 年 1 月的实际运行结果表明,大楼节能效果显著,与典型办公建筑分项能耗水平相比,空调能耗比同类建筑低约 63%,照明能耗比典型同类建筑低约 71%,常规电能消耗比典型同类建筑低 66%;近 90% 员工对大楼办公环境的舒适性感到满意,工作效率大大提高。实测研究表明,除已经取得的节能效果外,通过系统能效诊断分析,大楼还有节能潜力。[22]

作为绿色节能建筑的建科大楼,其工程的经济价值充分体现在,建筑工程的最终价值接受主体是员工群体,体现的工程经济价值表现为员工对建成环境的满意程度;工程投资者作为建筑主体,其获得的经济价值通过节能减排量的经济效益和投资收益体现出来;对规划和管理部门,其经济价值通过大楼对其他公共建筑节能示范的长期、潜在的影响体现出来。

此外,无论 CO_2 减排是否能够实现市场交易,绿色建筑项目都具有一定的环境价值,但是如果能够将 CO_2 的减排价值内在化,从财务评价的角度去考虑的话,把 CO_2 的减排价值通过碳排放交易机制作为绿色建筑项目的收益,能够真正体现绿色建筑在低碳背景下的实际收益情况。

9.1.3 建筑节能工程适宜技术的实践分析

1)建筑节能技术的多元化集成

建筑规划设计节能,充分考虑了基地的自然地域性降低建筑能源需求。深圳属亚热带海洋性气候,夏热冬暖。基地三面环山,周围建筑密度低。建筑规划充分利用场地环境特点和自然气候条件,建筑设计风格定位为开放型。例如,报告厅外墙设计为可开启型,6 层设计为架空花园式交流活动平台,各层公共交流空间、茶水间以及楼梯间均设计为开敞式,采用太阳能花架创造成半露天的屋顶花园等,大量的开敞空间设计使大楼空调区域面积相比一般建筑大幅度降低,还能减少照明能耗,以及良好的空气品质和视野可以减少人们对电梯的依赖。

建筑通风与采光技术的选用符合"被动优先、主动补充"原则,实现了自然通风、自然采光与遮阳一体化协同的整体效益。报告厅可开启外墙既具有自然采光功能,还能与开敞楼梯间形成良好的穿堂风,天气适宜条件下可充分利用室外新风做自然冷源。地下车库利用光导管和玻璃采光井,获得良好的自然采光,降低照明电耗量。建筑7—12层"凹"字形平面设计,采用连续条形窗户,窗户上安设具有遮阳和反光双重作用的遮阳反光板,同时采用浅色天花板,为办公空间奠定了自然通风与自然采光的基础,基本能满足晴天及阴天条件下的办公照明需求。大楼节能设计实现了尽量减少主要空间的太阳辐射得热,从而减少空调负荷的目标,例如,将楼梯间、电梯、卫生间等非主要房间布置于大楼西部,除北向以外的外窗采用中空 Low-E 玻璃自遮阳,南区办公空间西侧采用通风遮阳式光电幕墙等措施,使围护结构体系整体与通风、采光、遮阳等功能要求相协调,从设计阶段充分各种被动节能技术充分集成优化,减少主动节能措施的压力。

2)信息化与专业化是建筑节能技术创新的保证

通过建筑节能管理实践实现节能规划设计、节能施工调试的节能减排量。大楼运行采用模拟预测、信息监控等绿色建筑运行方式,倡导绿色生活理念,具体包括:仅当室外气温高于28 ℃时,才开启集中冷却水系统,各楼层主机及末端设备由使用人员按需开启;根据自然采光效果变化确定开放照明灯具等。控制系统的灵活性和管理方式的人性化使建筑使用者行为节能成为可能。

该建筑基地实现了可再生能源利用与空调系统方式的多层次技术的协同作用,践行了低成本、本土能耗的适宜性技术原则。大楼综合了太阳能光热和光电利用技术,减少了对常规电力的需求;通过被动技术使空调负荷降到最低、空调时间减到最短后,为满足最热天气的热舒适要求,空调系统主机采用可灵活控制的分散水环式冷水机组+集中冷却水系统,空调末端采用溶液除湿新风系统+干式风机盘管或冷辐射吊顶。将多种能源系统与不同空调系统集成优化设计,针对不同楼层建筑功能需求,将设备、能源与建筑充分配合,发挥技术子系统各要素协同特性,强化并发挥了节能技术系统的整体效益。

案例研究表明,建筑节能是一个复杂的动态系统,从规划设计、施工调试到运行管理,不同阶段应将不同建筑节能技术进行优化集成,充分发挥要素之间的协同作用,克服或转化要素之间的相干作用,实现建筑节能技术系统的整体目标和效能,是将建筑节能科学观应用于工程实践的创新成果。

9.2 可再生能源建筑应用低碳改造示范工程项目

9.2.1 工程概况

鹤壁市政府办公楼包括3栋办公楼,其中市政府第一综合办公楼位于中间,东西两侧各一栋为市政府办公区小办公楼,建筑体型如图9.2所示。

鹤壁市政府第一综合办公楼,建成于1996年,地上8层,层高3.6 m,檐高29.8 m,室内外高差2.2 m,总建筑面积为19 398 m²(不含地下室)。结构均采用钢筋混凝土框架填充墙结构,填充墙为混凝土加气砌块,厚度为200 mm。

图 9.2　鹤壁市政府第一综合办公楼外形图

鹤壁市市政府办公区小办公楼建筑 5 层,层高 3.6 m,檐高 20.5 m,室内外高差 2.2 m,总建筑面积为 8 626 m²。楼体结构为砖混结构,墙体厚度为 370 mm。该办公楼原有热源形式是采用城市集中供热,末端设备采用供暖散热器;冷源形式为空调系统,分体挂机。

9.2.2　改造前存在的主要问题

改造前该办公楼存在以下问题:

①围护结构体系保温性能差。

②夏季采用分体壁挂空调机制冷,冬季采用集中供暖。分体壁挂机的制冷能效比低,既影响了建筑外墙美观,又影响了建筑的保温隔热效果,增加了能耗,降低了室内的舒适度。全年空调能耗和供暖能耗如表 9.1 所示。

表 9.1　改造前鹤壁市政府第一综合办公楼全年空调能耗和供暖能耗

综合楼全年空调能耗/(kW·h)	1 143 762	综合楼全年供暖能耗/(kW·h⁻¹)	968 772
小办公楼全年空调能耗/(kW·h)	313 037	小办公楼全年供暖能耗/(kW·h⁻¹)	336 510

9.2.3　改造方案及效果

冷热源改造方案:采用地源热泵空调系统作为空调冷热源,替代原来的分体壁挂机和集中供暖。改造后有如下效果。

1)提高了办公环境的舒适度

根据有关节能检测部门提供的现场实测数据,改造前办公室内温度仅 15 ℃左右,改造后在空调变频调速为中挡的情况下,办公室内温度就能达 22 ℃以上,办公人员也普遍反映改造后办公室内环境有了明显的改善,工作效率也提高了。

2)降低了全年供暖空调能耗

有关节能检测部门提供的能耗数据反映,综合办公楼节能改造前全年空调能耗为 1 143 762 kW·h,全年供暖能耗为 968 772 kW·h,改造后全年空调能耗为 619 784 kW·h,全年供暖能耗为 689 987 kW·h;小办公楼节能改造前全年空调能耗为 313 037 kW·h,全年供暖能耗为 336 510 kW·h,改造后全年空调能耗为 190 302 kW·h,全年供暖能耗为 212 417 kW·h,节能效果非常明显。

3)经济效益

与改造前的冷热源形式相比,采用地源热泵中央空调系统体现了很高的经济效益。改造后达到了国家规定的公共建筑节能50%的标准要求,其经济效益主要体现如下。

(1)所需设备装机容量明显降低

据测算,该工程节能改造前设计热负荷为 2 380 kW,设计冷负荷为 2 660 kW,节能改造后设计热负荷为 1 200 kW,设计冷负荷为 1 350 kW,即经过节能改造,该工程设计热负荷和冷负荷分别降低了49.6%和49.2%。因此,所需供热供冷设备的装机容量有了明显的降低。

(2)全年运行费用大幅降低

夏季工况:夏季地下水源热泵系统能效比为 4.50。而若该工程采用普通空调系统(分体壁挂机等),夏季系统能效比为 2.75,按每天运行 10 h,夏季运行 100 d 计算,则每年夏季可节电 1 350 kW×100×10 h×(1/2.75-1/4.50)= 19.09 万 kW·h,电费按每度电0.66元计算,则每年夏季可节约电费12.60万元。

冬季工况:冬季地下水源热泵系统能效比 3.77,则冬季运行耗电量为 1 200 kW×120×10 h/3.77=38.2 万 kW·h,电费按每度电 0.66 元计算,则每年冬季仅需电费25.21万元,则节能改造后冬季可节约运行费用20.75万元。

综上可知,节能改造后每年可节约运行费用 33.35 万元;除去室内部分,该项目地下水源热泵系统总增量投资为 230 万元,故投资回收年限为 230 万元/33.35 万元≈7 年,即实施中央空调系统改造 7 年内可收回成本,经济效益非常可观。

4)社会效益

该办公楼节能改造后产生的社会效益主要表现在以下方面。

(1)降低煤炭消耗,缓解能源危机

对既有建筑进行节能改造,新建建筑推行新的节能标准,降低建筑物能耗,加快新型能源的开发和综合利用。这样可以降低煤耗,减少浪费,减轻污染,对缓解我国目前能源短缺的状况起到举足轻重的作用。

(2)减少煤电供需矛盾,减轻发展压力

我国二氧化碳排放量仅次于美国,高居世界第二位,而其中由燃煤排放的二氧化碳量更是高达80%左右。可见燃煤是影响我国二氧化碳排放量的最大因素。因此减少煤耗,可以缓解我国面临的政治和外交方面的压力,解决我国经济发展和对外贸易可能面临新的问题。

5)环境效益

环境效益表现在采用地源热泵中央空调系统后,可以减少煤炭消耗,节约电力资源,减少二氧化碳等温室气体的排放量,降低温室效应;减少二氧化硫的排放量,减少酸雨的形成对建筑物的损坏;降低城市总悬浮颗粒物(TSP)年均值浓度。根据鹤壁当地煤炭的品质和等级,按照每燃烧 1 t 煤炭,将排放二氧化碳 600 kg,二氧化硫 12~15 kg,烟尘 50 kg 和灰渣近 260 kg 计算,每年节约用煤 56.64 t,则减少二氧化碳排放量为 3.4×10⁴ kg,二氧化硫排放量为 680~850 kg,烟尘排放量为 2 832 kg,灰渣排放量为 1.5×10⁴ kg。

9.3　上海世博会"城市最佳实践区"——伦敦零碳馆

上海世博会主题:城市让生活更美好。世博会共规划为 A、B、C、D、E 5 个功能片区,平均用地面积为 60 公顷;"城市最佳实践区"位于浦西的 E 片区,占地面积约为 15.08 hm²,由南至北将形成主题区域、系列展馆和模拟街区 3 个功能区域,分别展示宜居家园、可持续的城市化、历史遗产保护与利用和建成环境的科技创新。最佳实践区将集中展示全球具有代表性的城市为提高城市生活质量所进行的各种具有创新意义和示范价值的最佳实践。

伦敦(London)是英国的首都、第一大城及第一大港,欧洲最大的都会区之一兼世界四大世界级城市之一,与美国纽约、法国巴黎和日本东京并列。从 1801 年到 20 世纪初,伦敦因在其在政治、经济、人文文化、科技发明等领域上的卓越成就,成为全世界最大的都市之一。伦敦是一个非常多元化的大都市,其居民来自世界各地,具有多元的种族、宗教和文化。英国是最早提出"低碳"概念并积极倡导低碳经济的国家。前任伦敦市长利文斯顿于 2007 年 2 月发表《今天行动,守候将来》(Action Today to Protect Tomorrow),计划二氧化碳减排目标定为在 2025 年降至 1990 年水平的 60%。同时伦敦也是世博会的最早举办者,举办时间是 1851 年。

世博伦敦馆零碳馆,是由南北两栋 4 层的连体建筑构成五大展项的零能耗生态住宅馆,如图 9.3 所示。伦敦零碳馆共设置零碳未来展、零碳体验展、零碳实践展、零碳庆典和零碳科技展 5 大展项,建筑面积 2 500 m²,占地面积 900 m²。伦敦零碳馆案例原型取自世界上第一个零二氧化碳排放的社区贝丁顿(BedZED)零碳社区;建成于 2002 年的贝丁顿社区拥有包括公寓、复式住宅和独立洋房在内的 82 套住房,另有大约 2 500 m² 的工作空间;每套住宅都配有露天花园或阳台,体现了住宅高密度与舒适生活的完美融合。太阳能、风能和水源热能联动,实现了空间内通风、制热、除湿等满足人居舒适性的各项效果。

图 9.3　世博伦敦馆零碳馆　　　　　　　图 9.4　屋顶独特的风帽

零碳馆主要依靠太阳能、风能和生物能 3 种核心能源。最为独特的是楼顶的"风帽":室外的冷空气和室内的热空气能够产生热交换,从而节约供暖所需的能源。在这个有机循环的能源系统中,60%的能量来自太阳能光伏板,40%则靠蓄电池储存能量,基本可以自给自足。

　　新设计不仅可以降低制造成本,还充分考虑了上海风速低于伦敦的情况,使得设备对风能的利用更为理想。这些随风灵活转动的"风帽"利用热压和风压将新鲜空气源源不断送入建筑内部,并将室内空气排出。在通风过程中,建筑可同时利用太阳能和江水源系统对进入室内的空气进行除湿和降温。

　　屋顶上的"风帽",可以帮助室外冷空气和室内热空气能完成热交换,节约供暖能源,如图9.4 所示。整个场馆墙体采用外保温,墙壁用绝热材料建造。馆内所需电力,由建筑附件太阳能发电板和生物能,采用热电联供产生,如图9.5 所示。

图 9.5　伦敦馆零碳馆光电和生物能源系统

　　设计师把这个建筑完全变成了一种收集机制,它可以收集太阳能、风能、生物能,把建筑变成一个发电厂,给周边的环境进行资源的输出:①收集自然的雨水,经过净化装置后可以用于冲厕或浇灌等;②利用黄浦江的水变成一个水源空调系统;③建筑通过把所有馆内产生的有机垃圾废料回收,可以自己处理垃圾转化成热能、冷能,再产生能源用在建筑本身;④屋顶上大面积的太阳能光伏面板,是整个建筑的动力核心。

　　在零碳馆内,参观者可以看到遍布建筑各处的由废物利用改造制成的家具和摆设,由废旧汽油桶制成的桌椅,铁皮桶被切割成各种形状,配合布艺运用,焕发出温馨宜人的生命气息;由一次性餐盘、筷子为主要原料制作而成的 3 个模特;会议室摆满了各种废物利用做成的创意"椅子",用废报纸、废旧液化气罐做出来的凳子,用废铁锅、自来水管拼出的椅子。在"零碳餐厅",桌椅摆设甚至各种吊灯都是饮料瓶等废旧物品做成的"创意家居"。而筷子可以吃,盘子可以回收降解用作厨房的燃料。生活中的所有东西,仿佛都能变废为宝,如图9.6 所示。

图 9.6　伦敦馆零碳馆报告厅、环保凳子和餐厅

　　世博零碳馆将英国伦敦先进的零能耗技术和中国本土的先进节能技术展示出来,为中国的建筑节能提供了崭新理念和技术选择。

9.4　北京冬奥会国家速滑馆"冰丝带"

9.4.1　项目概况

　　国家速滑馆,又称"冰丝带",是 2022 年北京冬奥会北京赛区唯一新建的冰上竞赛场馆,位于北京市朝阳区,建筑面积约 9.7 万 m^2,地下 2 层,地上 3 层,建筑高度 33.8 m,赛时具有 12 000 个观众席,赛后约 8 500 个,最高冰面面积可达 12 000 m^2(全冰面工况),如图 9.7 所示。项目充分考虑赛后利用,为适应多种群众性健身提供硬件支撑,采用分模块控制单元,将冰面划分若干区域,根据不同项目分区域、分项目进行制冰,可同时开展冰球、速度滑冰、花样滑冰、冰壶等所有冰上运动。

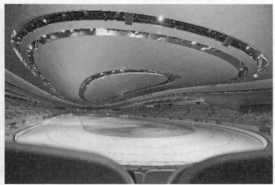

图 9.7　国家速滑馆外景与冰场内景

9.4.2　项目采用节能低碳新技术

1)低碳制冰新技术

　　国家速滑馆是全球首个采用二氧化碳跨临界直接蒸发制冷的冬奥速滑馆,创新研发亚临界、跨临界多工况并行二氧化碳直接蒸发制冰集中式制冷系统技术,亚临界、跨临界多工况并行二氧化碳集中式制冷系统中压回油技术,人工制冷冰场超长不锈钢冷排管工程技术,二氧化碳直接蒸发冷排管循环倍率调控技术;创新采用季风气候带多工况人工制冷冰场二氧化碳直接蒸发制冰高效制冷系统技术,人工制冷冰场两段调温蓄能式热回收系统技术和冷热源综合高效调控系统技术。比传统的卤代烃盐水载冷系统制冷能效提升 20% 以上,全冰面模式下仅制冷部分每年就能节省 200 多万度电;项目通过场馆的智能能源管理系统,能把制冷产生的废热直接用于场馆除湿、冰面维护和生活热水等供热,不需要另设热泵,使整个制冷系统的碳排放趋近于零。二氧化碳跨临界制冷如图 9.8 所示。

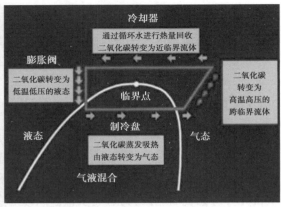

图 9.8 二氧化碳跨临界制冷

2)采用数字建造、智慧运营技术

（1）"天幕"索网国产化

"冰丝带"的建设注重绿色、环保、低碳理念,采用了高性能结构体系,通过索网结构实现大跨度屋面建造目标,只用几百吨索就编织出大型场馆屋顶。拉索充分发挥材料性能,使索网像网球拍一样扣在速滑馆的屋顶上。"冰丝带"屋顶的"天幕"采用了全世界体育场馆里最大、最扁的椭圆形单层双向正交马鞍形索网,加上环桁架和幕墙斜拉索体系,是第一次国内创新采用的技术。"高矾密闭索过去长期依赖进口。依托国家速滑馆重大工程,我们和国内厂家及相关单位共同研究攻关,首次实现索网国产化。目前,国内大量工程都采用了国产高矾密闭索,使得材料从价格到供货期都已经大大压缩。"北京城建集团总工程师、国家速滑馆总工程师李久林说。通过大量的数字仿真,在计算机里模拟整个过程,并在实验室里进行了 1∶12 模型试验,把索网建造的过程模拟出来。整个索网体系张拉成形,非常巧妙,而计算机则控制这些设备实现同步张拉。"在国家速滑馆建设过程中和建成后,我们通过 1 100 个传感器对数据进行监测,比如,在屏幕上能够看到北京大风大雪天气时整个屋面的反应。"

（2）玻璃材料节能环保。

"冰丝带"选用 4 层夹胶中空的玻璃作为材料,实现节能环保的建筑效果,再组合场馆中的遮阳帘、自然通风系统,实现节能环保。在设计方面,我们通过平曲玻璃的耦合分析,使所有玻璃的弧度都一样;通过曲面玻璃和平面玻璃的组合,减少工程建造难度,从而实现飘逸灵动的建造效果。在场馆建造安装玻璃时,我们也做了包括数字模型在内的大量技术工作,通过激光扫描把所有实际结构和形状都扫描进去,再跟玻璃单元板块拟合,最终实现了飘逸灵动的建筑效果,既实现了三星级节能环保的建设目标,又实现了建筑工艺美学新高度的建造效果。

"冰丝带"是一座智慧场馆。"冰丝带"的建造过程中采用了智能方式。"像混凝土构建、看台、钢结构、索网、屋面等,全部是在工厂建设完成,在现场就像组装汽车一样,把它们组装在一起,这个过程中大量应用了自动化和智能化技术。""比如钢结构环桁架,一个 8 000 多吨的钢结构实际上是在场馆外侧 87 m 远的地方'拼'起来,通过计算机控制爬行机器人推动桁架滑移到场馆上面。场馆里面混凝土结构在施工,外侧的钢结构也在施工,两个同时完成混凝土封顶。那边钢结构拼完了,通过机器人滑过来安装到位,大大节约了工期。"除了建造实体场馆,科研团队还在计算机里同步建造数字场馆。基于建筑信息模型技术,从设计施工到最后的交付,"冰丝带"从图纸变为现实的同时,还有一个跟它一模一样的数字速滑馆也"落成"了。在运行过程中,"冰丝带"上有大量的传感器。通过管理平台,各种数据实时传输到数字场馆上,实现数字孪生,对实体场馆进行精细调控。

9.5 低碳建筑案例——中国杭州低碳科技馆

中国杭州低碳科技馆(图9.9)位于杭州市滨江区,是一座以低碳为主题的大型科技馆,总建筑面积33 656 m²,2008年7月开工,2012年7月18日开馆。该科技馆以生态、节能、减碳为主题,设置了"碳的循环""低碳城市""全球变暖""低碳科技""低碳生活""低碳未来""儿童天地"等7个常设展厅。

图9.9　中国杭州低碳科技馆

建筑项目因地制宜地采用了太阳能光伏建筑一体化、日光利用与绿色照明技术、水源热泵和冰蓄冷等十大节能技术,场馆内部的布展材料及施工、展品材料及制造过程等均坚持绿色低碳原则,已获得住房和城乡建设部颁发的"三星级绿色建筑设计标识证书"。该项目采用的具体低碳技术主要有以下几个方面。

①采用太阳能光伏技术,实现部分区域的照明用电自给。

②建筑遮阳改善围护结构性能,使用低能耗双层夹胶 Low-E 玻璃;采用全钢结构,建筑外墙采用铝板加玻璃幕墙的建筑,室内光线自然而充足。

③采用高效节能空调系统,使用地源热泵,建筑能耗低于国家节能标准值的80%,建筑节能率63.4%。

④整座建筑可再生利用建筑材料使用率达到11.03%。

⑤采用不同的绿化方式和植物,使得景观绿化与各建筑空间达到完美的结合。

⑥节约水资源,回收利用雨水、生活废水等。

本章小结

　　本章主要讲述了建筑节能与低碳的项目案例,介绍了不同案例的低碳节能技术及其应用特点。

　　本章的重点是示范案例的综合评价分析。

思考与练习

　　1.查阅资料,请你选择一个节能低碳建筑案例,说明其具体采用了哪些节能低碳技术,如何进行综合效益的评价。

　　2.请选择一栋你所在学校的校园建筑进行调查分析,提出对其进行低碳节能改造的技术方案,并简要说明实施路径。

参考文献

[1] 龙惟定,武涌.建筑节能技术[M].北京:中国建筑工业出版社,2009.

[2] 付祥钊.夏热冬冷地区建筑节能技术[M].北京:中国建筑工业出版社,2002.

[3] 清华大学建筑节能研究中心.中国建筑节能年度发展研究报告(2012)[M].北京:中国建筑工业出版社,2012.

[4] 清华大学建筑节能研究中心.中国建筑节能年度发展研究报告(2011)[M].北京:中国建筑工业出版社,2011.

[5] 住房和城乡建设部科技发展促进中心.中国建筑节能发展报告(2010年)[M].北京:中国建筑工业出版社,2011.

[6] 龙惟定.建筑节能与建筑能效管理[M].北京:中国建筑工业出版社,2005.

[7] 涂逢祥,等.坚持中国特色建筑节能发展道路[M].北京:中国建筑工业出版社,2010.

[8] 江亿,林波荣,曾剑龙,等.住宅节能[M].北京:中国建筑工业出版社,2006.

[9] 薛志峰.公共建筑节能[M].北京:中国建筑工业出版社,2007.

[10] 薛志峰.既有建筑节能诊断与改造[M].北京:中国建筑工业出版社,2007.

[11] 武涌,刘长滨,等.中国建筑节能经济激励政策研究[M].北京:中国建筑工业出版社,2007.

[12] 张丽.中国终端能耗与建筑节能[M].北京:中国建筑工业出版社,2007.

[13] 韩英.可持续发展的理论与测度方法[M].北京:中国建筑工业出版社,2007.

[14] 武涌,刘长滨,刘应宗.中国建筑节能管理制度创新研究[M].北京:中国建筑工业出版社,2007.

[15] 郝斌,林泽,马秀琴.建筑节能与清洁发展机制[M].北京:中国建筑工业出版社,2010.

[16] 住房和城乡建设部科技发展促进中心,西安建筑科技大学,西安交通大学.绿色建筑的人文理念[M].北京:中国建筑工业出版社,2010.

[17] 江亿,姜子炎.建筑设备自动化[M].北京:中国建筑工业出版社,2007.

[18] 中华人民共和国住房和城乡建设部.公共建筑节能设计标准:GB 50189—2015[S].

北京:中国建筑工业出版社,2015.

[19] 中华人民共和国住房和城乡建设部.公共建筑节能检测标准:JGJ/T 177—2009[S].北京:中国建筑工业出版社,2010.

[20] 中华人民共和国住房和城乡建设部,国家市场监督管理局.建筑节能工程施工质量验收标准:GB 50411—2019[S].北京:中国建筑工业出版社,2019.

[21] 余晓平.建筑节能原理与实践理论[M].北京:北京大学出版社,2018.

[22] 万蓉.基于气候的采暖空调耗能及室外计算参数研究[D].西安:西安建筑科技大学,2008.

[23] 黄光德,付祥钊,张慧玲.中国建筑节能气候分区及适用技术[D].重庆:重庆大学,2009.

[24] 陈孚江.既有建筑节能技术优化与评价方法研究[D].武汉:华中科技大学,2006.

[25] 陈新华.节能工作需要明确理论基础避免战略误区[J].中国能源,2006,28(7):5-10,42.

[26] 江亿.建筑节能与生活模式[J].建筑学报,2007(12):11-15.

[27] 江亿.中国建筑能耗现状及节能途径分析[J].新建筑,2008(2):4-7.

[28] 龙惟定.试论建筑节能的科学发展观[J].建筑科学,2007,23(2):15-21.

[29] 龙惟定.我国大型公共建筑能源管理的现状与前景[J].暖通空调,2007,37(4):19-23.

[30] 顾道金,谷立静,朱颖心,等.建筑建造与运行能耗的对比分析[J].暖通空调,2007,37(5):58-60,50.

[31] 周查理,庾莉萍.我国建筑节能立法成就及国外立法经验借鉴[J].建材发展导向,2009,7(5):10-13.

[32] 卢求.德国2006建筑节能规范及能源证书体系[J].建筑学报,2006(11):26-28.

[33] 卢求,Henrik Wings.德国低能耗建筑技术体系及发展趋势[J].建筑学报,2007(9):23-27.

[34] 张晓琳,张学庆.建筑与环境的结合设计[J].中国新技术新产品,2009(24):167.

[35] 韩继红,张颖,汪维,等.2010上海世博会城市最佳实践区中国案例:沪上·生态家绿色建筑实践[J].建设科技,2009(6):44-47.

[36] 侯冰洋,张颖.德国建筑"能源证书"简介[J].建筑学报,2008(3):36-38.

[37] 柳杨.浅析日本在建筑节能领域的研究及成效[J].上海节能,2010(11):17-20.

[38] 李大寅.日本建筑节能环保方面的法律法规[J].住宅产业,2008(12):30-31.

[39] 和田纯夫,王瑢慧.日本"零排放住宅"[J].建筑学报,2010(1):52-55.

[40] 发达国家建筑节能政策分析[J].聚氨酯,2009(3):30-31,7.

[41] 涂逢祥,王庆一.我国建筑节能现状及发展[J].新型建筑材料,2004,31(7):40-42.

[42] 周智勇,付祥钊,刘俊跃,等.基于统计数据编制的公共建筑能耗定额[J].煤气与热力,2009,29(12):14-17.

[43] 余晓平,付祥钊,肖益民.既有公共建筑空调工程能效诊断方法问题探讨[J].暖通空调,2010,40(2):33-38,137.

［44］ 殷平.空调节能技术和措施的辨识(1):"26 ℃空调节能行动"的误解[J].暖通空调, 2009,39(2):57-63,112.

［45］ 袁小宜,叶青,刘宗源,等.实践平民化的绿色建筑:深圳建科大楼设计[J].建筑学报,2010(1):14-19.

［46］ 叶青.绿色建筑共享:深圳建科大楼核心设计理念[J].建设科技,2009(8):66-70.

［47］ 陈孚江,陈焕新,华虹,等.建筑能耗生命周期评价[C]//全国暖通空调制冷 2008 年学术年会论文集,2008.

［48］ 江亿.我国建筑耗能状况及有效的节能途径[J].暖通空调,2005,35(5):30-40.

［49］ 李雅昕,张旭,刘俊.节能建筑的能耗及运行费用模拟计算分析[J].建筑科学,2006, 22(5):20-22,26.

［50］ 龙惟定.民用建筑怎样实现降低 20%能耗的目标[J].暖通空调,2006,36(6):35-41.

［51］ 李兆坚,江亿.我国广义建筑能耗状况的分析与思考[J].建筑学报,2006(7):30-33.

［52］ 邓南圣,王小兵.生命周期评价[M].北京:化学工业出版社,2003.

［53］ 凡培红,戚仁广,丁洪涛.我国建筑领域用能和碳排放现状研究[J].建设科技,2021 (11):19-22.

［54］ 清华大学建筑节能研究中心.中国建筑节能年度发展研究报告 2021:城镇住宅专题 [M].北京:中国建筑工业出版社,2021.

［55］ 中华人民共和国国家质量监督检验检疫总局,中国国家标准化管理委员会.工业企业温室气体排放核算和报告通则:GB/T 32150—2015[S].北京:中国标准出版社,2016.

［56］ 中华人民共和国住房和城乡建设部.建筑碳排放计算标准:GB/T 51366—2019[S]. 北京:中国建筑工业出版社,2019.

［57］ 中华人民共和国住房和城乡建设部.近零能耗建筑技术标准:GB/T 51350—2019 [S].北京:中国建筑工业出版社,2019.

［58］ 刘依明,刘念雄.建筑生命周期评估中碳排放计算的重要意义[J].住区,2020(3): 46-51.

［59］ 清华大学建筑节能研究中心.中国建筑节能年度发展研究报告 2022:公共建筑专题 [M].北京:中国建筑工业出版社,2022.

［60］ 龙惟定.城区需求侧能源规划和能源微网技术:上册[M].北京:中国建筑工业出版社,2016.

［61］ 梁楠,徐宏庆,陈媛.BIM 新技术在暖通空调领域的应用探索[J].暖通空调,2016,46 (10):82-85,22.

［62］ 李铁纯,王佳,周小平.基于 BIM 的建筑设备运维管理平台研究[J].暖通空调,2017, 47(6):29-32,127.

［63］ 汪振双,赵一键,刘景矿.基于 BIM 和云技术的建筑物化阶段碳排放协同管理研究 [J].建筑经济,2016,37(2):88-90.

［64］ 龙惟定.对建筑节能 2.0 的思考[J].暖通空调,2016,46(8):1-12.

［65］ 仲继寿,李新军.从健康住宅工程试点到住宅健康性能评价[J].建筑学报,2014(2):

1-5.

[66] 汪任平.生态办公场所的活性建构体系[D].上海:同济大学,2007.

[67] 吴良镛.世纪之交的凝思:建筑学的未来[M].北京:清华大学出版社,1999.

[68] 喻戆.生态建筑美学与当代生态建筑审美初探[D].武汉:华中科技大学,2003.

[69] 吕爱民.应变建筑:大陆性气候的生态策略[M].上海:同济大学出版社,2003.

[70] 唐纳德·沃斯特.自然经济体系 生态思想史[M].侯文惠,译.北京:商务出版社,1999.

[71] 王嘉亮.仿生·动态·可持续:基于生物气候适应性的动态建筑表皮研究[D].天津:天津大学,2011.

[72] 吴锦绣,秦新刚.建筑应该像一棵大树:建筑与大树的比较研究[J].新建筑,2002(3):58-60.

[73] 季杰,韩崇巍,陆剑平,等.扁盒式太阳能光伏热水一体墙的理论研究[J].中国科学技术大学学报,2007,37(1):46-52.

[74] 尹宝泉.复合太阳能墙与建筑一体化的节能研究[D].邯郸:河北工程大学,2009.

[75] 谭畅,田文涛,孙美玲,等.基于仿生的建筑暖通空调设计理念[J].河南科技,2015(4):44-46.

[76] 赵继龙,徐娅琼.源自白蚁丘的生态智慧:津巴布韦东门中心仿生设计解析[J].建筑科学,2010,26(2):19-23.

[77] 史蒂芬·柯克兰.巴黎的重生[M].郑娜,译.北京:社会科学文献出版社,2014.

[78] Mooney H A, Ehleringer J R.The carbon gain benefits of solar tracking in a desert annual[J].Plant,Cell and Environment,1978,1(4):307-311.

[79] Stegmaier T, Linke M, Planck H.Bionics in textiles:Flexible and translucent thermal insulations for solar thermal applications[J].Philosophical Transactions Series A,Mathematical,Physical and Engineering Sciences,2009,367(1894):1749-1758.

[80] 李钢,吴耀华,李保峰.从"表皮"到"腔体器官":国外3个建筑实例生态策略的解读[J].建筑学报,2004(3):51-53.

[81] 李保峰.仿生学的启示[J].建筑学报,2002(9):24-26.

[82] 赵峥,张亮亮.绿色城市:研究进展与经验借鉴[J].城市观察,2013(4):161-168

[83] 中国城市科学研究会.中国绿色建筑2016[M].北京:中国建筑工业出版社,2016.

[84] 仇保兴.绿色建筑发展十年回顾[J].住宅产业,2014(4):10-13.

[85] 清华大学建筑节能研究中心.中国建筑节能年度发展研究报告2023:城市能源系统专题[M].北京:中国建筑工业出版社,2023.

[86] 清华大学建筑节能研究中心.中国建筑节能年度发展研究报告2022:公共建筑专题[M].北京:中国建筑工业出版社,2022.

[87] 清华大学建筑节能研究中心.中国建筑节能年度发展研究报告2021:城镇住宅专题[M].北京:中国建筑工业出版社,2021.

[88] 陈易,等.低碳建筑[M].上海:同济大学出版社,2015.